Burkard Neumayer
Steffen Kaup

Mathematik für Ingenieure II

01. Mai 2003

Prof. Dipl.-Math. Burkard Neumayer

Geboren 1956 in Würzburg. Von 1975 bis 1981 Studium der Mathematik und Philosophie mit den Nebenfächern Physik, Astronomie/Astrophysik, Pädagogik, Didaktik der Mathematik an der Julius-Maximilians-Universität Würzburg, 1981 Diplom in Mathematik. Von 1979 bis 1984 Mathematik- und Physikunterricht an verschiedenen Schulen. Seit 1984 Lehrbeauftragter an den Fachhochschulen Offenburg, Würzburg-Schweinfurt, BA-Stuttgart, Hannover. Von 1985 bis 1987 Wissenschaftlicher Mitarbeiter an der Universität Würzburg. Von 1987 bis 1988 Dezernatsleiter (Luftüberwachung und Kernreaktorfernüberwachung Niedersachen) am Niedersächsichen Landesamt für Immissionsschutz Hannover. Seit 1988 Professor für Mathematik an der BA-University of Cooperative Education Stuttgart im Fachbereich Elektrotechnik.

Lehrgebiete: Mathematik, Informatik, Regelungstechnik, Signale und Systeme, Philosophische Grundlagenfragen der Technik.

Arbeitsgebiete: Biomedizinische Technik, Miniplatten-Osteosynthese,
Fernröntgenbild-Auswertungen, Technikphilosophie.

Dipl.-Ing. (BA) Steffen Kaup, MSc

Geboren 1975 in Brilon/Hochsauerland. Von 1995 bis 1998 Studium der Elektrotechnik, Fachrichtung Automatisierungstechnik an der BA-University of Cooperative Education Stuttgart, 1998 Diplom in Elektrotechnik. Seit 1998 Tätigkeit in der Wettbewerbsanalyse der DaimlerChrysler AG mit Verantwortungsschwerpunkt Regelsysteme im Automobil. Von 1999 bis 2002 nebenberufliches Studium der Informatik an der Brunel University of West London, U.K., 2002 Master of Science in Distributed Computing Systems Engineering. Seit 2000 Lehrauftrag für Angewandte Informatik und Regelungstechnik an der BA-University of Cooperative Education Stuttgart im Fachbereich Wirtschaftsingenieurwesen.

Lehrgebiete: Angewandte Informatik, Regelungstechnik.

Arbeitsgebiete: Benchmarking Elektrik/Elektronik, Software-Engineering.

Berichte aus der Mathematik

Burkard Neumayer
Steffen Kaup

Mathematik für Ingenieure II

Shaker Verlag
Aachen 2003

Die Deutsche Bibliothek - CIP-Einheitsaufnahme

Neumayer, Burkard:
Mathematik für Ingenieure II / Burkard Neumayer, Steffen Kaup.
Aachen : Shaker, 2003
(Berichte aus der Mathematik)

ISBN 3-8322-1666-9

Printed in Germany.

ISBN 3-8322-1666-9
ISSN 0945-0882

Shaker Verlag GmbH • Postfach 101818 • 52018 Aachen
Telefon: 02407 / 95 96 - 0 • Telefax: 02407 / 95 96 - 9
Internet: www.shaker.de • eMail: info@shaker.de

Inhaltsverzeichnis

IV Differentialrechnung einer reellen Veränderlichen 139

Vorwort

Alle Bereiche der Naturwissenschaften und der Technik bedienen sich nahezu aller Teilgebiete der Mathematik als einer notwendigen Hilfe ohne deren Unterstützung kein Fortschritt möglich ist. Von daher ist es für angehende Ingenieure von besonderer Wichtigkeit, ein breites Spektrum an mathematischen Kenntnissen zu erwerben, was nicht darin bestehen kann, lediglich die Fertigkeiten zu erwerben, in Formeln einzusetzen, sondern es müssen auch die logischen Zusammenhänge verstanden und nachvollogen werden.

Es wird leider sehr oft in der einschlägigen Literatur ganz auf Beweise verzichtet, was damit leichtfertig abgetan wird, daß diese für Praktiker ohnhin nicht von Bedeutung sind. Dabei werden aber die mathematischen Hintergründe und insbesondere das logische Denken in einer unverantwortlichen Weise vernachlässigt, was mit der Exaktheit des naturwissenschaftlich-technischen Denkens nicht mehr vereinbar ist.

Es wird auch im zweiten Band nur dann auf Beweise verzichtet, wenn sie zu umfangreich sind oder tieferliegende, für die weitere Entwicklung unnötige, Hilfsmittel herangezogen werden müssen. Ansonsten wird auf eine mathematische Gründlichkeit großer Wert gelegt.

Die Ingenieurmathematik grenzt sich in ihrer Sonderstellung sowohl vom Gymnasialstoff als auch den abstrakten Inhalten eines Mathematikstudiums dahingehend ab, daß das besondere Anliegen einerseits in der Abstraktion, dem abstrakten Denken und andererseits auch in der konkreten Anwendung auf vielfältige technische Probleme liegt. Der zweite Band ist wie der bereits erschienene erste aus einem viersemestrigen Vorlesungszyklus **Mathematik für Ingenieure I-IV**, welchen der erste Verfasser seit 1984 regelmäßig gehalten und der zweite Verfasser ab 1995 gehört hat, entstanden und richtet sich an Studierende der Ingenieurwissenschaften und der angrenzenden Naturwissenschaften, weshalb neben einer exakten mathematischen Darstellung ebenso viele praktische Beispiele angeführt sind. Den Praxisbezug und die Anwendung hat Goethe, wie im Folgenden dargelegt, trefflichst zum Ausdruck gebracht:

> "Ich ehre die Mathematik als die erhabenste und nützlichste Wissenschaft, solange man sie da anwendet, wo sie am Platze ist."

Mit diesem Anspruch soll u.a. insbesondere Ingenieurmathematik betrieben werden, wobei der angehende Ingenieur nicht zum "Rechenknecht" oder moderner formuliert zum "Programmierknecht" degradiert werden darf, der ausschließlich Zahlen in Formel einzusetzen hat und hier soll parallel ein Ausspruch von G.W. Leibniz ebenso Berücksichtigung finden:

> "Denn es ist ausgezeichneten Menschen unwürdig, gleich Sklaven Stunden zu verlieren mit Berechnungen."

Die Teile **Allgemeine Begriffe, Reelle Funktionen, Folgen und Reihen, Differentialrechnung einer reellen Variablen, Integralrechnung einer reellen Variablen, Potenzreihen**, die in abgeschlossenen Kapiteln dargestellt werden, tragen dem gewählten Vorgehen Rechnung. Dabei handelt es sich um Themen der Analysis, wie sie in Ansätzen schon aus der gymnasialen Oberstufe bekannt sind.

Für Hinweise und Anregungen sind die Verfasser unter http://www.neumayer.skaup.com/ immer dankbar und werden bemüht sein, dies bei weiteren Auflagen einfließen zu lassen.

Unser besonderer Dank gilt dem Shaker-Verlag für die Möglichkeit einer effizienten und erschwinglichen Publikation, welche problemlos Korrekturen zuläßt und so eine permanente Aktualisierung gewährleistet.

Stuttgart/Würzburg im Sommer 2003

Burkard Neumayer Steffen Kaup

Teil I

Allgemeine Begriffe

Kapitel 1

Allgemeine Begriffe

1.1 Einleitung

Voraussetzung für die weiteren Überlegungen ist die Beschäftigung mit Zahlen, wobei an die bisherigen Betrachtungen angeschlossen wird, welche sich insbesondere auf die komplexen Zahlen beziehen. Diese sind für die Elektrotechnik im Zusammenhang mit der komplexen Wechselstromrechnung von hervorzuhebender Wichtigkeit. Es hat sich gezeigt, daß es sehr hilfreich ist, dieses Gebiet weiter zu vertiefen und anzusprechen.

Ebenso von Bedeutung sind Beweismethoden, auf welche in den anschließenden Kapiteln zurückgegriffen wird, so daß zunächst hierzu einige grundlegende Überlegungen angestellt werden. Vermittelt wird dadurch eine logisch-mathematische Denkweise, die auch entgegen anderer Meinungen für den angehenden Ingenieur von grundlegendem Interesse ist. Es hat sich gezeigt, daß dieses methodische Vorgehen immer wieder vernachlässigt worden ist, was einen nachhaltigen Einfluß auf strukturierte Arbeitsmethoden hat.

Keinesfalls kann es gelingen, dieses Vorhaben in konsequenter und mathematisch strenger Weise durchzuhalten, zumal vom angehenden Ingenieur auch ein hohes Maß an "reiner Rechenfertigkeit" erwartet wird, die sich nicht alleine auf die Anwendung von Computerprogrammen beziehen kann. Vielmehr ist dies im Zusammenhang mit einem logischen und strukturierten Denkansatz zu verstehen, dessen Übertragung auf alle weiteren Spezialisierungen und Anwendungen problemlos möglich ist.

Abschließend werden die Betrags-Funktion und die Dreiecksungleichung angesprochen, was ebenfalls in strenger Systematik, verbunden mit Beispielen, geschieht.

Bevor jedoch mit den avisierten Themen begonnen wird, soll ein kurioser Überblick darüber gegeben werden, wie "vereinfachend" die Summe 1+1 dargestellt werden kann, was wiederum bei manchen auftretenden Ausdrücken zu einer Vereinfachung führen kann.

Begonnen wird die Beschäftigung mit den verschiedenen Zahlenkörpern damit, daß eine etwas von den allgemeinen Vorstellungen abweichende Betrachtung der Summe

$$1+1$$

angesprochen wird. Hierdurch wird zugleich ein Ausblick auf verschiedene, immer wieder nützliche, Vereinfachungen gegeben.

Schon in den Anfängen des Studiums sollte der angehende Ingenieur zur Erkenntnis gelangen, daß es trivial und unwissenschaftlich ist, etwa die folgende Gleichung zu schreiben

$$(1) \quad 1+1=2$$

Bereits zu Anfang wird gezeigt, daß

$$ln(e)=1 \qquad sin^2(x)+cos^2(x)=1$$

gilt. Ferner gilt die unendliche geometrische Reihe

$$\sum_{n=0}^{\infty} \frac{1}{2^n} = 2$$

Gleichung (1) kann deshalb wie folgt geschrieben werden

$$(2) \quad ln(e)+sin^2(x)+cos^2(x)=\sum_{n=0}^{\infty} \frac{1}{2^n}$$

Doch auch diese Gleichung genügt noch nicht allen Ansprüchen des wissenschaftlich denkenden Ingenieurs. Er weiß, daß

$$e=\lim_{n\to\infty}\left(1+\frac{1}{n}\right)^n$$

ist. Ferner liefern die mit Recht so beliebten Hyperbelfunktionen

$$1=cosh\left(x\cdot\sqrt{1-tanh^2(x)}\right) \qquad 2=\frac{sinh(2x)}{sinh(x)\,cosh(x)}$$

Deshalb schreibt man besser

$$(3) \quad ln\left(\lim_{n\to\infty}\left(1+\frac{1}{n}\right)^n\right)+\left(sin^2(x)+cos^2(x)\right)=$$

$$=\sum_{n=0}^{\infty}\left(\frac{sinh(x)}{sinh(2x)}\right)^n (cosh(x))^{n+1}\sqrt{1-tanh^2(x)}$$

Erst wenn man zur vollen Überzeugung gelangt ist, daß die Gleichung (3) erheblich klarer und aussagekräftiger ist als Gleichung (1), sollte eine weitere Beschäftigung mit den folgenen Kapiteln in Erwägung gezogen werden. Dort wird sich zeigen, wie die Gleichung (1.3) von den störenden Symbolen "1" und "2" etwa durch komplexere Ausdrücke vollends beseitigt wird.

1.2 Zahlenkörper

Das heute allgemein bekannte Zahlensystem stellt das Ergebnis einer schrittweisen Entwicklung dar und im alltäglichen Gebrauch sind es hauptsächlich die natürlichen Zahlen mit denen, zusammen mit den vier Grundrechenarten, in der alltäglichen Praxis gearbeitet wird. Angesprochen werden auch die Erweiterungen dieses grundlegenden Zahlenkörpers.

1.2.1 Natürliche Zahlen

Bei den natürlichen Zahlen handelt es sich um die unendliche Menge

$$\mathbb{N} = \{1, 2, 3, ...\}$$

welche noch durch die Null erweitert werden kann

$$\mathbb{N}_0 = \{0, 1, 2, 3, ...\}$$

was keinesfalls eine Selbstverständlichkeit darstellt, da hierdurch die Verbindung mit dem Nichts hergestellt worden ist. Man spricht bei den natürlichen Zahlen auch von *positiven ganzen Zahlen* und sie wurden ursprünglich alleinig zum Zählen herangezogen. Die von den Römern verwendeten Symbole sind für einen praktischen Gebrauch völlig ungeeignet und so war es nicht verwunderlich, daß damit keinerlei Fortschritt erzielt werden konnte.

Bemerkung 1.1 *(Abgeschlossenheit)*
Sind $a, b \in \mathbb{N}$, so sind auch die Summe $a + b$ und das Produkt $a \cdot b$ aus der Menge $\mathbb{N}$, d.h. ebenfalls natürliche Zahlen. Die Menge der natürlichen Zahlen ist abgeschlossen bezüglich der Operation Addition und Multiplikation.

1.2.2 Ganze Zahlen

Die Erweiterung des Zahlenkörpers der natürlichen Zahlen führt zur unendlichen Menge der ganzen Zahlen

$$\mathbb{Z} = \{..., -3, -2, -1, 0, 1, 2, 3, ...\}$$

welche die Null und die negativen Zahlen enthält. Die Erweiterung des Zahlkörpers geschieht dadurch, daß für beliebige natürliche Zahlen $a, b \in \mathbb{N}$ eine Lösung der Gleichung $x + b = a$ gesucht wird, welche durch Subtraktion von b zur Lösung $x = a - b$ führt. Gilt jetzt $b > a$, so wird der ursprüngliche Zahlenkörper verlassen und es findet sich keine Lösung in $\mathbb{N}$, so daß eine Erweiterung notwendig ist, welche durch die ganzen Zahlen vollzogen wurde.

Bemerkung 1.2 *(Abgeschlossenheit)*
Die Menge $\mathbb{Z}$ der negativen, positiven Zahlen einschließlich der Null heißt Menge der ganzen Zahlen. Sie ist bezüglich der Operationen Addition, Subtraktion und Multiplikation abgeschlossen.

1.2.3 Rationale Zahlen

Die unendliche Menge der rationalen Zahlen oder die Menge aller Brüche

$$\mathbb{Q} = \left\{ q \mid q = \frac{a}{b}, \quad a, b \in \mathbb{Z}, \ b \neq 0 \right\}$$

ergibt sich aus der Lösung der Gleichung $b \cdot x = a$ mit $a, b \in \mathbb{Z}$, wobei $b \neq 0$ gelten muß. Zur Lösung ist die Multiplikation umzukehren, d.h. man gelangt zur Division

$$x = \frac{a}{b} \quad \text{Quotient von a und b} \quad \text{mit} \quad b \neq 0$$

Hierbei ist a der Zähler und b der Nenner des Bruches.

Bemerkung 1.3 *(Teilmenge)*
Die Menge der ganzen Zahlen ist eine echte Teilmenge der rationalen Zahlen

$$\mathbb{Z} \subset \mathbb{Q}$$

Solange die Division durch Null ausgeschlossen ist, ist die Menge der rationalen Zahlen bezüglich der Addition, Subtraktion, Multiplikation und Division abgeschlossen.

1.2.4 Irrationale Zahlen

Es zeigt sich beim Versuch die Gleichung $x^2 = 2$ in der Menge $\mathbb{Q}$ der rationalen Zahlen zu lösen, die Unvollständigkeit von $\mathbb{Q}$. Behoben werden kann dies durch eine Erweiterung, welche ausgeführt wird.
Bei den irrationalen Zahlen handelt es sich um Zahlen welche nicht durch

$$\frac{a}{b} \quad \text{mit} \quad a, b \in \mathbb{Z}, \ b \neq 0$$

dargestellt werden können. Irrationale Zahlen sind

$$\sqrt{2} = 1,141423..... \qquad \pi = 3,14159.......$$

Bemerkung 1.4 *Praktisch betrachtet sind die irrationalen Zahlen in der Ingenieurmathematik von geringer Bedeutung, da durch das Abbrechen des Dezimalbruches an einer geeigneten Stelle eine beliebig genaue rationale Annäherung entsteht.*

1.2.5 Reelle Zahlen

Die Menge der rationalen und irrationalen Zahlen heißt die Menge der *reellen Zahlen* $\mathbb{R}$. Sie können durch Punkte auf einer Geraden, der *reellen Achse*, dargestellt werden, wie in der folgenden Abbildung angedeutet. Den der Null entsprechenden Punkt nennt man den *Ursprung*. Die Umkehrung ist ebenfalls möglich, d.h. jedem Punkt auf der Zahlengeraden entspricht eindeutig nur eine reelle Zahl. Ein Punkt A entspreche einer reellen Zahl a und ein Punkt B entspreche einer reellen Zahl b. Liegt der Punkt A links vom Punkt B auf der Zahlengeraden, so gilt $a < b$ (a kleiner als b) und im umgekehrten Fall $a > b$ (b kleiner als a).

Der Zahlenkörper $\mathbb{R}$ ist ein geordneter Zahlenkörper. Außer den arithmetischen Operationen der Addition $+$ und der Multiplikation $\cdot$ findet sich noch eine Ordnungsrelation $<$ ("kleiner als").

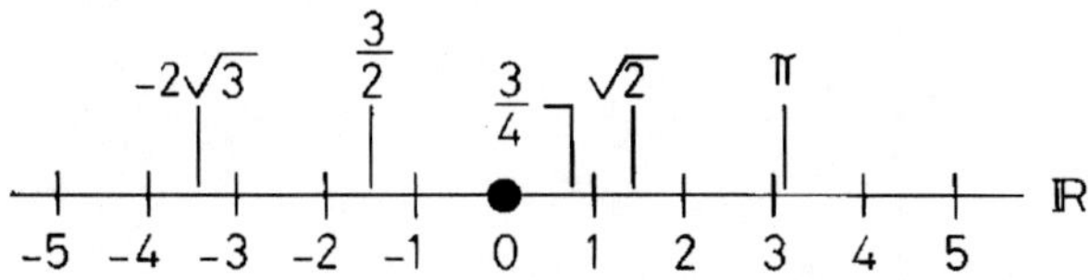

Abbildung 1.1: Reelle Zahlengerade

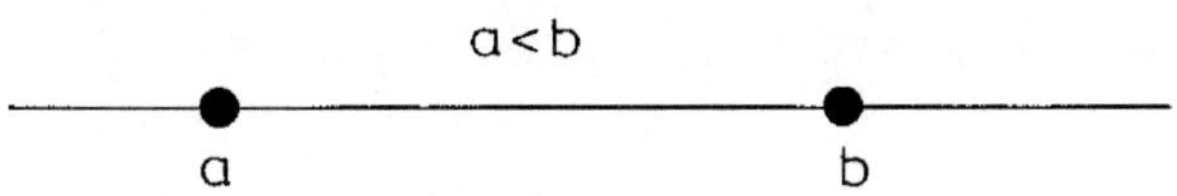

Abbildung 1.2: a liegt links von b

Bemerkung 1.5 *Für die beiden reellen Zahlen $a, b \in \mathbb{R}$ gilt eine der drei folgenden Beziehungen*

- $a < b$ *a kleiner b*
- $a = b$ *a gleich b*
- $b < a$ *b kleiner a*

In der folgenden kleinen Graphik (a und b fallen zusammen) wird dies vedeutlicht

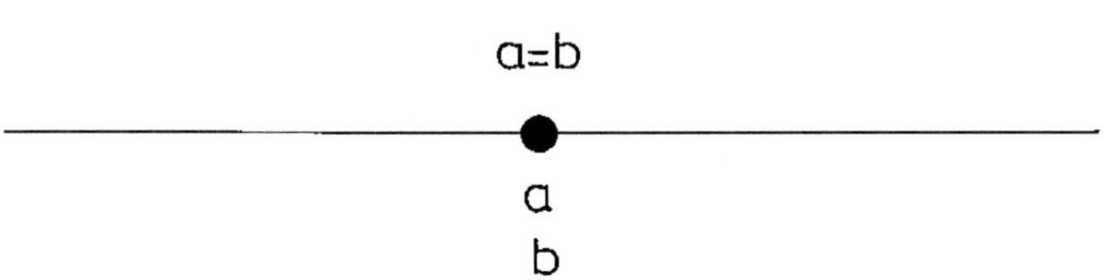

Abbildung 1.3: a und b fallen zusammen

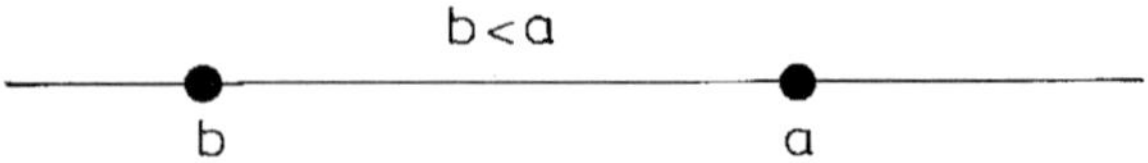

Abbildung 1.4: a liegt rechts von b

Bemerkung 1.6

- *Ist beispielsweise $a < b$ (a kleiner als b), so schreibt man auch $b > a$ (b größer als a)*
- *Man schreibt $a \leq b$, wenn entweder $a < b$ oder $a = b$ gilt*

Beispiel 1.2.1

Für $a, b \in \mathbb{R}$ ist das arithmetische Mittel $m : \mathbb{R} \to \mathbb{R}$ definiert durch

$$m : (a, b) \mapsto m(a, b) := \frac{1}{2}(a + b)$$

Für $a, b, c \in \mathbb{K}$ gelte allgemein das Assoziativ-Gesetz

$$(a \circ b) \circ c = a \circ (b \circ c)$$

Auf zwei unterschiedliche Methoden läßt sich nachweisen, daß das Assoziativ-Gesetz für das arithmetische Mittel nicht erfüllt ist.

1. Methode:

Es wird angenommen, daß das arithmetische Mittel assoziativ ist; dies wird durch das folgende Gegenbeispiel widerlegt, d.h. hieraus folgt, daß das Assoziativ-Gesetz keine Gültigkeit hat.

$$M(M(0,0), 1) = \frac{1}{2} \neq \frac{1}{4} = M(0, M(0,1))$$

2. Methode:

Die Assoziativität des arithmetischen Mittels wird rechnerisch, wie folgt, widerlegt

$$M(M(a,b), c) = \frac{1}{2}\left(\frac{a+b}{2} + c\right) = \frac{a+b}{4} + \frac{c}{2} = \frac{a+b+2c}{4}$$

$$M(a, M(b,c)) = \frac{1}{2}\left(a + \frac{b+c}{2}\right) = \frac{a}{2} + \frac{b+c}{4} = \frac{2a+b+c}{4}$$

1.2.6 Komplexe Zahlen

In Erweiterung des Zahlenkörpers $\mathbb{R}$ der reellen Zahlen zum Zahlenkörper $\mathbb{C}$ der komplexen Zahlen werden über die Lösung der Gleichung

$$x^2 + 1 = 0$$

die zunächst eine reelle Lösung zu haben scheint, die *komplexen Zahlen* eingeführt, wobei die Grenzen der reellen Zahlen deutlich werden. Eine detailierte Darstellung findet sich in [10], weshalb hier nur die für die weiteren Kapitel notwendigen Zusammenhänge dargestellt und damit auch wiederholt werden.

Historisch stellt diese Erweiterung, welche heute fast selbstverständlich zu sein scheint, einen gewichtigen Fortschritt dar, da auch die konkrete Vorstellung von Zahlen durch Einführung der imaginären Einheit für die komplexen Zahlen verschwindet.

Mit $a, b, c, d \in \mathbb{R}$ werden die komplexen Zahlen $a + ib, c + id \in \mathbb{C}$ gebildet, für welche die folgenden bekannten Grundrechenarten gelten.

(1) Addition

$$(a + ib) + (c + id) = a + ib + c + id = (a + c) + i(b + d)$$

(2) Subtraktion

$$(a + ib) - (c + id) = a + ib - c - id = (a - c) + i(b - d), \text{ da } i^2 = -1$$

(3) Multiplikation

$$(a + ib)(c + id) = ac + iad + ibc + i^2bd = (ac - bd) + i(ad + bc)$$

(4) Division

$$\frac{a + ib}{c + id} = \frac{a + ib}{c + id} \cdot \frac{c - id}{c - id} = \frac{ac - iad + ibc - i^2bd}{c^2 - i^2d^2} = \frac{ac + bd + i(bc - ad)}{c^2 + d^2} =$$

$$= \frac{ac + bd}{c^2 + d^2} + i\frac{bc - ad}{c^2 + d^2}$$

Definition 1.1 *(Absolutbetrag)*
Der Absolutbetrag einer komplexen Zahl $a + ib$ wird definiert als

$$\mid a + ib \mid = \sqrt{a^2 + b^2}$$

Es seien $z_1, z_2, ..., z_n$ komplexe Zahlen, dann gelten die Eigenschaften:

$$\mid z_1 z_2 \mid = \mid z_1 \mid\mid z_2 \mid \text{ oder } \mid z_1 z_2 \cdots z_n \mid = \mid z_1 \mid\mid z_2 \mid \cdots \mid z_n \mid$$

Zusätzlich soll an dieser Stelle eine axiomatische Begründung des komplexem Zahlensystems gegeben werden. Aus streng logischer Sicht ist es wünschenswert, eine komplexe Zahl als ein geordnetes Paar (a,b) reeller Zahlen a und b zu definieren und gewisse Operationen, die, wie sich herausstellen wird, äquivalent zu den oben gegebenen sind.

Es gilt $a, b, c, d, m \in \mathbb{R}$

(1) Gleichheit

$$(a, b) = (c, d) \quad \text{genau dann, wenn} \quad a = c, b = d$$

(2) Summe

$$(a, b) + (c, d) = (a + c, b + d)$$

(3) Produkt

$$(a, b) \cdot (c, d) = (ac - bd, ad + bc)$$

(4) Reelles Vielfaches einer komplexen Zahl

$$m(a, b) = (ma, mb)$$

Der Zahlenkörper der komplexen Zahlen weist noch einige Eigenschaften auf, welche lexikalisch dargestellt werden.

Für $z_1, z_2, z_3 \in \mathbb{C}$ (Körper der komplexen Zahlen) gilt:

(1) Abgeschlossenheit

$$z_1 + z_2, z_1, z_2 \in \mathbb{C}$$

(2) Kommutativgesetz der Addition

$$z_1 + z_2 = z_2 + z_1$$

(2) Assoziativgesetz der Addition

$$z_1 + (z_2 + z_3) = (z_1 + z_2) + z_3$$

(3) Kommutativgesetz der Multiplikation

$$z_1 z_2 = z_2 z_1$$

(4) Assoziativgesetz der Multiplikation

$$z_1(z_2 z_3) = (z_1 z_2) z_3$$

(5) Distributivgesetz

$$z_1(z_2 + z_3) = z_1 z_2 + z_1 z_3$$

(6) Neutrales Element der Addition

$$z_1 + 0 = 0 + z_1 = z_1$$

(7) Neutrales Element der Multiplikation

$$1 \cdot z_1 = z_1 \cdot 1 = z_1$$

(8) Inverses Element der Addition

$$z + z_1 = 0 \qquad -z_1 \quad \text{invers zu} \quad z_1$$

(9) Inverses Element der Multiplikation

$$z_1 z = z z_1 = 1 \quad z_1 \neq 0 \quad z_1^{-1} \quad \text{oder} \quad \frac{1}{z_1}$$

Sind z_1 und z_2 nicht Null, so ist dies

1. eine notwendige und hinreichende Bedingung dafür, daß z_1 und z_2 aufeinander senkrecht (orthogonal) stehen, d.h. $z_1 \cdot z_2 = 0$

2. eine notwendige und hinreichende Bedingung dafür, daß z_1 und z_2 parallel sind, d.h. $z_1 \times z_2 = 0$

3. und es ergeben sich die Länge der Projektionen von z_1 auf z_2

$$\frac{|z_1 \cdot z_2|}{|z_2|}$$

4. die Fläche des Parallelogramms mit z_1 und z_2 als Seiten $|z_1 \times z_2|$

Bemerkung 1.7 *(Ordnungsrelation)*
Der Unterschied des komplexen Zahlenkörpers $\mathbb{C}$ zum reellen Zahlenkörper $\mathbb{R}$ besteht darin, daß auf $\mathbb{C}$ keine Ordnungsrelation vorhanden ist.

Auf die Erweiterung des Zahlkörpers der komplexen Zahlen zu den Quaternionen soll an dieser Stelle nicht mehr eingegangen werden; verwiesen wird auf [10].

1.3 Mathematische Beweismethoden

Jede mathematische Aussage bedarf eines Beweises, welcher entsprechend der Aussage einerseits leicht, jedoch auch andererseits sehr schwer zu führen ist. Hierin liegt auch der Grund, warum einige Aussagen ohne Beweis bleiben müssen, was sicher einen nicht zu vermeidenden Mangel darstellt. Der mathematische Beweis muß in jedem seiner Schritte logisch und widerspruchsfrei sein. Erinnert sei hierbei an die Syntax einer Programmiersprache, gegen die syntaktisch nicht verstoßen werden darf, da ansonsten das Programm nicht läuft. Hierbei sind jedoch die logischen Fehler sehr gefährlich, da das Programm läuft, jedoch nicht das ausführt, was es eigentlich soll. Im weiteren sollen die drei mathematischen Beweismethoden, nämlich der direkte Beweis, der indirekte Beweis und das Prinzip der vollständigen Induktion angesprochen und erläutert werden.

1.3.1 Direkter Beweis

Beim direkten Beweis geht man, was durch direkt ausgedrückt wird, direkt vor, d.h. aus einer Aussage A, der Voraussetzung, wird eine Aussage B, die Behauptung, bewiesen. Das prinzipielle Vorgehen besteht darin, mit der Aussage A zu beginnen und diese durch widerspruchsfreie, d.h. erlaubte mathematische Operationen in die Aussage B zu überführen. Dies erscheint relativ einfach zu sein, jedoch steht damit noch keine konkrete Anwendung zur Verfügung. Anhand des folgenden Beispiels soll die Methode verdeutlicht werden.

Behauptung: Für eine reelle Zahl $x \in \mathbb{R}$ mit $x \neq 1$ und eine natürliche Zahl $n \in \mathbb{N}$ gilt:

$$s_n(x) = 1 + x + x^2 + ... + x^n = \frac{1 - x^{n+1}}{1 - x}$$

Beweis:

Ausgehend von

$$s_n(x) = 1 + x + x^2 + ... + x^n$$

wird eine Multiplikation beider Seiten mit x durchgeführt

$$x \cdot s_n(x) = x(1 + x + x^2 + x^3 + ... + x^n) = x + x^2 + x^3 + x^4 + ... + x^n + x^{n+1}$$

Die Subtraktion von $s_n(x)$ und $x \cdot s_n(x)$ ergibt

$$s_n(x) - x \cdot s_n(x) = 1 + x + x^2 + x^3 + ... + x^n - (x + x^2 + x^3 + x^4 + ... + x^n + x^{n+1}) = 1 - x^{n+1}$$

Auf der linken Seite kann jetzt $s_n(x)$ ausgeklammert werden

$$(1 - x)s_n(x) = 1 - x^{n+1}$$

Und mittels Division durch $1 - x$ ergibt sich

$$s_n(x) = \frac{1 - x^{n+1}}{1 - x}$$

Bemerkung 1.8
Aussage A: Für $x \in \mathbb{R}$, $x \neq 1$, $n \in \mathbb{N}$ gilt: $s_n(x) = 1 + x + x^2 + x^3 + ... + x^n$

Aussage B: Es werde $s_n(x)$ durch

$$s_n(x) = \frac{1 - x^{n+1}}{1 - x}$$

dargestellt.

Die Überführung von A nach B geschieht durch die erlaubten mathematischen Operationen Multiplikation, Subtraktion und Division.

1.3.2 Indirekter Beweis

Auch beim indirekten Beweis besteht das Ziel darin, aus einer Aussage A, der Voraussetzung, eine Aussage B, die Behauptung, unter Anwendung mathematischer Operationen zu beweisen. Jedoch unterscheidet sich der indirekte Beweis dahingehend, daß ein anderes Prinzip zur Anwendung kommt, nämlich die Annahme, daß B falsch sei, d.h. das logische Gegenteil G sei eine richtige Aussage. Herangezogen werden erlaubte logische Operationen mit deren Hilfe unter Verwendung der zusätzlichen Voraussetzung G ein Widerspruch erzielt wird. Damit ergibt sich die Folgerung, daß G falsch, also B richtig sein muß.

Verdeutlicht werde dies an einem kleinen, in einem anderen Zusammenhang bereits bekannten Beispiel. Die Aussage B, d.h. die Behauptung B, sei, daß die Gleichung

$$x^2 = 2$$

keine rationale Lösung habe. Das logische Gegenteil G von B ist dann, die Gleichung

$$x^2 = 2$$

habe eine rationale Lösung in der Form

$$x = \frac{n}{m} \quad n \in \mathbb{Z} \; m \in \mathbb{N}$$

wobei n und m teilerfremd sind. Dies liefert den evidenten Widerspruch, also hat die betrachtete Gleichung keine rationale Lösung.

1.3.3 Vollständige Induktion

Beim Prinzip der vollständigen Induktion soll eine Beweismethode vorgestellt werden, die es ermöglicht, effizient Beweise zu führen. Gezeigt wird, daß eine Aussage, die für zunächst für einen Wert n gilt, dann auch Gültigkeit für den Nachfolger n+1 hat, also damit allgemein gültig ist.

Satz 1.1 *(BERNOULLIsche[1] Ungleichung)*
Es sei $a \geq -1$. Dann gilt für alle natürlichen Zahlen n

$$(1 + a)^n \geq 1 + na$$

[1] Bernoulli, Jakob I (27.12.1654 - 16.08.1705)

Beweis:

(1) Induktionsanfang: Für n=1 gilt $(1+a)^1 = 1 + a \geq 1 + 1 \cdot a$

(2) Induktionsannahme: Für $k \in \mathbb{N}$ mit $k \geq 1$ gilt:

$$(1+a)^k \geq 1 + ka$$

Es wird gezeigt, daß daraus

$$(1+a)^{k+1} \geq 1 + (k+1)a$$

folgt.

Aus $a^2 \geq 0$ folgt $ka^2 \geq 0$ für alle $k \in \mathbb{N}$ und daher

$$\begin{aligned}(1+a)^{k+1} &= (1+a)^k \cdot (1+a) \underbrace{\geq}_{(J.A.)} (1+ka) \cdot (1+a) = \\ &= 1 + ka + a + ka^2 \geq 1 + ka + a \\ &= 1 + (k+1)a\end{aligned}$$

Satz 1.2 *(Allgemeine Dreiecksungleichung)*
Es seien $x_1, x_2, ..., x_n$ reelle Zahlen. Dann gilt

$$|x_1 + x_2 + ... + x_n| \leq |x_1| + |x_2| + ... + |x_n|$$

Beweis:

(1) Induktionsanfang: Für n=1 gilt $| x_1 | \leq | x_1 |$

(2) Induktionsannahme: Für $k \in \mathbb{N}$ mit $k \geq 1$ gilt

$$| x_1 + x_2 + ... + x_k | \leq | x_1 | + | x_2 | + ... + | x_k |$$

Es ist nachzuweisen, daß hieraus

$$| x_1 + x_2 + x_3 + ... + x_{k+1} | \leq | x_1 | + | x_2 | + | x_3 | + ... + | x_{k+1} |$$

folgt. Es gilt

$$\begin{aligned}| x_1 + x_2 + ... + x_{k+1} | &= | x_1 + x_2 + ... + x_k + x_{k+1} | \underbrace{\leq}_{\Delta-Ungl.} | x_1 + x_2 + ... + x_k | + | x_{k+1} | \leq \\ &\underbrace{\leq}_{\Delta-Ungl.} | x_1 + x_2 + ... + x_{k-1} | + | x_k | + | x_{k+1} | \leq \\ &\underbrace{\leq}_{\Delta-Ungl.} | x_1 + x_2 + ... + x_{k-2} | + | x_k | + | x_{k+1} | \leq ... \leq \\ &\leq | x_1 | + | x_2 | + | x_3 | + ... + | x_{k-1} | + | x_k | + | x_{k+1} |\end{aligned}$$

Bemerkung 1.9 *Beim Heranziehen der üblichen Summenschreibweise*

$$x_1 + x_2 + ... + x_n = \sum_{\nu=1}^{n} x_\nu$$

ergibt sich für die allgemeine Dreiecksungleichung

$$\left|\sum_{\nu=1}^{n} x_\nu\right| \leq \sum_{\nu=1}^{n} |x_\nu|$$

Satz 1.3 *Für alle natürlichen Zahlen n gilt:*

$$\sum_{\nu=1}^{n} \nu = 1 + 2 + ... + n = \frac{n(n+1)}{2}$$

Beweis:

(1) Induktionsanfang: Für n=1 gilt

$$\sum_{\nu=1}^{1} \nu = 1 = \frac{1 \cdot 2}{3}$$

und damit ist zu ersehen, daß die linke Seite gleich der rechten Seite ist und damit ist die Behauptung für n=1 nachgewiesen.

(2) Induktionsannahme: Für $k \in \mathbb{N}$ mit $k \geq 1$ gilt

$$\sum_{\nu=1}^{k} \nu = \frac{k(k+1)}{2}$$

Es ist zu zeigen, daß hieraus

$$\sum_{\nu=1}^{k+1} \nu = \frac{(k+1)(k+2)}{2}$$

folgt. Dies geschieht durch den Induktionsschluß $k \rightarrow k+1$

$$\begin{aligned}\sum_{\nu=1}^{k+1} \nu &= \sum_{\nu=1}^{k} \nu + (k+1) \underbrace{=}_{(J.A.)} \frac{k(k+1)}{2} + k + 1 = \\ &= \frac{k(k+1) + 2(k+1)}{2} = \frac{(k+1)(k+2)}{2}\end{aligned}$$

Satz 1.4 *Für alle natürlichen Zahlen n gilt:*

$$\sum_{\nu=1}^{n} \nu^2 = 1^2 + 2^2 + 3^2 + ... + n^2 = \frac{n(n+1)(2n+1)}{6}$$

Beweis:

(1) Induktionsanfang: Für n=1 gilt

$$\sum_{\nu=1}^{1} \nu^2 = 1^2 = 1 = \frac{1 \cdot 2 \cdot 3}{6}$$

womit die Gleichheit von linker und rechter Seite gezeigt ist und damit ist die Behauptung für n=1 nachgewiesen.

(2) Induktionsannahme: Für $k \in \mathbb{N}$ mit $k \geq 1$ gilt

$$\sum_{\nu=1}^{k} \nu^2 = \frac{k(k+1)(2k+1)}{6}$$

Es ist zu zeigen, daß hieraus

$$\sum_{\nu=1}^{k+1} \nu^2 = \frac{(k+1)(k+2)(2k+3)}{6}$$

folgt.

$$\begin{aligned} \sum_{\nu=1}^{k+1} \nu^2 &= \sum_{\nu=1}^{k} \nu^2 + (k+1)^2 \underbrace{=}_{(J.A.)} \frac{k(k+1)(2k+1)}{6} + (k+1)^2 = \\ &= \frac{k+1}{6}\left[k(2k+1) + 6(k+1)\right] = \frac{k+1}{6}(2k^2+7k+6) = \frac{(k+1)(k+2)(2k+3)}{6} \end{aligned}$$

1.4 Ungleichungen

1.4.1 Betrag einer reellen Zahl

Ausgegangen werde vom Zahlenstrahl, welcher in einen negativen und einen positiven Bereich unterteilt werden kann. Der Nullpunkt stellt die Mitte dar und es werde die Entfernung einer beliebigen Zahl vom Nullpunkt betrachtet. So haben die Zahlen x und $-x$ dieselbe Entfernung vom Nullpunkt, d.h. sie haben den gleichen Betrag. Sie unterscheiden sich nur durch das Vorzeichen, was in der nächsten Definition präzisiert wird.

Definition 1.2 *(Betrag)*
*Unter dem **Betrag** einer reellen Zahl $x \in \mathbb{R}$ versteht man eine Zahl*

$$| x |= \begin{cases} x & \textit{falls} \quad x \geq 0 \\ -x & \textit{falls} \quad x < 0 \end{cases}$$

Auf den Begriff des Betrages wird im Zusammenhang mit der Betragfunktion nochmals zurückgekommen. Direkt aus der Definition kann der folgende Satz bewiesen werden.

Satz 1.5 *Es gelten für reelle Zahlen $x, y \in \mathbb{R}$*

(1) $| x |=| -x |\geq 0$

(2) $| x |= 0 \Leftrightarrow x = 0$

(3) $x \leq| x |$

(4) $-x \leq| x |$

(5) $| x \cdot y |=| x | \cdot | y |$

(6) $| x^2 |=| x |^2= x^2$

1.4.2 Geordneter Körper

Im Zahlenkörper $\mathbb{R}$ liegt neben den bekannten Grundoperationen + und · noch eine Ordnungsrelation vor, so daß von einem geordneten Zahlenkörper gesprochen werden kann. Dies bedingt das folgende Axiomensystem für die reellen Zahlen a und b.

(A1) Trichotomiegesetz: Für beliebige a,b gilt

$$\text{entweder } a = b \text{ oder } a < b \text{ oder } b < a$$

(A2) Transitivität

$$\text{Aus } a < b \text{ und } b < c \text{ folgt } a < c$$

(A3) Monotoniegesetz der Addition

$$\text{Aus } a < b \text{ folgt } a + c < b + c \; \forall \; c$$

(A4) Monotoniegesetz der Multiplikation

$$\text{Aus } a < b \text{ und } c > 0 \text{ folgt } ac < bc$$

Bemerkung 1.10 *(Geordneter Körper)*
Ein Zahlenkörper, in welchem zwischen zwei seiner Elemente die Beziehung "<" erklärt ist, welche den obigen Axiomen genügt, heißt ein geordneter Zahlenkörper.

1.4.3 Dreiecksungleichung

Bei der Betrachtung von Ungleichungen ist zunächst die Dreiecksungleichung von Interesse, welche für komplexe Zahlen bereits bekannt ist. In Analogie wird eine reelle Darstellung gegeben, welche geometrisch interpretiert die Aussage liefert, daß bei einem beliebigen Dreieck die Summe von zwei Seiten stets größer ist als die andere Seite.

Satz 1.6 *(Dreiecksungleichung)*
Für $x, y \in \mathbb{R}$ gilt

$$| x + y | \leq | x | + | y |$$

Beweis: Zum Beweis werden zwei Fälle unterschieden, nämlich der positive und der negative Betrag der linken Seite.

1. Fall:

$$x + y \geq 0 \ \wedge \ x \leq | x | \ \wedge y \leq | y | \Rightarrow | x + y | = x + y \leq | x | + | y |$$

2. Fall:

$$x + y \leq 0 \ \wedge \ -x \leq | x | \ \wedge \ -y \leq | y | \Rightarrow | x + y | = -(x + y) = -x - y \leq | x | + | y |$$

Damit ist die reelle Dreiecksungleichung bewiesen.

Im folgenden Beispiel werden einerseits der Betrag und andererseits eine Ungleichung angesprochen. Es handelt sich um eine typische Ungleichung, deren Prinzip ausführlich herausgearbeitet wird.

Beispiel 1.4.1

Es sind alle $x \in \mathbb{R}$ zu bestimmen für die

$$\frac{1 - | x - 2 |}{| x - 3 |} < \frac{1}{2}$$

gilt. Es ist vorauszusetzen, daß $x \neq 3$ gilt, da die linke Seite der Ungleichung für $x = 3$ nicht definiert ist. Damit ergibt sich die Fallunterscheidung für die beiden Beträge

$$| x - 2 | = \begin{cases} x - 2 & \text{für} \quad x \geq 2 \\ 2 - x & \text{für} \quad x < 2 \end{cases} \qquad | x - 3 | = \begin{cases} x - 3 & \text{für} \quad x \geq 3 \\ 3 - x & \text{für} \quad x < 3 \end{cases}$$

Die Fallunterscheidung für

$$\frac{1 - | x - 2 |}{| x - 3 |}$$

liefert zunächst eine Skizze (Ungleichung)
1) Positiver Fall:

$$\left.\begin{array}{lll} x - 3 > 0 & \Rightarrow & x > 3 \\ x - 2 \geq 0 & \Rightarrow & x \geq 2 \end{array}\right\} \Rightarrow x > 3$$

2) $2 \leq x < 3$ siehe hierzu auch die Abbildung

3) Negativer Fall:

$$\left.\begin{array}{lll} x - 3 < 0 & \Rightarrow & x < 3 \\ x - 2 < 0 & \Rightarrow & x < 2 \end{array}\right\} \Rightarrow x < 2$$

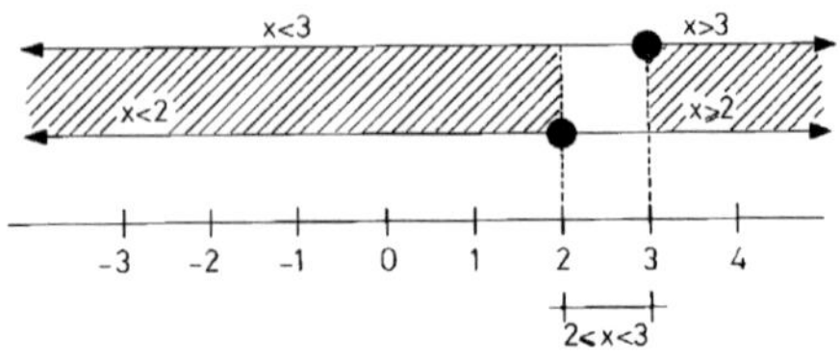

Abbildung 1.5: Ungleichung

Die getroffene Fallunterscheidung hat die folgenden Auswirkungen auf die betrachtete Ungleichung

Zu 1): $x > 3$

$$\frac{1-\mid x-2\mid}{\mid x-3\mid} = \frac{1-(x-2)}{x-3} = \frac{-x+3}{x-3} = -1 < \frac{1}{2}$$

Zu 2): $2 \leq x < 3$

$$\frac{1-\mid x-2\mid}{\mid x-3\mid} = \frac{1-(x-2)}{3-x} = \frac{-x+3}{3-x} = \frac{3-x}{3-x} = 1 < \frac{1}{2} \quad \text{Widerspruch}$$

Zu 3): $x < 2$

$$\frac{1-\mid x-2\mid}{\mid x-3\mid} = \frac{1-(2-x)}{3-x} = \frac{x-1}{3-x} < \frac{1}{2} \Leftrightarrow 2(x-1) < 3-x \Leftrightarrow 3x < 5 \;\; x < \frac{5}{3}$$

Zusammenfassend ergibt sich

$$\frac{1-\mid x-2\mid}{\mid x-3\mid} < \frac{1}{2} \Leftrightarrow x > 3 \lor x < \frac{5}{3}$$

was die Lösungsmenge

$$\mathbb{L} = \left\{ x \in \mathbb{R} \mid x > 3 \lor x < \frac{5}{3} \right\}$$

liefert.

Teil II

Reelle Funktionen

Kapitel 2

Funktion

2.1 Der Begriff der Funktion

Historisch ist zum Funktionsbegriff einerseits Euler[1] zu zitieren, der den Begriff Funktion als einen "analytischen Ausdruck" erklärt, der "irgendwie aus jener Veränderlichen und Konstanten zusammengesetzt ist."

Bolzano[2] faßte, ähnlich wie Dirichlet,[3] den Funktionsbegriff allgemeiner: "Es ist uns erlaubt, uns das Gesetz der Abhängigkeit einer Zahl von einer anderen zu denken, wie wir wollen".

Aus der Schulmathematik ist der Begriff der *Funktion* zunächst über den Funktionsgraphen[4] reellwertiger Funktionen

$$f : \mathbb{R} \to \mathbb{R} \quad \text{mit} \quad f : x \mapsto f(x) = y$$

bekannt. Beispielsweise sei zur Erinnerung der folgende Funktionsgraph

$$f : \mathbb{R} \to \mathbb{R} \quad \text{mit} \quad f : x \mapsto f(x) = x^4 - 15x^2 + 10x + 24$$

betrachtet, welcher die Nullstellen

$$x_1 = 2, \quad x_2 = -1, \quad x_3 = 3, \quad x_4 = -4$$

aufzuweisen hat, was durch eine Faktorisierung nachvollzogen werden kann. Der Begriff der *Relation* tritt im Zusammenhang mit impliziten Funktionen

$$f : \mathbb{R} \to \mathbb{R} \quad \text{mit} \quad f : x \mapsto y = f(x) = \pm\sqrt{x}$$

auf, welche zu einem Abszissenwert zwei Ordinatenwerte aufweisen, so daß keine eindeutige Zuordnung mehr möglich ist.
Es handelt sich hierbei um eine Relation, da beispielsweise der Abszissenwert x_0 gleichzeitig zwei Funktionswerte, nämlich $+\sqrt{x_0}$ und $-\sqrt{x_0}$ aufzuweisen hat, was der Eineindeutigkeit

[1] Leonhard Euler (04.04.1707 - 18.09.1783)
[2] Bernhard Bolzano (05.10.1781 - 18.12.1848)
[3] Lejeune Dirichlet (13.2.1805 - 5.5.1859)
[4] Dieser stellt nicht immer eine Kurve dar, was begrifflich zu unterscheiden ist.

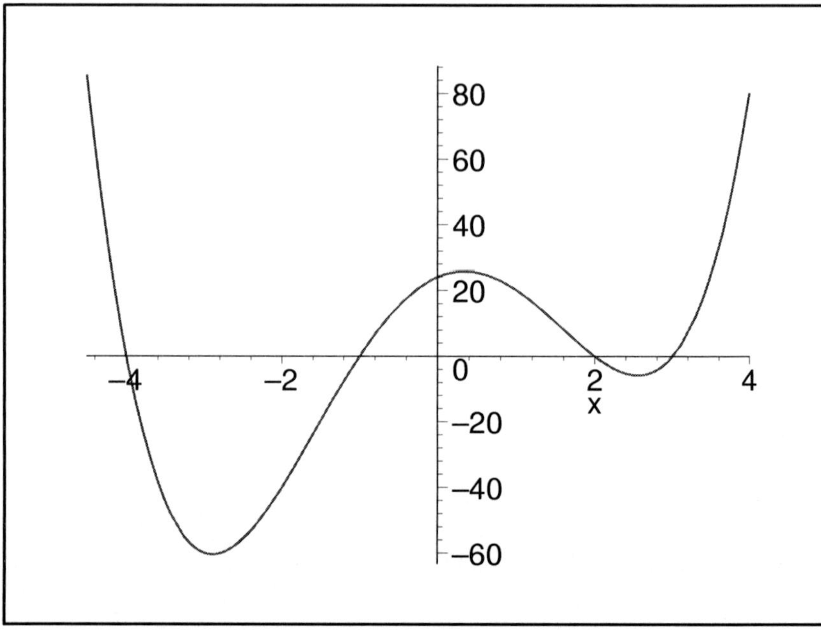

Abbildung 2.1: Funktionsgraph

einer Funktion widerspricht. Es liegt somit eine Relation vor. Dies führt zur definitiven Unterscheidung zwischen Funktion und Relation und es sollen Relationen betrachtet werden, d.h. herangezogen werden zwei Mengen D und B, zwischen deren Elementen Beziehungen bestehen, welche als Relationen bezeichnet werden. Damit gelangt man zunächst zur Definition der Relation.

Definition 2.1 *(Relation)*
Eine Teilmenge K der Produktmenge $K \times B$, die eine Zuordnung zwischen den Elementen $x \in D$ und $y \in B$ beschreibt, heißt Relation.

Davon zu unterscheiden ist die Funktion, welcher die Eineindeutigkeit der Abbildung grundgelegt ist, und ebenso unter den Begriff der Abbildung fällt.

Definition 2.2 *(Funktion)*
Eine Abbildung oder Funktion einer Menge D (Definitionsmenge) in eine Menge B (Bildmenge) stellt eine Relation dar, die jedem Element aus D genau ein Element aus B zuordnet.

Zur vertiefenden Beschreibung von Funktionen wird die folgende, für die weiteren Überlegungen notwendige, Definition herangezogen.

Definition 2.3 *(Abbildung)*
Wird jedem Element $x \in D$ durch die Vorschrift f in eindeutiger Weise ein Element $y \in M$ zugeordnet, so nennt man f eine Abbildung der Menge D in die Menge M.

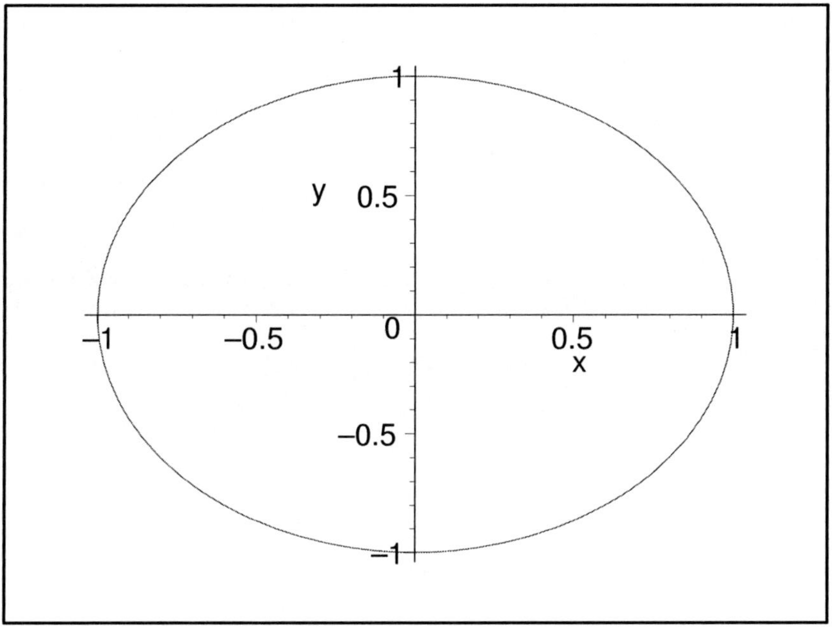

Abbildung 2.2: Relation

Bezeichnungen: D heißt Definitionsmenge (Definitionsbereich) der Abbildung f; die Menge aller $y \in M$, die Bilder $y = f(x)$ gewisser $x \in D$ sind, heißt Bildmenge B der Abbildung f.

Definition 2.4 *Sind die Mengen M,D Zahlenmengen, so wird anstatt von einer Abbildung von einer Funktion gesprochen, d.h. eine für $x \in D$ definierte Funktion von x mit Funktionswerten in M.*

Definition 2.5 *(Folge)*
Folgen sind einfache Funktionen, die nur auf der Menge der natürlichen Zahlen erklärt sind. Jetzt wird dieser Begriff dadurch erweitert, daß als Definitionsbereich allgemeinere Teilmengen von $\mathbb{R}$ zugelassen werden.

Definition 2.6 *(Funktion)*

(1) *Eine Funktion f ist eine Vorschrift, durch welche jedem x einer gewissen Teilmenge $D(f) \subset \mathbb{R}$ in eindeutiger Weise eine reelle Zahl $f(x)$ zugeordnet wird.*

(2) *Die Menge $D(f)$ heißt Definitionsbereich von f.*

(3) *Die Menge $W(f) = \{y \mid y = f(x)\}$ mit $x \in D(f)$ heißt Wertebereich von f.*

Bemerkung 2.1 *Bei der Beschäftigung mit Funktionen ist begrifflich zu unterscheiden:*

f : *Funktionsvorschrift*

$f(x)$: *Funktionswert von f an der Stelle x*

Weiterhin ist zu beachten, daß eine Funktion erst dann vollkommen bestimmt ist, wenn außer der Funktionsvorschrift auch noch der Definitionsbereich angegeben wird. Nur wenn keine Mißverständnisse zu befürchten sind, kann von der "Funktion" y=f(x) gesprochen werden.

Bemerkung 2.2 *Die Definitionsbereiche von Funktionen sind meistens Intervalle oder Vereinigungen von Intervallen. Deshalb sind die Begriffe abzugrenzen. Es seien $a, b \in \mathbb{R}$*

- *Die Mengen*

$$[a,b] = \{x \mid a \leq x \leq b\}$$
$$(a,b) = \{x \mid a < x < b\}$$
$$[a,b) = \{x \mid a \leq x < b\}$$
$$(a,b] = \{x \mid a < x \leq b\}$$

  heißen endliche Intervalle.

  - $[a,b]$ *heißt abgeschlossenes Intervall*
  - (a,b) *heißt offenes Intervall*

- *Die Mengen*

$$(-\infty,b) = \{x \mid x < b\}$$
$$(-\infty,b] = \{x \mid x \leq b\}$$
$$(a,\infty) = \{x \mid x > a\}$$
$$[a,\infty) = \{x \mid x \geq a\}$$
$$(-\infty,\infty) = \mathbb{R}$$

  heißen unendliche Intervalle.

Bei der Veranschaulichung von Funktionen handelt es sich um eine graphische Darstellung von Funktionen, wozu i.A. ein rechtwinkliges Koordinatensystem herangezogen wird, d.h. ein Paar von Zahlengeraden, welche sich in ihrem gemeinsamen Nullpunkt rechtwinklig schneiden, wodurch eine Ebene erzeugt wird. Jedem geordneten Paar reeller Zahlen x und y ist eineindeutig ein Punkt P=(x,y) in dieser Ebene zugeordnet und umgekehrt.

Beispiel 2.1.1

Betrachtet werde die Betrags-Funktion

$$f : x \mapsto f(x) = |x|$$

welche, wie später gezeigt wird, im Punkt $x = 0$ stetig ist, jedoch dort nicht differenzierbar. Für den Definitionsbereich ergibt sich $D(f) = (-\infty, \infty)$ und der Wertebereich ergibt sich zu $W(f) = [0, \infty)$

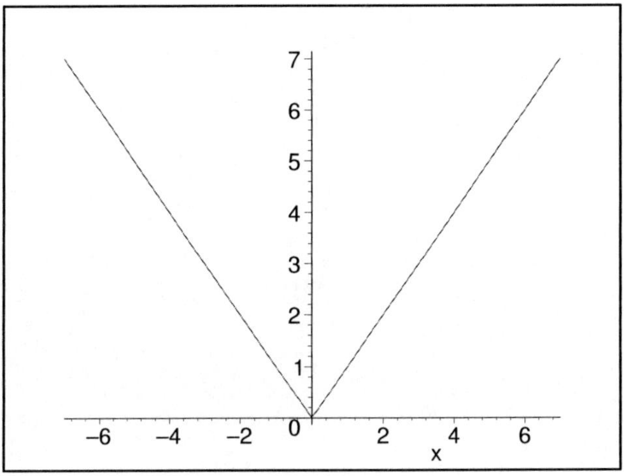

Abbildung 2.3: Betrags-Funktion

2.2 Ganzrationale Funktionen

Der gewonnene Funktionsbegriff wird konkretisiert und erweitert, was zur einfachsten Form, der ganzrationalen Funktion, führt, die allgemein durch die nächste Definition ausgedrückt wird.

Definition 2.7 *(Normalform eines Polynoms)*
Ein Ausdruck der Form

$$P(x) = a_n x^n + a_{n-1} x^{n-1} + ... + a_2 x^2 + a_1 x^1 + a_0 = \sum_{i=0}^{n} a_i x^i$$

heißt die Normalform eines Polynoms in x, die $a_i \in \mathbb{R}$ werden Koeffizienten genannt. Es kann $x \in \mathbb{R}$ bzw. $x \in \mathbb{C}$ gelten.

Der Exponent der höchsten auftretenden x-Potenz wird der Grad des Polynoms genannt, für $a_n \neq 0$ schreibt man Grad P(x)=n.

Die reelle Funktion

$$P : \mathbb{R} \to \mathbb{R} \quad \text{mit} \quad x \mapsto P(x) = \sum_{i=0}^{n} a_i x^i$$

heißt ganz-rationale Funktion n-ten Grades, welche die gebräuchlichsten Sonderfälle für i=0,1,2,3

$$P(x) = a_0 \quad (\neq 0)$$
$$P(x) = a_1x + a_0 \quad (a_1 \neq 0)$$
$$P(x) = a_2x^2 + a_1x + a_0 \quad (a_2 \neq 0)$$
$$P(x) = a_3x^3 + a_2x^2 + a_1x + a_0 \quad (a_3 \neq 0)$$

zuläßt, welche dann bis zum Grad n weitergeführt werden können. Mit den ganzrationalen Funktionen können auch verschiedene Operationen ausgeführt werden, welche wiederum ganzrationale Funktionen liefern.

Beispiel 2.2.1

Angegeben werden für Funktionen verschiedenen Grades einige Beispiele zur Verdeutlichung der bisherigen Ergebnisse.

Ganzrationale Funktion 1. Grades

$$f : \mathbb{R} \to \mathbb{R} \quad \text{mit} \quad f : x \mapsto f(x) = 3x - 2$$

Ganzrationale Funktion 2. Grades

$$f : \mathbb{R} \to \mathbb{R} \quad \text{mit} \quad f : x \mapsto f(x) = x^2 - 4x + \frac{1}{2}$$

Ganzrationale Funktion 4. Grades

$$f : \mathbb{R} \to \mathbb{R} \quad \text{mit} \quad f : x \mapsto f(x) = 2x^4 - 4x^2 + 3x$$

Bemerkung 2.3 *Die Summe, Differenz und das Produkt ganzrationaler Funktionen*

$$f : x \mapsto f(x), \quad g : x \mapsto g(x)$$

(1) $f(x) + g(x) = h_1(x)$

(2) $f(x) - g(x) = h_2(x)$

(3) $f(x) \cdot g(x) = h_3(x)$

sind wieder ganzrationale Funktionen $h_i : x \mapsto h_i(x)$

Beispiel 2.2.2

Betrachtet werden die beiden rationalen Funktionen

$$f, g : \mathbb{R} \to \mathbb{R} \quad \text{mit} \quad f : x \mapsto f(x) = 4x + 2 \quad g : x \mapsto g(x) = x^2 - 2x + 1$$

Dann ergeben sich durch die folgenden Operationen wieder ganzrationale Funktionen

$$h_1(x) = f(x) \cdot g(x) = (4x + 2)(x^2 - 2x + 1)$$

$$h_2(x) = f(x) + g(x) = x^2 + 2x + 3$$
$$h_3(x) = f(x) - g(x) = -x^2 + 6x + 1$$

Für reelle Funktionen gibt es die wesentliche Unterscheidung in gerade und ungerade Funktionen, was auch noch eine geometrische Bedeutung aufweist. Diese Unterscheidung liefert beispielsweise bei der späteren Betrachtung von Fourier[5]-Reihen ein Entscheidungskriterium, wodurch es möglich ist, den bei der Koeffizientenbestimmung erheblichen Rechenaufwand zu reduzieren.

Bemerkung 2.4

(1) *Gerade Funktion:*
$f(x) = f(-x)\ \forall x \in \mathbb{D}$, *d.h. Graph symmetrisch zur y-Achse*

(2) *Ungerade Funktion:*
$f(x) = -f(-x)\ \forall x \in \mathbb{D}$, *d.h. Graph punktsymmetrisch zum Ursprung*

Beispiel 2.2.3

Die Funktion $f(x) = x^4 - 3x^2 + 1$ ist eine gerade Funktion

$$f(-x) = (-x)^4 - 3(-x)^2 + 1 = x^4 - 3x^2 + 1 = f(x)$$

Die Funktion $f(x) = 2x^3 - 5x$ ist eine ungerade Funktion

$$-f(-x) = -(2(-x)^3 - 5(-x)) = -(-2x^3 + 5x) = 2x^3 - 5x = f(x)$$

Die Funktion $f(x) = x^3 + 2x^2 - 1$ ist weder gerade noch ungerade

$$f(-x) = (-x)^3 + 2(-x)^2 - 1 = -x^3 + 2x^2 - 1 \neq f(x)$$
$$-f(-x) = -(-x^3 + 2x^2 - 1) = x^3 - 2x^2 + 1 \neq f(x)$$

Bei der Betrachtung, wie auch bei allen anderen reellen Funktionstypen, stellt sich die entscheidende Frage nach Nullstellen des Funktionsgraphen, d.h. für welchen Abszissenwert wird der zugehörige Ordinatenwert zu Null. Bei den einfachen Polynomen bis zum Grad 2 ist dies durchaus problemlos, wenn einmal von numerisch "ungünstigen" Koeffizienten abgesehen wird. Beim Grad 3 treten schon erhebliche Probleme auf und man beschränkt sich dann auch auf numerische Lösungen oder verschiedene Näherungsverfahren, welche hier noch nicht zur Diskussion stehen. Sollte es gelingen, eine Lösung zu finden, so kann diese vom Polynom abgespalten werden und es ergibt sich das Produkt der nächsten Definition.

Satz 2.1 *Eine Gleichung n-ten Grades besitzt höchstens n reelle Nullstellen. Falls x_0 eine Lösung ist, dann gilt:*

$$f(x) = (x - x_0)P_{n-1}(x)$$

wobei $P_{n-1}(x)$ ein Polynom (n-1)-ten Grades ist. Ist n ungerade, so existiert mindestens eine reelle Lösung der Gleichung n-ten Grades.

Definition 2.8 *(Nullstellen einer ganzrationalen Funktion)*
Eine Zahl $x_N \in \mathbb{D}$ einer reellen Funktion f heißt Nullstelle, wenn $f(x) = 0$ gilt. Nullstellen sind diejenigen Stellen, an denen der Graph der Funktion die x-Achse schneidet.

---

[5]Jean-Baptiste-Joseph Fourier (21.03.1768 - 16.05.1830)

Für die Bestimmung von Nullstellen ganzrationaler Funktionen, was nicht immer unproblematisch ist, sind vorerst die drei folgenden Fälle von Bedeutung.

(1) Lineare Funktionen:

$f(x) = a_1 x + a_0$ und damit $a_1 x + a_0 = 0 \Longleftrightarrow x = -\frac{a_0}{a_1}$

(2) Quadratische Funktionen:

Die Funktion $f(x) = a_2 x^2 + a_1 x + a_0$ liefert $a_2 x^2 + a_x + a_0 = 0$ und mittels quadratischer Ergänzung gelangt man zur Lösung

$$x_{1/2} = \frac{1}{2a}\left(-b \pm \sqrt[2]{b^2 - 4ac}\right)$$

Damit ergibt sich die bekannte Fallunterscheidung, denn mit $D = b^2 - 4ac$ erhält man:

- $D > 0$ zwei reelle Lösungen
- $D = 0$ eine reelle Lösung
- $D < 0$ keine reelle Lösung

(3) Spezielle Funktionen dritten Grades:

$f(x) = a_3 x^3 + a_2 x^2 + a_1 x + a_0$ liefert für die Nullstellenbestimmung

$$a_3 x^3 + a_2 x^2 + a_1 x + a_0 = 0 \quad \text{und damit} \quad x(a_3 x^2 + a_2 x + a_1) = 0$$

woraus $x_1 = 0$ oder $a_3 x^2 + a_2 x + a_1 = 0$ folgt.

Betrachtet werden die Nullstellen eines Polynoms 2.ten Grades, was aus der Schulmathematik hinreichend bekannt ist.

Satz 2.2 *Es sei $f(x) = ax^2 + bx + c$ ein Polynom vom Grad 2 (also $a \neq 0$).*

(1) *Im Fall $b^2 - 4ac > 0$ hat f die Nullstellen*

$$x_1 = -\frac{b}{2a} + \frac{1}{2a}\sqrt{b^2 - 4ac} \qquad x_2 = -\frac{b}{2a} - \frac{1}{2a}\sqrt{b^2 - 4ac}$$

(2) *Im Fall $b^2 - 4ac = 0$ hat f die Nullstelle*

$$x_1 = -\frac{b}{2a}$$

der Ordnung 2, d.h. es liegt eine doppelte Nullstelle vor.

(3) *Im Fall $b^2 - 4ac < 0$ hat f keine reellen Nullstellen.*

Beweis: Über die quadratische Ergänzung in der Gleichung $ax^2 + bx + c = 0$ ergibt sich der Beweis der aufgestellten Behauptungen.

Der letzte Fall ist für die weiteren Betrachtungen nicht von Interesse, da hier ausschließlich reelle Funktionen betrachtet werden.

Bemerkung 2.5 *Für Polynome vom Grad von 3 oder 4 gibt es (sehr unhandliche) Formeln zur Bestimmung ihrer Nullstellen. Man kann zeigen, daß für Polynome vom Grad $n \geq 5$ keine allgemeingültigen Formeln zur Bestimmung der Nullstellen existieren.*

Auf diese Zusammenhänge soll nicht näher eingegangen werden, da explizite Darstellungen in der Ingenieurmathematik nicht von allzu großer Bedeutung sind. Es gibt hierzu Näherungsverfahren, welche bei Bedarf herangezogen werden können; zudem sei noch auf verschiedene numerische Verfahren verwiesen.

Bemerkung 2.6 *Die Funktion 4. Grades*

$$f : x \mapsto f(x) = a_4x^4 + a_3x^3 + a_2x^2 + a_1x + a_0$$

stellt ein biquadratische Gleichung dar und liefert für die Nullstellen

$$a_4x^4 + a_3x^3 + a_2x^2 + a_1x + a_0 = 0$$

Und mittels der Substitution $z := x^2$ ergibt sich eine quadratische Gleichung in der Variablen z, welche die Form

$$a_4z^2 + a_2z + a_0 = 0$$

hat und problemlos nach dem bekannten Verfahren lösbar ist.

Beispiel 2.2.4

Die biquadratische Gleichung

$$x^4 - x^2 - 12 = 0$$

liefert mit der Substitution $z := x^2$ zunächst die Lösungen

$$x_1 = 2, \quad x_2 = -2$$

und ebenso $x^2 = -3$, was keine reelle Lösung liefert.

Beispiel 2.2.5

Für die Gleichung

$$x^3 - 3x^2 - 6x + 8 = 0$$

ergibt sich durch "Probieren" die Nullstelle $x_N = 1$, woraus dann über Polynomdivision

$$(x^3 - 3x^2 - 6x + 8) : (x - 1) = x^2 - 2x - 8$$

sich jetzt leicht die Nullstellen bestimmen lassen.

2.3 Gebrochen-rationale Funktionen

Bisher wurden die ganzrationalen Funktionen vom Grad n betrachtet; mit diesen können, ähnlich wie beim Übergang von den ganzen Zahlen zu den rationalen Zahlen, Brüche gebildet werden, d.h. der Quotient aus zwei ganzrationalen Funktionen. Zur Realisierung sei zunächst die folgende Definition herangezogen.

Definition 2.9 *(Gebrochen-rationale Funktion)*
Als gebrochen-rationale Funktion bezeichnet man die durch einen Quotienten zweier Polynome

$$P : x \mapsto P(x) = \sum_{i=0}^{n} a_i x$$

$$Q : x \mapsto Q(x) = \sum_{i=0}^{m} b_i x$$

für alle $x \in \mathbb{R}$ mit $Q(x) \neq 0$ definierte Funktion

$$f : x \mapsto y(x) = \frac{P(x)}{Q(x)} = \frac{\sum\limits_{i=0}^{n} a_i x}{\sum\limits_{i=0}^{m} b_i x}$$

Das Zählerpolynom $Q(x)$ habe den Grad *Grad* $Q(x) = m$ und das Nennerpolynom $P(x)$ habe den Grad *Grad* $P(x) = n$, wobei die folgenden Fälle zu unterscheiden sind

1. $m = n$
2. $m < n$
3. $m > n$

was auf die gebrochen-rationale Funktion Auswirkungen hat. Es wird, wie sich zeigt, eine begriffliche Verschärfung notwendig sein, wenn von einer echt-gebrochen-rationalen Funktion, die sich von einer gebrochen-rationalen Funktion unterscheidet, der Rede ist.

Bemerkung 2.7 *(Echt-gebrochen-rationale Funktion)*
Grad Q(x) > Grad P(x), dann spricht man von einer echt-gebrochen-rationalen Funktion.

Die echt-gebrochen-rationale Funktion, welche sich aus zwei Polynomen, nämlich P(x) und Q(x), zusammensetzt erfordert eine nähere Betrachtung dieser Polynome. Sie können wiederum selbst Nullstellen aufweisen, welche in der folgenden Definition beschrieben werden.

Definition 2.10

(1) *Eine Nullstelle k-ter Ordnung von P(x), die nicht zugleich Nullstelle von Q(x) ist, heißt Nullstelle k-ter Ordnung der gebrochen-rationalen Funktion*

(2) *Eine Nullstelle k-ter Ordnung von Q(x), die nicht zugleich Nullstelle von P(x) ist, heißt Pol k-ter Ordnung der Funktion*

(3) *Eine gemeinsame Nullstelle von P(x) und Q(x) heißt eine Lücke der Funktion*

Beachtet werden sollte, daß Nullstellen mit sogenannten Vielfachheiten auftreten können, was beispielsweise bei der Partialbruchzerlegung Auswirkungen auf den Ansatz hat. Nicht zu vergessen ist in diesem kleinen Vorgriff, daß es sich bei der Partialbruchzerlegung um echt-gebrochen-rationale Funktionen handeln muß, da ansonsten der gesamte Ansatz scheitert. Damit wird auch die praktizierte Ausführlichkeit und begrifflich exakte Unterscheidung begründet.

Beispiel 2.3.1

Betrachtet werde die Funktion $f : \mathbb{R} \to \mathbb{R}$ mit

$$f : x \mapsto f(x) = \frac{x^2 + 3x + 1}{x^2 + 1}$$

welche sich als unecht-gebrochen-rationale Funktion erweist, da der Grad des Zählerpolynoms gleich dem Grad des Nennerpolynoms ist. Mittels Polynom-Division ergibt sich

$$(x^2 + 3x + 1) : (x^2 + 1) = 1 + \frac{3x}{x^2 + 1}$$

und damit die ganzrationale Funktion

$$P(x) = 1$$

und die echt gebrochen-rationale Funktion

$$R(x) = \frac{3x}{x^2 + 1}$$

Damit zeigt sich, daß f(x) nicht echt gebrochen-rational ist.

Definition 2.11 *(Grenzkurve/Asymptote)*
Die Kurve P heißt Grenzkurve. Ist P eine Gerade, so heißt sie Asymptote.

Hieraus ergibt sich ein Schema

	Grenzkurve		
unecht gebrochen-rational	$n > m$	P(x)	$n - m = 1$ (Gerade)
			$n - m > 1$ (Parabel)
	$n = m$	P(x)=konst.	Parallele zur x-Achse
echt gebrochen-rational	$n < m$	P(x)=0	x-Achse

Beispiel 2.3.2

Betrachtet werde die Funktion $f : \mathbb{R} \to \mathbb{R}$ mit

$$f : x \mapsto f(x) = \frac{2x - 2}{x^2 - 2x - 3} = (2x - 2) : (x^2 - 2x - 3) = 0 + \frac{2x - 2}{x^2 - 2x - 3}$$

Die Grenzkurve y=0, d.h. die Asymptote, ist die x-Achse.

Beispiel 2.3.3

Bei der Betrachtung der Funktion

$$f(x) = \frac{x^3 - 4x + 8}{4x - 8}$$

liefert die Polynom-Division

$$(x^3 - 4x + 8) : (4x - 8) = \frac{1}{4}x^2 + \frac{1}{2}x + \frac{8}{4x - 8}$$

woraus zu ersehen ist, daß die Grenzkurve

$$P(x) = \frac{1}{4}x^2 + \frac{1}{2}x$$

eine Parabel 2-ten Grades darstellt.

Definition 2.12 *(Monotonie)*
Eine Funktion $f : x \mapsto f(x),\ x \in \mathbb{D}_f$ heißt

(1) *monoton wachsen, wenn für alle $x_1, x_2 \in \mathbb{D}$ gilt:*

$$x_1 < x_2 \ \Leftrightarrow\ f(x_1) \leq f(x_2)$$

(2) *monoton fallend, wenn für alle $x_1, x_2 \in \mathbb{D}$ gilt:*

$$x_1 < x_2 \ \Leftrightarrow\ f(x_1) \geq f(x_2)$$

(3) *streng monoton wachsend, wenn für alle $x_1, x_2 \in \mathbb{D}$ gilt:*

$$x_1 < x_2 \ \Leftrightarrow\ f(x_1) < f(x_2)$$

(4) *streng monoton fallend, wenn für alle $x_1, x_2 \in \mathbb{D}$ gilt:*

$$x_1 < x_2 \ \Leftrightarrow\ f(x_1) > f(x_2)$$

Beispiel 2.3.4

Betrachtet werde eine Funktion $f : \mathbb{R} \to \mathbb{R}$ mit $f : x \mapsto f(x) = 2x + 1$ und dem Definitionsbereich $\mathbb{D} = \mathbb{R}$.

$$f(x_1) = 2x_1 + 1 \quad \text{und} \quad f(x_2) \underbrace{=}_{x_2 = x_1 + a,\ (a>0)} f(x_1 + a) = 2(x_1 + a) + 1 = 2x_1 + 1 + 2a \ \ (a > 0)$$

Dann gilt die folgende Abschätzung

$$2x_1 + 1 < 2x_1 + 1 + 2a \ \ \forall\, a > 0$$

und damit

$$2x_1 + 1 < 2(x_1 + a) + 1 = 2x_2 + 1 \ \Rightarrow\ f(x_1) < f(x_2) \ \ x_1 < x_2$$

was zeigt, daß die Funktion streng monoton wachsend ist. Bei der betrachteten Funktion kann dies auch direkt vom Funktionsgraphen abgelesen werden.

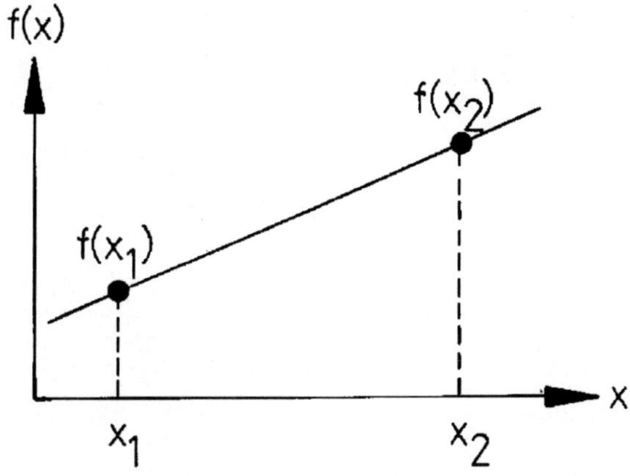

Abbildung 2.4: Monoton wachsende Funktion

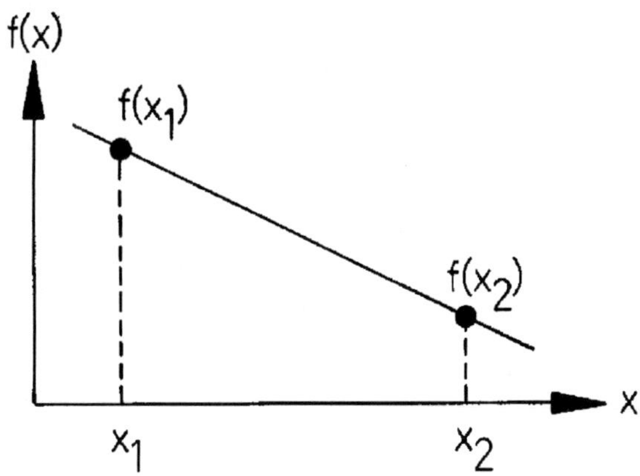

Abbildung 2.5: Monoton fallende Funktion

2.4 Verkettung von Funktionen

Betrachtet werden mehrere Funktionen, die aufeinander angewendet werden können, wobei die Reihenfolge zu beachten ist. Auf diese Weise erhält man verkettete Funktionen und ebenso ist es möglich beispielsweise eine Rechenvorschrift

$$f : x \mapsto f(x) = \frac{1}{4}(1.5x - 4,5) \quad \text{für } x \in \mathbb{R}$$

nach der folgenden Tabelle in mehrere Rechenschritte zu zerlegen.

x	$1,5x$	$1.5x - 4.5$	$\frac{1}{4}(1.5x - 4.5)$
0	0	-4.5	-1.125
1	1.5	-3	-0.75
2	3	-1.5	-0.375
3	4.5	0	0
4	6	1.5	$+0.375$

Der Vorgang kann, wie folgt, zerlegt werden

- Multiplikation mit 1.5
- Subtraktion von 4.5
- Division durch 4

Dadurch ergeben sich die folgenden Einzelfunktionen

$$f_1 : x \mapsto f_1(x) = 1.5x \qquad f_2 : x \mapsto f_2(x) = x - 4.5 \qquad f_3 : x \mapsto f_3(x) = \frac{1}{4}$$

Bemerkung 2.8 *Die Funktionen f_1, f_2, f_3 werden in dieser Reihenfolge hintereinander ausgeführt oder verkettet.*

Bei der Verkettung von Funktionsvorschriften werde ebenso zunächst von zwei Beispielfunktionen ausgegangen, d.h.

$$f : x \mapsto f(x) = 2x - 3 \quad \text{mit} \quad \mathbb{D}_f = \{x \in \mathbb{R} \mid 2 \leq x \leq 6\}$$

$$g : x \mapsto g(x) = \sqrt{x} \quad \text{mit} \quad \mathbb{D}_g = \{x \in \mathbb{R} \mid 0 \leq x \leq 9\}$$

Die Hintereinanderausführung von f und g in dieser Reihenfolge liefert durch Verkettung eine neue Funktion h, welche im Weiteren bestimmt wird.

- Wahl eines Elements $x \in \mathbb{D}_f$, auf welches die Vorschrift f angewendet wird, d.h.

$$x \xrightarrow{f} 2x - 3$$

- Auf 2x-3 wir die Vorschrift g angewandt, d.h.

$$2 - 3 \xrightarrow{g} \sqrt{2x - 3}$$

- Insgesamt ergibt sich

$$h : x \xrightarrow{f} 2x - 3 \xrightarrow{g} \sqrt{2x - 3}$$

- Allgemein ergibt sich daraus

$$h(x) = \sqrt{2x - 3} \quad \text{mit} \quad \mathbb{D}_h = \{x \in \mathbb{R} \mid 2 \leq x \leq 6\}$$

Bemerkung 2.9 *Für die Funktionsvorschrift h schreibt man auch die Verkettung $g \circ f$, d.h. f verkettet mit g, oder erst f, dann g.*

Das allgemeine Verfahren kann in der folgenden Weise dargestellt werden

- Auf x wird zuerst die Funktion f angewandt

$$x \xrightarrow{f} f(x)$$

- Auf f(x) wird dann die Funktion g angewandt

$$f(x) \xrightarrow{g} g(f(x))$$

- Insgesamt

$$g \circ f : x \xrightarrow{f} f(x) \xrightarrow{g} g(f(x))$$

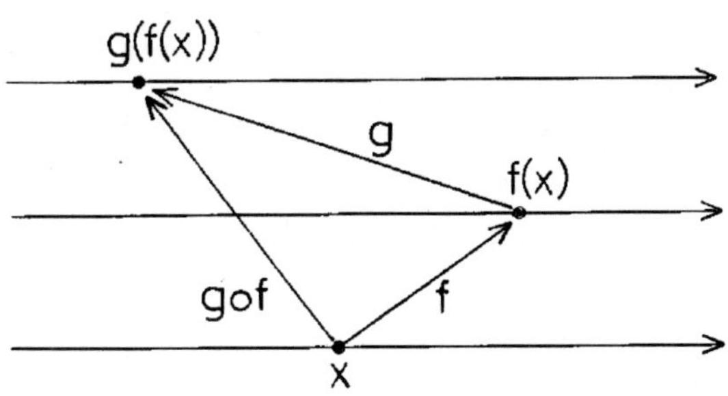

Abbildung 2.6: Verkettung von Funktionen

Folgerung 2.1 *Es gibt nur dann eine Funktion $g \circ f$ mit dem Definitionsbereich $\mathbb{D}_f$, wenn der Wertebereich von f eine Teilmenge des Definitionsbereiches von g ist:*

$$\mathbb{W}_f \subseteq \mathbb{D}_g$$

Definition 2.13 *Es seien*

$$f : x \mapsto f(x) \quad x \in \mathbb{D}_f \quad \text{und} \quad g : x \mapsto g(x) \quad x \in \mathbb{D}_g$$

zwei Funktionen mit

$$\mathbb{W}_g \subseteq \mathbb{D}_g$$

Durch die Verkettung $g \circ f$ entsteht die neue Funktion h mit

$$h(x) = g(f(x)) \ \forall \, x \in \mathbb{D}_f$$

Es heißt h die Verkettung von f und g

$$(g \circ f) : x \mapsto g(f(x)) \ x \in \mathbb{D}_f$$

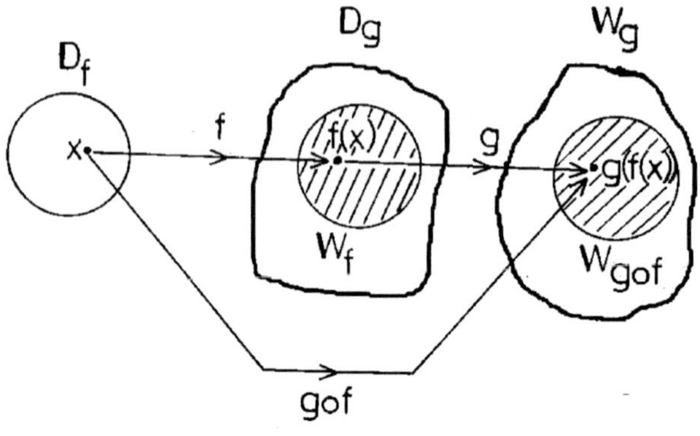

Abbildung 2.7: Definitions- und Wertebereich

Satz 2.3 *Es seien f,g reelle Funktionen mit* $\mathbb{D} = \mathbb{R}$, *dann gilt:*

(1) *Assoziativ-Gesetz*

$$(f \circ g) \circ h = f \circ (g \circ h)$$

(2) *Neutrales Element: Es gibt eine Funktion* $e : x \mapsto E(x),\ x \in \mathbb{R}$, *so daß*

$$f \circ e = e \circ f = f$$

(3) *Distributiv-Gesetze*

$$(3.1) \quad (f + g) \circ h = f \circ h + g \circ h$$

$$(3.2) \quad f \circ (g + h) = f \circ g + f \circ h$$

Beweis:

Zu (1):

$$((f \circ g) \circ h)(x) = (h \circ (f \circ g))(x) = (h((f \circ g)(x))) = h(g(f(x)))$$

$$(f \circ (g \circ h))(x) = ((g \circ h) \circ f)(x) = (g \circ h)(f(x)) = h(g(f(x)))$$

Zu (2): Funktion $e : x \mapsto x,\ x \in \mathbb{R}$ ist neutrales Element des Verkettens.

$$(f \circ e)()x) = f(e(x)) = f(x)$$

$$(e \circ f)(x) = e(f(x)) = f(x)$$

Zu (3.1):

$$((f + g) \circ h)(x) = (h \circ (f + g))(x) = h(f(x) + h(x)) = h(f(x)) + h(g(x)) =$$

$$= (h \circ f)(x) + (h \circ g)(x) = (f \circ h)(x) + (g \circ h)(x)$$

Zu (3.2):

$$\begin{aligned}(f \circ (g+h))(x) &= (g+h)(f(x)) = g(f(x)) + h(f(x)) = (g \circ f)(x) + (h \circ f)(x) = \\ &= (f \circ g)(x) + (f \circ h)(x)\end{aligned}$$

Satz 2.4

(1) *Die Verkettung einer linearen Funktion und einer Quadratfunktion ergibt eine quadratische Funktion.*

(2) *Die Verkettung zweier linearer Funktionen ist wieder eine lineare Fuktion.*

Beweis:

Zu (1): Es sei

$$f : x \mapsto ax + b \qquad g : x \mapsto ax^2 + bx + c \qquad x \in \mathbb{R}$$

$$\begin{aligned}(g \circ f)(x) &= f(g(x)) = f(ax+b) = a(ax+b)^2 + b(ax+b) + c = \\ &= a(a^2x^2 + 2abx + b^2) + abx + b^2 + c = \\ &= a^3x^2 + 2a^2bx + ab^2 + abx + b^2 + c = \\ &= a^3x^2 + (2a^2b + ab)x + ab^2 + b^2 + c \\ (f \circ g)(x) &= g(f(x)) = g(ax^2 + bx + c) = a(ax^2 + bx + c) + b = \\ &= a^2x^2 + abx + ac + b\end{aligned}$$

Zu (2): Es sei

$$f : x \mapsto ax + b \qquad g : x \mapsto ax + b \qquad x \in \mathbb{R}$$

$$(g \circ f)(x) = g(f(x)) = g(ax+b) = a(ax+b) + b = a^2x + ab + b$$

$$(f \circ g)(x) = f(g(x)) = f(ax+b) = a(ax+b) + b = a^2x + ab + b$$

2.5 Polynomdivision

Das häufige und versteckte Auftreten von unecht-gebrochen-rationalen Funktionen macht es erforderlich, nach einem Verfahren zu suchen, mit dessen Hilfe es möglich ist, aus einer unecht-gebrochen-rationalen Funktion den echt-gebrochen-rationalen Teil zum Zweck der weiteren Bearbeitung abzuspalten. Häufig können gebrochen-rationale Funktionen ohne diese Zerlegung nicht weiter verwendet werden.

Bemerkung 2.10 *Eine gebrochen-rationale Funktion $f : \mathbb{R} \to \mathbb{R}$ läßt sich folgendermaßen zerlegen*

$$f : x \mapsto f(x) = \frac{P(x)}{Q(x)} = R(x) + \frac{Z(x)}{Q(x)}$$

Dabei ist $R(x)$ ein Polynom und

$$\frac{Z(x)}{Q(x)}$$

stellt den echt-gebrochen-rationalen Rest dar.

Beispiel 2.5.1

Betrachtet werde eine beliebige gebrochen-rationale Funktion $f : \mathbb{R} \to \mathbb{R}$ mit

$$f : x \mapsto f(x) = \frac{P(x)}{Q(x)} = \frac{x^3 - 4x + 8}{4x - 8}$$

bei der zu sehen ist, daß der Zählergrad Grad P(x)= 3 eindeutig größer ist als der Nennergrad Grad Q(x)=1, also handelt es sich um eine exakt formuliert unecht-gebrochen-rationale Funktion, welche eine Polynomdivision erforderlich macht.

$$(x^3 - 4x + 8) : (4x - 8) = \frac{1}{4}x^2 + \frac{1}{2}x + \frac{8}{4x - 8}$$

Die Grenzkurve

$$P(x) = \frac{1}{4}x^2 + \frac{1}{2}x$$

ist eine Parabel zweiten Grades.

2.6 Kettenbrüche

In der Regelungstechnik werden u.a. Regler und Regelsysteme auf ihre Stabilität hin untersucht, was nach verschiedenen Kriterien geschieht, wozu das Kettenbruch-Stabilitätskriterium zählt. Dies wird zum Anlaß genommen einen Bruch in einen Kettenbruch zu entwickeln.

Betrachtet werde ein Polynom vom Grade n, welches, was hier zunächst ohne weitere Bedeutung sein soll, die charakteristische Gleichung eines Regelkreises darstellt.

$$Q : s \mapsto Q(s) = a_n s^n + a_{n-1}s^{n-1} + ... + a_1 s + a_0$$

Es kann nun eine Aufspaltung in gerade Potenzen

$$Q_1 : s \mapsto Q_1(s) = a_n s^n + a_{n-2}s^{n-2} + .. + a_2 s^2$$

und ungerade Potenzen

$$Q_2 : s \mapsto Q_1(s) = a_{n-1}s^{n-1} + a_{n-3}s^{n-2} + .. + a_1 s + a_0$$

vorgenommen werden. Aus den Polynomen $Q_1(s)$ und $Q_2(s)$ wird wie folgt ein Kettenbruch entwickelt

$$\begin{aligned}
\frac{Q_1(s)}{Q_2(s)} &= \frac{a_n s^n + a_{n-2}s^{n-2} + a_{n-4}s^{n-4} + a_{n-6}s^{n-6} + .. + a_2 s^2}{a_{n-1}s^{n-1} + a_{n-3}s^{n-3} + a_{n-5}s^{n-5} + a_{n-7}s^{n-7} + .. + a_1 s + a_0} = \\
&= \frac{\left(a_{n-2} - \frac{a_n a_{n-3}}{a_{n-1}}\right) s^{n-2} + \left(a_{n-4} - \frac{a_n a_{n-5}}{a_{n-1}}\right) s^{n-4}}{Q_2(s)} = \\
&= h_1 s + \cfrac{1}{h_2 s + \cfrac{1}{h_3 s + \cfrac{1}{h_4 s + \frac{1}{...}}}}
\end{aligned}$$

Bemerkung 2.11 *(Stabiles Regelsystem)*
Sind die Werte

$$h_1, h_2, ..., h_n$$

sämtlich positiv, so haben alle Wurzeln von $Q(s)$ negative Realteile und das betrachtete Regelsystem ist stabil.

Beispiel 2.6.1

Das Polynom $Q(s) = s^3 + 6s^2 + 12s + 8$ läßt zunächst über die Aufspaltung in ungerade Potenzen

$$Q_1(s) = s^3 + 12s$$

und gerade Potenzen

$$Q_2(s) = 6s^2 + 8$$

die folgende Kettenbruchentwicklung zu. Aus dem Quotienten

$$\frac{Q_1(s)}{Q_2(s)} = \frac{s^3 + 12s}{6s^2 + 8}$$

ergibt sich die Division

$$(s^3 + 12s) : (6s^2 + 8) = \frac{1}{6}s + \frac{\frac{32}{3}s}{6s^2 + 8}$$

wobei zu beachten ist, daß der Rest vorerst nicht weiter dividiert wird, was grundsätzlich mittels Polynomdivision möglich wäre. Für die Darstellung des Quotienten wird der reziproke Rest verwendet, d.h.

$$\frac{Q_1(s)}{Q_2(s)} = \frac{1}{6}s + \frac{1}{\frac{\frac{32}{3}s}{6s^2+8}} = \frac{1}{6}s + \frac{1}{\frac{9}{16}s + \frac{1}{\frac{4}{3}s}}$$

Damit ergibt sich für die Koeffizienten im Kettenbruch

$$h_1 = \frac{1}{6} \quad h_2 = \frac{9}{16} \quad h_3 = \frac{4}{3} \quad h_1 > 0, \ h_2 > 0 \ h_3 > 0$$

Alle Wurzeln des Polynoms Q(s) haben negative Realteile, d.h. es liegt Stabilität vor.

2.7 Interpolationsformel von Lagrange

In den verschiedensten naturwissenschaftlich-technischen Anwendungen kommt es sehr häufig vor, daß Messpunkte in ein Koordinatensystem eingetragen werden und eine Funktionsvorschrift gesucht wird auf deren Funktionsgraph die Ordinatenwerte liegen. So können beispielsweise für Zwischenwerte ebenfalls Funktionswerte angegeben werden, auch wenn dafür kein Meßpunkt vorliegt. Dieses Verfahren nennt man Interpolation und soll im weiteren näher untersucht werden.

Betrachtet werden Punkte $P_j(x_i, y_i)$ mit $j = 1, 2, 3, ..., n$ und $i = 1, 2, 3, ..., n$ für welche ein Polynom gefunden werden soll, welches so beschaffen ist, daß alle Punkte hierdurch verbunden werden. Die folgende Interpolationsformel geht auf Lagrange[6] zurück.

Mit

$$L_i(x) = \frac{(x - x_0)...(x - x_{i-1})(x - x_{i+1})...(x - x_n)}{(x_i - x_0)...(x_i - x_{i-1})(x_i - x_{i+1})...(x_i - x_n)}$$

sind die L_i aus den Interpolationspunkten eindeutig bestimmt. Die Lösung P des Interpolationspolynoms kann direkt angegeben werden

$$P(x) = \sum_{i=0}^{n} f_i L_i(x) = \sum_{i=0}^{n} f_i \prod_{k \neq i, k=0}^{n} \frac{x - x_k}{x_i - x_k}$$

Anhand von Beispielen wird die Polynominterpolation verdeutlicht.

Beispiel 2.7.1

Für n=2 ist die folgende Interpolationstabelle gegeben

x_i	0	1	3
$f_i(x)$	1	3	2

Bestimmt wird das Interpolationspolynom P(2), wobei

$$P \in \prod_2, \ P(x_i) = f_i \text{ für } i = 0, 1, 2$$

Die $L_i(x)$ ergeben sich zu

$$L_0(x) = \frac{(x-1)(x-3)}{(0-1)(0-3)} \Rightarrow L_0(2) = -\frac{1}{3}$$

$$L_1(x) = \frac{(x-0)(x-3)}{(1-0)(1-3)} \Rightarrow L_1(2) = 1$$

$$L_2(x) = \frac{(x-0)(x-1)}{(3-0)(3-1)} \Rightarrow L_2(2) = \frac{1}{3}$$

$$P(2) = 1 \cdot L_0(2) + 3 \cdot L_1(2) + 2 \cdot L_2(2) = 1 \cdot \frac{-1}{3} + 3 \cdot 1 + 2 \cdot \frac{1}{3} = \frac{10}{3}$$

---

[6] Joseph Louis Lagrange (25.01.1736 - 10.04.1813)

Es werden Meßwerte aufgenommen, so daß sich zu jedem Abszissenwert x_i ein Ordinatenwert $f(x_i)$ für $i = 1, 2, ..., n$ ergibt. Es gilt eine Polynomfunktion zu bestimmen, deren Funktionsgraph durch die Punkte verläuft. Dies geschieht durch die Interpolationsformel von Lagrange und wird am folgenden Beispiel weiter vertieft.

Beispiel 2.7.2

Betrachtet werde ein Polynom $f : x \mapsto f(x)$, welches die Bedingungen

$$f(-3) = -63, \; f(-1) = -1, \; f(1) = 13, \; f(3) = 75, \quad grad\, f(x) \leq 3$$

erfüllt. Über den Ansatz

$$f(x) = L_0 f(x_0) + L_1 f(x_1) + L_2 f(x_2)$$

wird mit

$$\begin{aligned} f(x) &= \frac{(x+1)(x-1)(x-3)}{(-3+1)(-3-1)(-3-3)} \cdot (-63) + \frac{(x+3)(x-1)(x-3)}{(-1+3)(-1-1)(-1-3)} \cdot (-1) \\ &\quad \frac{(x+3)(x+1)(x-3)}{(1+3)(1+1)(1-3)} \cdot (13) + \frac{(x+3)(x+1)(x-1)}{(3+3)(3+1)(3-1)} \cdot (75) \end{aligned}$$

das Interpolationspolynom nach Lagrange zu

$$f(x) = 2x^3 + 5x + 6$$

bestimmt.

2.8 Algebraische Funktionen

Am Beispiel der Relation

$$y = \sqrt[4]{\frac{x^2+2x}{2\pi - x}} \Longleftrightarrow (2\pi - x)y^4 - (x^2+2x) = 0$$

welche keine Funktion darstellt wird der Begriff der algebraischen Gleichung in zwei Variablen erläutert. In einfacheren Fällen kann beispielsweise die Aufspaltung in eine positive und eine negative Wurzel erfolgen, dann lassen sich die Ableitungen der einzelnen Wurzeln bestimmen, woraus sich wiederum die Steigungen ergeben. Sollte jedoch dies nicht möglich sein, was leider sehr häufig der Fall ist, dann ist nach Methoden zu suchen, dennoch Ableitungen in allen Punkten vornehmen zu können. Um dem nachzukommen, erscheint es notwendig, sich bereits an dieser Stelle mit diesen Funktionstypen zu beschäftigen, was durch die folgende Definition geschieht.

Definition 2.14 *(Algebraische Funktion)*
Funktionen, die durch Wurzelterme festgelegt werden, heißen algebraische Funktionen.

Eigentlich handelt es sich um Relationen, jedoch erscheint der gewählte Begriff mathematisch sinnvoll zu sein, da, wie später zu sehen ist, eine funktionsähnliche Behandlung vorgenommen wird. Diese vorläufig betrachteten Begriffe sollen schärfer formuliert werden.

Beispiel 2.8.1

Gleichungen in zwei Variablen, wie z.B.

$$(x^4+x)y^3 + (2x-1)y^2 + 3xy + 7 = 0$$

stellen immer eine Relation und selten eine Funktion dar. Es ist, wie leicht versucht werden kann, nicht so einfach, wenn überhaupt, die Gleichung nach y aufzulösen, um dadurch eine Funktion zu erhalten. Und dennoch möchte man gerne beispielsweise die Steigung in einem Punkt, also die Ableitung nach x bestimmen.

Beispiel 2.8.2

Die Relation

$$(x^2+1)y^2 - (x-1) = 0 \quad y \geq 0$$

liefert durch äquivalente Umformung

$$y^2 = \frac{x-1}{x^2+1} \quad y \geq 0 \;\Leftrightarrow\; y = \sqrt{\frac{x-1}{x^2+1}}$$

Durch die Vorgabe $y > 0$ wird die negative Wurzel ausgeschlossen. Sie kann ebenso betrachtet werden und beim gleichzeitigen Einzeichnen in ein Koordinatensystem wird eine Relation beschrieben.

Definition 2.15 *(Algebraische Funktion)*
Eine Funktion f heißt eine algebraische Funktion, genau dann, wenn sie durch eine Gleichung der Form

$$f_n(x)y^n + f_{n-1}(x)y^{n-1} + ... + f_1(x)y + f_0(x) = 0$$

mit geeigneten Zusatzbedingungen festgelegt ist. Hierbei bezeichnen $f_k(x)$ für $k = 0, 1, 2, ..., n$ Polynome beliebigen Grades.

Es ist manchmal möglich, eine explizite Form durch formales Auflösen von F(x,y)=0 nach y zu gewinnen. Dies ist der Fall, wenn F(x,y) in x und y linear oder quadratisch ist.

(1) Algebraische Gleichung 1. Grades in x und y

$$ax + by + c = 0 \quad \text{mit} \quad (a, b) \neq (0, 0)$$

(2) Algebraische Gleichung 2. Grades in x und y

$$ax^2 + bxy + cy^2 + dx + ey + f = 0 \quad \text{mit} \quad (a, b, c) \neq (0, 0, 0)$$

(3) Algebraische Gleichung 3. Grades in x und y

$$ax^3+bx^2y+cxy^2+dy^3+ex^2+fxy+gy^2+hx+iy+k = 0 \quad \text{mit} \quad (a, b, c, d) \neq (0, 0, 0, 0)$$

Es soll zur Vertiefung eine kleine, keine Vollständigkeit erhebende, Auflistung und Betrachtung algebraischer Funktionen erfolgen.

- Die Funktion

  $$2x^2 + 2y^2 - 8x + 12y + 18 = 0 \Leftrightarrow (x-2)^2 + (y+3)^2 = 4$$

  stellt einen Kreis um $M(2, -3)$ mit Radius $r = 2$ und läßt sich in den oberen Halbkreis

  $$f_1 : x \mapsto f_1(x) = -3 + \sqrt{4x - x^2}$$

  und den unteren Halbkreis

  $$f_2 : x \mapsto f_2(x) = -3 - \sqrt{4x - x^2}$$

  aufspalten.

- Die Funktion

  $$3x^2 + 4y^2 - 8x + 12y + 3 \Leftrightarrow 3\left(x - \frac{4}{3}\right)^2 + 4\left(y + \frac{3}{2}\right)^2 = \frac{34}{3}$$

  stellt eine Ellipse um $M\left(\frac{4}{3}, -\frac{3}{2}\right)$ dar, wobei sich die halbe Hauptachse zu

  $$a = \frac{1}{3}\sqrt{34} = 1,944$$

  und die halbe Nebenachse zu

  $$b = 1,683$$

  ergibt. Damit erhält man die obere Halbellipse zu

  $$f_1 : x \mapsto f_1(x) = -1,5 + 0,5 \cdot \sqrt{-3x^2 + 8x + 6}$$

  und die untere Halbellipse zu

  $$f_2 : x \mapsto f_2(x) = -1,5 - 0,5 \cdot \sqrt{-3x^2 + 8x + 6}$$

- Die Funktion

$$16x^2 - 9y^2 + 64x + 90y - 17 = 0 \Leftrightarrow 9(y-5)^2 - 16(x+2)^2 = 144$$

stellt eine Hyperbel um $M(-2,5)$ dar, wobei die halbe Hauptachse in y-Richtung sich zu a=4 und die halbe Nebenachse sich zu b=3 ergibt. Der obere Hyperbelast ergibt sich zu

$$f_1 : x \mapsto f_1(x) = 5 + \frac{1}{3}\sqrt{16x^2 + 64x + 208}$$

und der untere Hyperbelast zu

$$f_2 : x \mapsto f_2(x) = 5 - \frac{1}{3}\sqrt{16x^2 + 64x + 208}$$

- Die Funktion

$$-\frac{1}{4}x^2 + y^2 + 4x - 2y - 15 = 0 \Leftrightarrow [2(y-1) + (x-8)] \cdot [2(y-1) - (x-8)] = 0$$

liefert ein Geradenpaar mit

$$f_1 : x \mapsto f_1(x) = -\frac{1}{2}x + 5 \qquad f_2 : x \mapsto f_2(x) = \frac{1}{2}x - 3$$

2.9 Die allgemeine Exponentialfunktion

Definition 2.16 *(Exponentialfunktion)*
Funktionen mit dem Argument im Exponenten einer Potenz

$$f : \mathbb{R} \to \mathbb{R}^+ \quad mit \quad f : x \mapsto y = f(x) = a^x \quad a \in \mathbb{R}^+ \setminus \{1\}$$

heißen Exponentialfunktionen, wobei a die Basis darstellt.

Speziell ergibt sich für $a = 2$, $f : x \mapsto y = f(x) = 2^x$ und über eine Wertetabelle kann eine graphische Darstellung im Koordinatensystem gezeichnet werden.

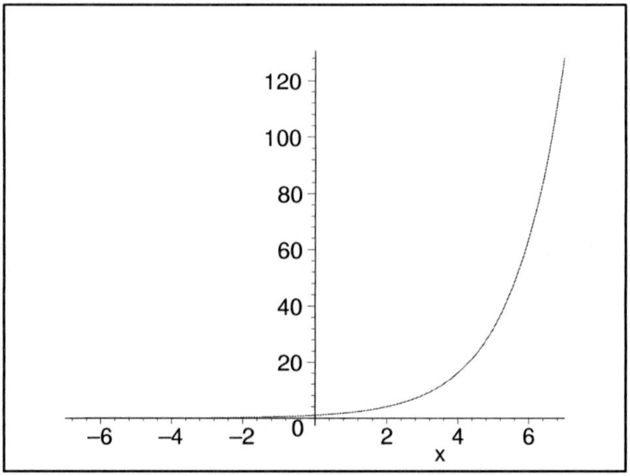

Abbildung 2.8: Funktion $y = f(x) = 2^x$

Aus der Graphik ist zu ersehen, in welchen Bereichen sich der Funktionsverlauf befindet, was detailierter zu betrachten ist, indem der Definitionsbereich und der Wertebereich herangezogen werden.

Bemerkung 2.12 *Die Exponentialfunktion* $f : x \mapsto f(x) = a^x$ *hat den Definitionsbereich* $\mathbb{D} = \mathbb{R}$ *und den Wertebereich* $\mathbb{W} = \mathbb{R}^+$ *für alle* $a \in \mathbb{R}^+ \setminus \{1\}$.

Speziell ergibt sich für $a = \frac{1}{2}$ $f : x \mapsto f(x) = \left(\frac{1}{2}\right)^x$ über eine Wertetabelle eine weitere graphische Darstellung.
Die Exponentialfunktion läßt sich auch umkehren, was zunächst graphisch durch Spiegelung an der Winkelhalbierenden des ersten Quadranten geschieht. Zunächst wird die Exponential-Funktion betrachtet.

Die Umkehrung der Exponentialfunktion, d.h. die Spiegelung an der Winkelhalbierenden des ersten Quadranten liefert die Logarithmus-Funktion

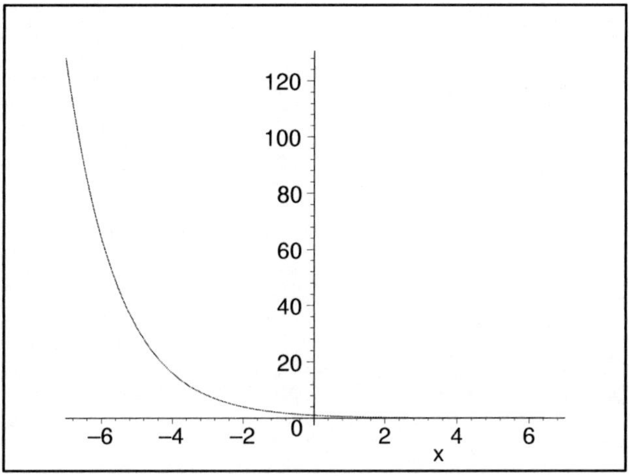

Abbildung 2.9: Funktion $y = f(x) = \left(\frac{1}{2}\right)^x$

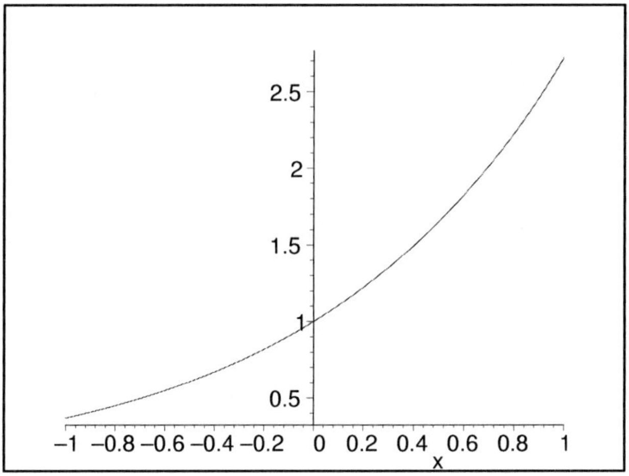

Abbildung 2.10: Exponential-Funktion

Aus der Graphik können die folgenden Zusammenhänge abgelesen werden.

1. Die Schaubilder von $f : x \mapsto f(x) = a^x$ und $f : x \mapsto f(x) = a^{-x}$ gehen durch Spiegelung an der y-Achse auseinander hervor.

2. Alle Schaubilder von $f : x \mapsto f(x) = a^x \quad (a > 0)$ schneiden die y-Achse im Punkt $S_y = (0 \mid 1)$, da $a^0 = 1 \quad \forall a \in \mathbb{R} \setminus \{1\}$.

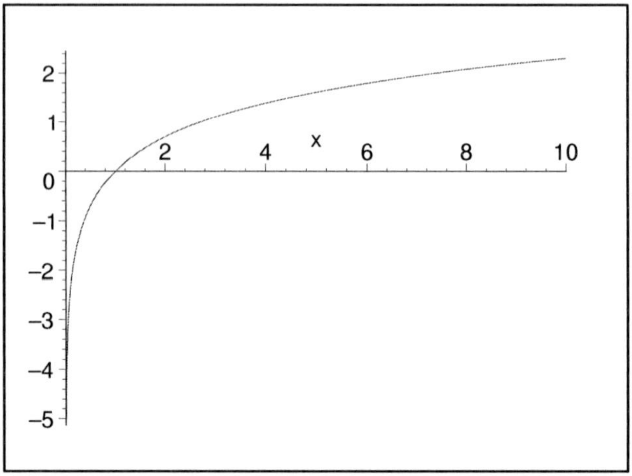

Abbildung 2.11: Logarithmus-Funktion als Umkehrung der Exponential-Funktion

3. Monotonie:

$0 < a < 1$	streng monoton fallend
$a > 1$	streng monoton steigend
$a = 1$	konstant

Für alle Exponentialfunktionen ergeben sich die folgenden gemeinsamen Eigenschaften:

1. Exponentialfunktionen besitzen keine rellen Nullstellen

$$a^x > 0 \quad \forall x \in \mathbb{R}$$

2. Die x-Achse ist Asymptote

$$a^x \to 0 \quad \text{für} \quad x \to -\infty \quad \text{mit} \quad a > 1$$

$$a^x \to 0 \quad \text{für} \quad x \to +\infty \quad \text{mit} \quad 0 < a < 1$$

3. Die Graphen aller Exponentialfunktionen schneiden die y-Achse bei y=1

$$a^x = 1 \iff x = 0$$

2.10 Die e-Funktion

Ausgehend von der bisher betrachteten allgemeinen Exponentialfuntion kann die Basis speziell gewählt werden und man gelangt zur folgenden speziellen Exponentialfunktion

$$f : x \mapsto f(x) = e^x \quad \text{mit} \quad e = 2,71...$$

e heißt EULERsche[7] Zahl

Die Funktion heißt daher in Anlehnung an Leonhard Euler e-Funktion und es gilt:

$$e = \lim_{n\to\infty} \left(1 + \frac{1}{n}\right)^n$$

Es kann die folgende Abschätzung nachgewiesen werden

$$2 \leq \left(1 + \frac{1}{n}\right) \leq \sum_{n=0}^{n} \frac{1}{\nu!} < e \leq 3 \quad \forall n \in \mathbb{N}$$

was über die folgenden Aussagen gelingt

(1) Die Reihe

$$\sum_{\nu=0}^{\infty} \frac{1}{\nu!}$$

konvergiert.

(2) Die Folge $(a_n)_{n=0}^{\infty}$ mit

$$a_n = \left(1 + \frac{1}{n}\right)^n$$

ist konvergent.

(3) Die beiden Folgen $(a_n)_{n=0}^{\infty}$ und $(b_n)_{n=0}^{\infty}$ sind äquivalent, d.h. es gilt:

$$\lim_{n\to\infty} a_n = \lim_{n\to\infty} b_n$$

Abschließend sei angemerkt, daß die Zahl e irrational ist, d.h. sie ist nicht rational und kann nicht als Bruch dargestellt werden. Bei der Zahl e handelt es sich um eine der wichtigsten Zahlen der Analysis.

[7] Leonhard Euler (15.04.1707 - 18.09.1783)

2.11 Anwendungen der e-Funktion

Diese Wahl der Basis ist keinesfalls eine willkürliche Wahl, sondern es liegt ihr eine praktische Anwendung zugrunde und die bekanntesten Praxisanwendungen der e-Funktion finden sich in den folgenden Gebieten:

- Kondensator
- Radioaktiver Zerfall
- Stetige Verzinsung

2.11.1 Kondensator

Bei der Ladung und Entladung eines Kondensators findet sich eine Anwendung der e-Funktion. Im einfachsten Fall (Abb. 2.12) wird ein Kondensator und ein Widerstand in Reihe an eine Spannungsquelle U_0 angeschlossen. Zum Zeitpunkt $t = 0$ ist die auf dem Kondensator befindliche Ladungsmenge $Q = 0$, so daß das Potential, welches am Kondensator

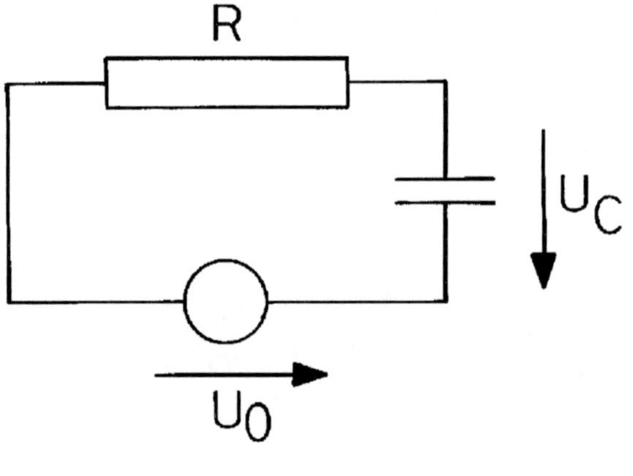

Abbildung 2.12: Laden eines Kondensators

anliegt, ebenfalls 0 ist. Wird eine Spannung U_0 über den Widerstand R angelegt, so fließen so lange Ladungsträger von der Spannungsquelle zum zunächst ungeladenen Kondensator C, bis dieser dasselbe Potenzial wie die Spannungsquelle aufweist, d.h. bis daß die Spannungsdifferenz der angelegten Spannung U_0 und der Spannung am Kondensator Null wird, also gilt $U_0 - U_C = 0$. Diese Spannungsdifferenz ist identisch mit dem Spannungsabfall am Widerstand R, so daß nach dem Ohmschen Gesetz gelten muß:

$$U_0 = -U_C = R \cdot I = R \cdot \frac{dQ}{dt}$$

Der Differenzenquotient kann ersetzt werden durch

$$Q = C \cdot U_C \;\Rightarrow\; dQ = C \cdot dU_C$$

woraus folgt

$$U_{=} - U_C = R \cdot C \cdot \frac{dU}{dt} \text{ oder } R \cdot C \cdot U_C' + U_C = U_0$$

Es handelt sich dabei um eine inhomogene Differentialgleichung 1. Ordnung, auf deren Behandlung später eingegangen werden wird.

2.11.2 Radioaktiver Zerfall

Eine weitere Anwendung stellt der radioaktive Zerfall einer Substanz dar, welcher ebenfalls durch die e-Funktion dargestellt werden kann. Zur Beschreibung sind zunächst die folgenden Begriffe aus der Physik notwendig.

$N(t) = N(0) \cdot e^{\gamma t}$	:	Anzahl $N(t)$ der Atome, die zur Zeit t noch vorliegen
$N(0)$	:	Anfangsbestand unzerfallener Atome
γ	:	Zerfallskonstante
T	:	Halbwertszeit, d.h. diejenige Zeit, nach der der Bestand unzerfallener Atome jeweils auf die Hälfte abgesunken ist.

$$\frac{N(t+T)}{N(t)} = \frac{1}{2} = \frac{N(0) \cdot e^{-\gamma(t+T)}}{N(0) \cdot e^{-\gamma T}}$$

$$ln\left(\frac{1}{2}\right) = -ln(2) = -\gamma T \quad \Rightarrow \quad T = \frac{ln(2)}{\gamma} = \frac{0.693}{\gamma} \quad \Rightarrow \quad \gamma = \frac{ln(2)}{T_{\frac{1}{2}}}$$

Durch $A = \frac{dN(t)}{dt}$ = Zahl der Zerfälle/Zeit wird die **Aktivität** A einer Substanz definiert.

$$[A] = s^{-1} = Bq \quad (Becquerel)$$

Es gilt:

$$A = \frac{N(t)}{T_{\frac{1}{2}}} \cdot ln(2)$$

Beim radioaktiven Zerfallsgesetz treten die folgenden Begriffe auf:

γ	:	"Zerfallskonstante". Sie kennzeichnet die Geschwindigkeit des radioaktiven Zerfalls.
N_0	:	Zahl der zur Zeit t=0 vorhandenen Nuklide
T	:	Halbwertszeit

Die Abbildung (Abb. 2.13) visualisiert den Funktiosnverlauf des radioaktiven Zerfalls.

2.11.3 Stetige Verzinsung

Bei der stetigen Verzinsung, einem Anwendungsbeispiel der Wirtschaftswissenschaften, sind die folgenden Begriffe von Bedeutung

$K(0)$	:	Anfangskapital
$K(t) = K(0) \cdot q^t$	:	Kapital zur Zeit t
$q = 1 + \frac{p}{100}$	:	Zinsfaktor
p	:	Zinsfuß

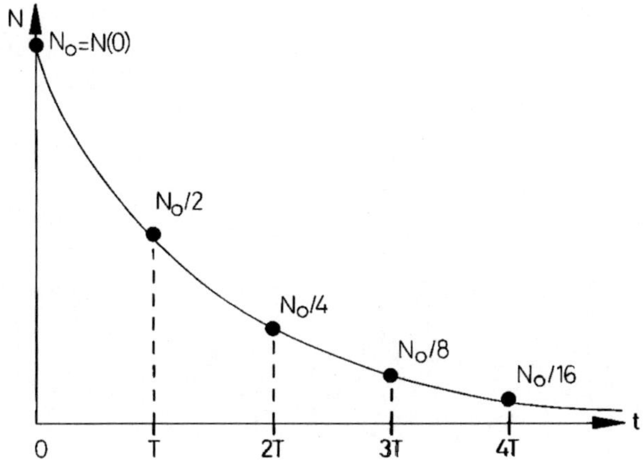

Abbildung 2.13: Radioaktiver Zerfall

Mit $a^x = e^{x \cdot ln(x)}$ ergibt sich für $q^t = e^{t \cdot ln(q)}$, wobei $\beta = ln(q)$ als Zinsintensität bezeichnet wird. Es ergibt sich damit $K(T) = K(0) \cdot e^{\beta t}$

2.11.4 Typen von e-Funktionen

Ausgehend von der bisher betrachteten Exponentialfunktion, lassen sich hieraus verschiedene Klassifizierungen gewinnen, welche im Folgenden näher betrachtet werden.

$$f : x \mapsto f(x) = k \cdot e^{-x} = \frac{k}{e^x} \quad \text{für} \quad k \in \mathbb{R} \setminus \{0\}$$

Für den Fall $\mathbb{D} = \mathbb{R}$ ergibt sich für die Wertebereiche $\mathbb{W} = \mathbb{R}^+$ für $k \in \mathbb{R}^+$ und $\mathbb{W} = \mathbb{R}^-$ für $k \in \mathbb{R}^-$

$$f : x \mapsto f(x) = k\left(1 - e^{-x}\right) = k\left(1 - \frac{1}{e^x}\right) = k - \frac{k}{e^x}$$

Mit dem Definitionsbereich $\mathbb{D} = \mathbb{R}_0^+$ und dem Wertebereich $\mathbb{W} = \{y \mid 0 \leq y < k\}$ falls $k \in \mathbb{R}^+$

$$\lim_{x \to \infty} \left(k - \frac{k}{e^x}\right) = k$$

$y = f(x) = k$ ist Asymptote.

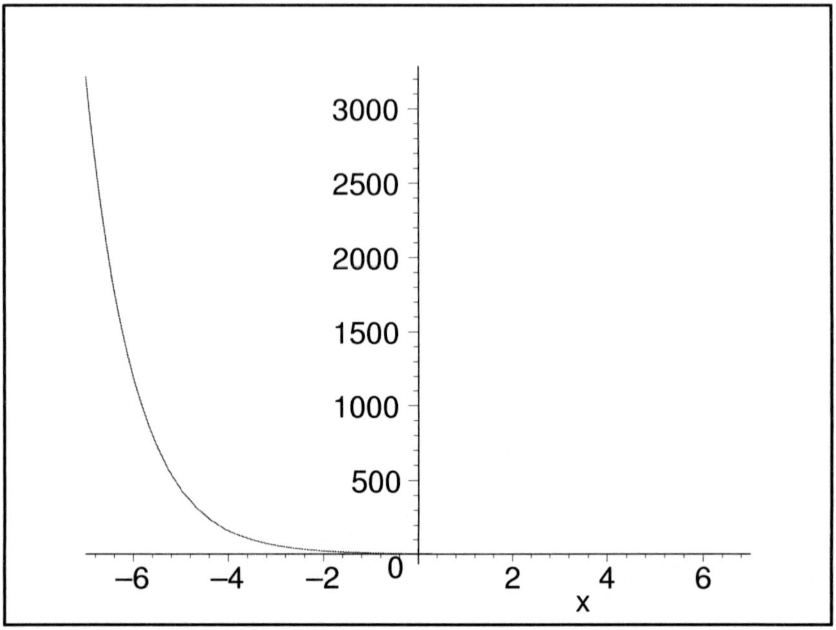

Abbildung 2.14: Funktion $y = f(x) = k \cdot e^{-x}$

Beispiel 2.11.1

Eine radioaktive Substanz zerfällt nach der Gesetzmäßigkeit

$$m(t) = a \cdot e^{-kt}$$

wobei folgende Größen zu beachten sind:

t	:	Zeit
m	:	Masse
a,k	:	Konstanten

Für die Konstante a gilt $a = m(0)$, d.h. die Masse zur Zeit $t = 0$. Nach der Halbwertszeit T ist die halbe Substanz zerfallen. Es kann bei gegebenem T die Konstante k bestimmt werden.

$$m(T) = m(0) \cdot e^{-kT} = m(0) \cdot e^{-kt} \cdot e^{-kT} = \frac{1}{2}m(t) = \frac{1}{2}m(0)e^{-kt}$$

Es ist für die Anfangs-Masse zu berücksichtigen

$$m(t) = m(0) \cdot e^{-kt}$$

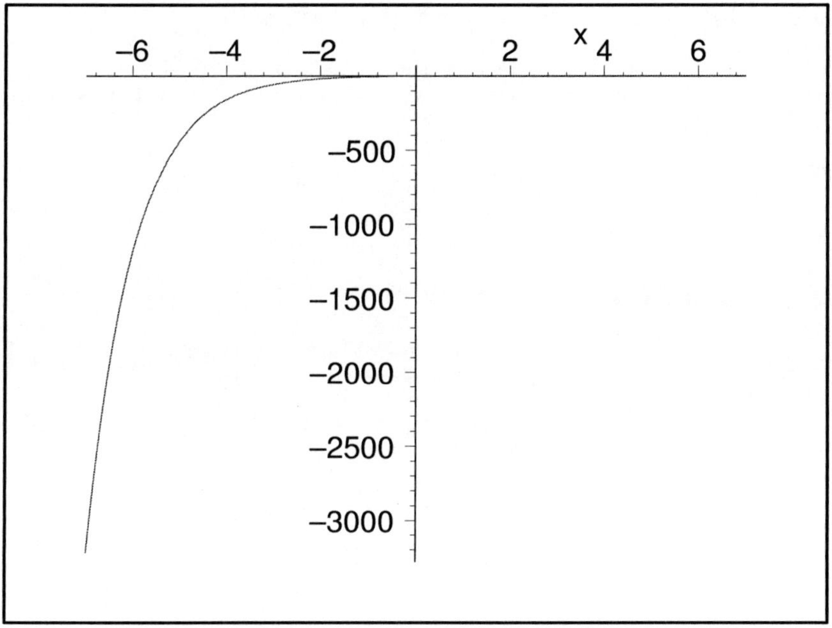

Abbildung 2.15: Funktion $y = f(x) = k(1 - e^{-x})$

Damit ergibt sich

$$m(0) \cdot e^{-kt} \cdot e^{-kT} = \frac{1}{2} m(0) \cdot e^{-kt}$$

Hieraus ergibt sich

$$e^{-kT} = \frac{1}{2} \quad - kT ln(e) = -ln(2) \Leftrightarrow k = \frac{ln(2)}{T}$$

2.12 Die allgemeine Logarithmusfunktion

Die Exponentialfunktion ist umkehrbar eindeutig, also kann die Umkehrfunktion gebildet werden, wobei es sich um die Logarithmusfunktion handelt, welche im Folgenden näher betrachtet wird.

Definition 2.17 *(Logarithmusfunktion)*
Die Umkehrung einer Exponentialfunktion

$$f : \mathbb{R} \to \mathbb{R}^+ \quad mit \quad f : x \mapsto y = f(x) = a^x$$

heißt ***Logarithmusfunktion***

$$f^{-1} : \mathbb{R}^+ \to \mathbb{R} \quad mit \quad f^{-1} : x \mapsto y = f^{-1}(x) = log_a(x)$$

zur Basis $a \in \mathbb{R}^+ \setminus \{-1\}$

Geometrisch wird die Umkehrung durch Spiegelung an der Winkelhalbierenden des 1. Quadranten durchgeführt.

Bemerkung 2.13 *Für die beiden Funktionen gilt*

$$f : x \mapsto f(x) = a^x \quad \mathbb{D} = \mathbb{R} \quad \mathbb{W} = \mathbb{R}^+ \setminus \{0\}$$

$$f : x \mapsto f(x) = log_a(x) \quad \mathbb{D} = \mathbb{R}^+ \setminus \{0\} \quad \mathbb{W} = \mathbb{R}$$

Aus der Äquivalenz $x = a^y \Leftrightarrow y = log_a(x)$ *folgt sofort*

(1) $a^{log_a(x)} = x \quad x \in \mathbb{R}^+$

(2) $log_a(a^x) = x \quad x \in \mathbb{R}$

Bemerkung 2.14 *Beim Logarithmus sind die folgenden drei Fälle für die weiteren Betrachtungen zu unterscheiden.*

a=10	$log_{10}(x) =: lg(x)$	*Dekadischer Logarithmus*
a=e	$log_e(x) =: ln(x)$	*Natürlicher Logarithmus (Analysis)*
a=2	$log_2(x) =: lb(x)$	*Binärer Logarithmus (Informationstheorie)*

Bemerkung 2.15 *(Gemeinsame Eigenschaften)*

(1) *Sämtliche Logarithmen sind im Reellen nur für positive Argumente erklärt.*

(2) *x=1 ist die einzige Nullstelle aller Logarithmusfunktionen.*

(3) *Für* $0 < a < 1$ *ist die positive y-Achse, für* $a > 1$ *die negative y-Achse Asymptote.*

$$log_a(x) \to \begin{cases} +\infty & (0 < a < 1) \\ -\infty & (a > 1) \end{cases}$$

Bemerkung 2.16 *(Fallunterscheidung für a)*

(1) $a > 1$

$log_a(x) > 0$ *für* $x > 1$
$log_a(x) = 0$ *für* $x = 1$
$log_a(x) < 0$ *für* $0 < a < 1$

(2) $0 < a < 1$

$log_(x) > 0$ *für* $0 < a < 1$
$log_a(x) = 0$ *für* $x = 1$
$log_a(x) < 0$ *für* $x > 1$

Bemerkung 2.17 *(Monotonie)*

$a < 1 \quad log_a(x)$ *streng monoton steigend*

$0 < a < 1 \quad log_a(x)$ *streng monoton fallend*

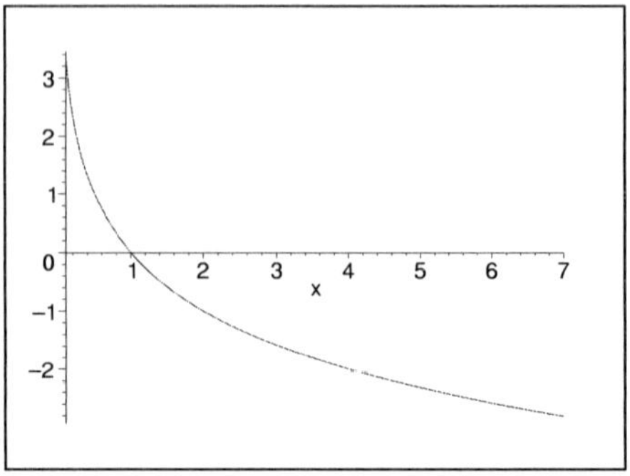

Abbildung 2.16: Fallunterscheidung für a

2.13 Logarithmensätze

Vor einer Beschäftigung mit den Logarithmensätzen ist eine Definiton des Logarithmus notwendig, d.h. es wird die Frage betrachtet, bei gegebener Basis a und gegebenem Potenzwert c soll der Exponent x angegeben werden, d.h. die Gleichung

$$a^x = c$$

soll gelöst werden, was direkt zur Definition des Logarithmus führt.

Definition 2.18 *(Logarithmus)*
Der Logarithmus c zur Basis a ist der Exponent x, mit dem die positive Zahl a zu potenzieren ist, um den positiven Potenzwert c zu erhalten

$$x = log_a(c) \Longleftrightarrow a^x = c, \quad a \in \mathbb{R}^+ \setminus \{1\}, \quad c \in \mathbb{R}^+$$

Beispiel 2.13.1

Die Gleichung

$$5^x = 625$$

liefert die Lösung

$$x = log_5(625) = 4$$

Es ergeben sich die folgenden Sätze für Logarithmen, welche zur Vollständigkeit bewiesen werden.

Satz 2.5

(1) *Der Logarithmus eines Produkts ist gleich der Summe der Logarithmen der einzelnen Faktoren, d.h.*

$$log_a(u \cdot v) = log_a(u) + log_a(v) \quad a \in \mathbb{R}^+ \setminus \{1\}, \quad u, v \in \mathbb{R}^+$$

(2) *Der Logarithmus eines Quotienten ist gleich der Differenz der Logarithmen von Zähler und Nenner, d.h.*

$$log_a\left(\frac{u}{v}\right) = log_a(u) - log_a(v) \quad a \in \mathbb{R}^+ \setminus \{1\}, \quad u, v \in \mathbb{R}^+$$

(3) *Der Logarithmus einer Potenz ist gleich dem Produkt aus dem Potenzexponenten und dem Logarithmus der Potenzbasis, d.h.*

$$log_a(u^n) = n \cdot log_a(u) \quad a \in \mathbb{R}^+ \setminus \{1\}, \quad u \in \mathbb{R}^+, \quad n \in \mathbb{R}$$

Beweis:

Zu (1): Nach Definition gelten die beiden Äquivalenzen

$$log_a(u) = x \Leftrightarrow a^x = u \qquad log_a(v) = y \Leftrightarrow a^y = v$$

Damit ergibt sich

$$a^{x+y} = a^x \cdot a^y = u \cdot v \Leftrightarrow x + y = log_a(uv)$$

Und ebenso gilt zunächst nach Definition

$$log_a(u) + log_a(v) \underbrace{=}_{\text{Definition}} x + y \underbrace{=}_{\text{siehe oben}} log_a(uv)$$

Und aus diesen beiden Gleichheiten ergibt sich sofort sichtbar die Behauptung

$$log_a(u) + log_a(v) = log_a(uv)$$

Zu (2): Analog zu (1) und Definition werden die beiden Äquvivalenzen betrachtet

$$log_a(u) = x \Leftrightarrow a^x = u \qquad log_a(v) = y \Leftrightarrow a^y = v$$

Damit ergibt sich

$$a^{x-y} = \frac{a^x}{a^y} = \frac{u}{v}$$

Und ebenso gilt zunächst nach Definition

$$a^{x-y} = \frac{u}{v} \Leftrightarrow x - y = log_a\left(\frac{u}{v}\right)$$

Und damit gilt

$$log_a(u) - log_a(v) = x - y = log_a\left(\frac{u}{v}\right)$$

Zu (3):

$$a^x = u \Leftrightarrow x = loag_a(u), \text{ also } u = a^x = a^{log_a(u)} \Rightarrow u^n = a^{log_a(u^n)}$$

Und ähnlich

$$u^n = (a^x)^n = \left(a^{log_a(u)}\right)^n = a^{n\ log_a(u)}$$

Aus beiden Gleichungen folgt

$$a^{log_a(u^n)} = a^{n\ log_a(u)} \Rightarrow log_a(u^n) = n\ log_a(u)$$

Bemerkung 2.18 *Speziell ergibt sich für einen gebrochenen Exponenten anschließend an Teil (3) des obigen Satzes*

$$log_a\left(u^{\frac{1}{u}}\right) = log_a\left(\sqrt{u}\right) = \frac{1}{n} \cdot log_a(u)$$

Nach den Logarithemsätzen und der letzten Bemerkung kommt die Frage auf, wie sich der Logarithmus von Summen und Differenzen verhalten könnte? Diese Frage wird durch den nächsten Satz beantwortet.

Satz 2.6 *Es ist zu beachten, daß die folgenden Ungleichheiten gelten*

(1) *Logarithmus einer Summe*

$$log(u+v) \neq log(u) + log(v)$$

(2) *Logarithmus einer Differenz*

$$log(u-v) \neq log(u) - log(v)$$

Beweis: Hier bietet es sich an, einen indirekten Beweis zu führen, wie dieser bereits angesprochen wurde. Es wird angenommen, daß beide Behauptungen Gültigkeit haben, also allgemeingültig sind. So ist es ausreichend, für jede dieser Behauptungen ein Gegenbeispiel anzugeben, welches die allgemeingültige Aussage widerlegt.

Zu (1): Es sei $u = 100$ und $v = 10$ beliebig gewählt, dann gilt für die linke Seite

$$log(u+v) = log(100+10) = log(110) = 2,041...$$

und für die rechte Seite

$$log(u) + log(v) = log(100) + log(10) = 2 + 1 = 3$$

womit durch die Aussage $2,041... \neq 3$ die Behauptung widerlegt ist und die erste Aussage bewiesen.
Zu (2): Es sei $u = 1000$ und $v = 100$ beliebig gewählt, dann gilt für die linke Seite

$$log(u-v) = log(1000-100) = log(900) = 2,954...$$

und für die rechte Seite

$$log(u) - log(v) = log(1000) - log(100) = 3 - 2 = 1$$

womit durch die Aussage $2,954... \neq 1$ die Behauptung widerlegt ist und die zweite Aussage bewiesen.

Gewöhnlich wird die Basis 10 (dekadischer Logarithmus) gewählt, d.h.

$$log_{10}(u) = lg(u)$$

Für die Basisumrechnung gelten die folgenden Gesetzmäßigkeiten

Satz 2.7

(1) *Basisumrechnung*

$$log_a(z) = \frac{log_c(z)}{log_c(a)}$$

(2) *Basisumrechnung*

$$log_a(b) = \frac{1}{log_b(a)}$$

Beweis:

Zu (1): Nach Definition gilt für den Logarithmus von z zur Basis a

$$log_a(z) = x \;\Leftrightarrow\; a^x = z$$

Die Gleichung

$$a^x = z$$

wird zur Basis c logarithmiert, was unter Einbezug des obigen Satzes liefert

$$x\; log_c(a) = log_c(a^x) = log_c(z) \;\Rightarrow\; x = \frac{log_c(z)}{log_c(a)} \underbrace{=}_{\text{Vor.}} log_a(z)$$

Zu (2): Nach Definiton gilt

$$log_a(b) = x \;\Leftrightarrow\; a^x = b$$

Und Logarithmieren von

$$a^x = b$$

zur Basis b ergibt sich

$$x\; log_b(a) = \underbrace{log_b(b)}_{=1} \;\Leftrightarrow\; x\; log_b(a) = 1 \;\Rightarrow\; x = \frac{1}{log_b(a)} \underbrace{=}_{\text{s.o.}} log_a(b)$$

Bemerkung 2.19 *Aus der Behauptung des Teils (1) des obigens Satzes ergibt sich für c=10*

$$log_a(z) = \frac{lg(z)}{lg(a)}$$

2.14 Logarithmus als Lösung der Gleichung $a^x = c$

Bereits in der Schule ist bekannt, daß bei gegebener Basis a und gegebenem Potenzwert c der Exponent angegeben werden soll, d.h. abweichend von den bisherigen Erkenntnissen soll die Gleichung

$$a^x = c$$

gelöst werden. In einfachen Fällen, z.B. $2^x = 8$ kann die Lösung sofort durch Erraten gefunden werden. Etwas komplizierter wird es, wenn die Frage etwa so lautet, mit welcher Zahl muß 2 potenziert werden, um 27 zu erhalten? Dies führt zu folgender Gleichung $2^x = 27$.

Definition 2.19 *Der Logarithmus c zur Basis a ist der Exponent x, mit dem die positive Zahl a zu potenzieren ist, um den positiven Potenzwert c zu erhalten*

$$x = log_a(c) \quad \Leftrightarrow \quad a^x = c, \quad a \in \mathbb{R}^+ \setminus \{1\}, \quad c \in \mathbb{R}^+$$

2.15 Hyperbelfunktionen

Die Hyperbolischen Funktionen (Hyperbelfunktionen) wurden von Riccati[8] eingeführt und sind wie folgt über die Eulersche e-Funktion definiert. Zur Verdeutlichung wird jeweils eine graphische Darstellung angegeben, welche durch Überlagerung von e-Funktionen gewonnen werden kann. Über die folgenden Definitionen werden diese Funktionen eingeführt.

Definition 2.20 *(Sinushyperbolikus)*

$$f : x \mapsto f(x) = sinh(x) := \frac{1}{2}\left(e^x - e^{-x}\right)$$

mit $\mathbb{D} = \mathbb{R}$ *und* $\mathbb{W} = \mathbb{R}$

Der Funktionsgraph ergibt sich durch die graphische Subtraktion der beiden Funktionen

$$f(x) = \frac{1}{2}e^x \qquad g(x) = \frac{1}{2}e^{-x}$$

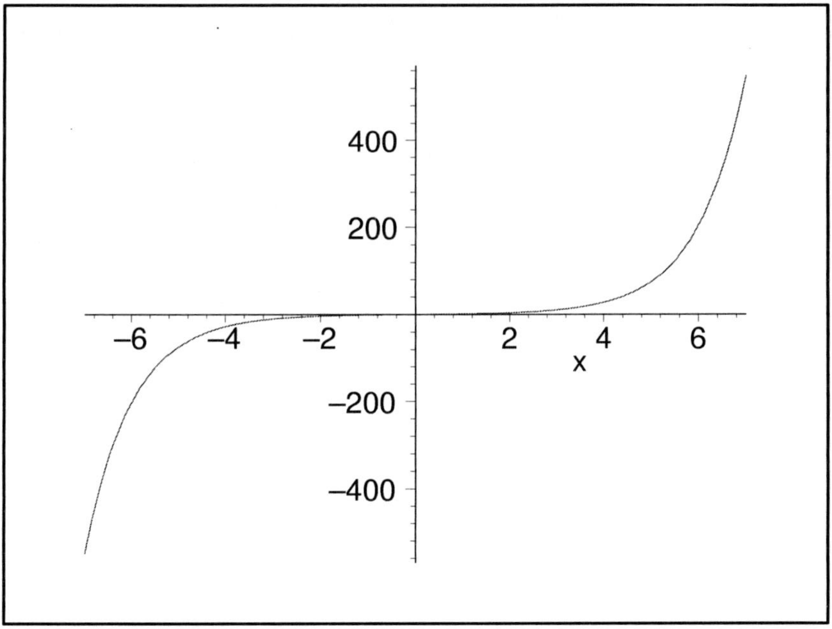

Abbildung 2.17: Sinushyperbolicus

[8]Jacopo Francesco Riccati (28.05.1676 - 15.04.1754)

Definition 2.21 *(Kosinushyperbolikus)*

$$f : x \mapsto f(x) = cosh(x) := \frac{1}{2}\left(e^x + e^{-x}\right)$$

mit $\mathbb{D} = \mathbb{R}$ *und* $\mathbb{W} = \mathbb{R}$

Der Funktionsgraph ergibt sich durch die graphische Addition der beiden Funktionen

$$f(x) = \frac{1}{2}e^x \qquad g(x) = \frac{1}{2}e^{-x}$$

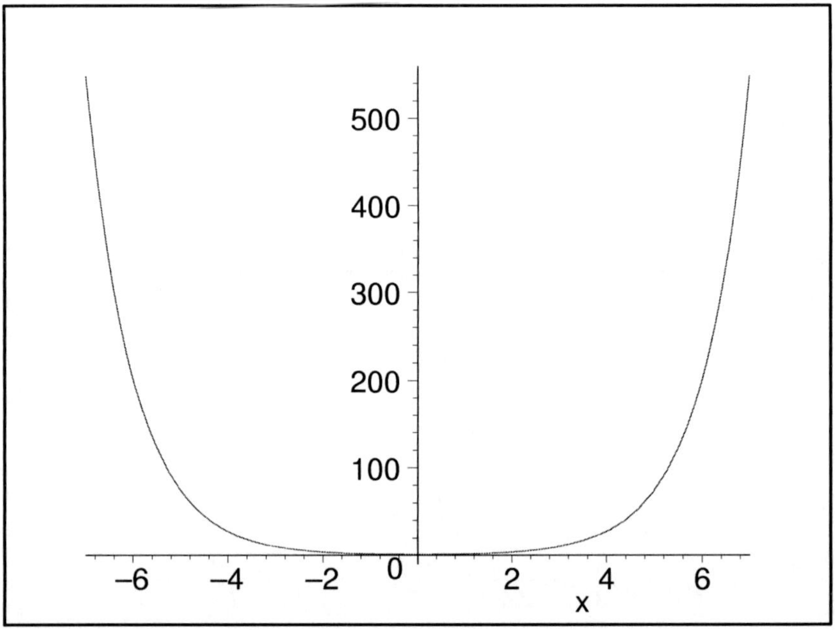

Abbildung 2.18: Kosinushyperbolicus

Definition 2.22 *(Tangenshyperbolikus)*

$$f : x \mapsto f(x) = tanh(x) := \frac{e^x - e^{-x}}{e^x + e^{-x}}$$

mit $\mathbb{D} = \mathbb{R}$ *und* $W = (-1, 1)$

Zwischen den beiden Funktionen *sinh* und *cosh* besteht ein mit den bisher bekannten trigonomentrischen Funktionen identischer Zusammenhang. Die dort gewonnenen Erkenntnisse können jedoch nicht alle ausnahmslos direkt übernommen werden und es ist daher besonderer Wert auf die kleinen Unterscheidungen zu legen. Die Funktionen *tanh* und *coth* lassen sich einerseits durch die e-Funktion ausdrücken, jedoch auch als Quotient der Funktionen *sinh* und *cosh* darstellen, was im Weiteren zu sehen ist.

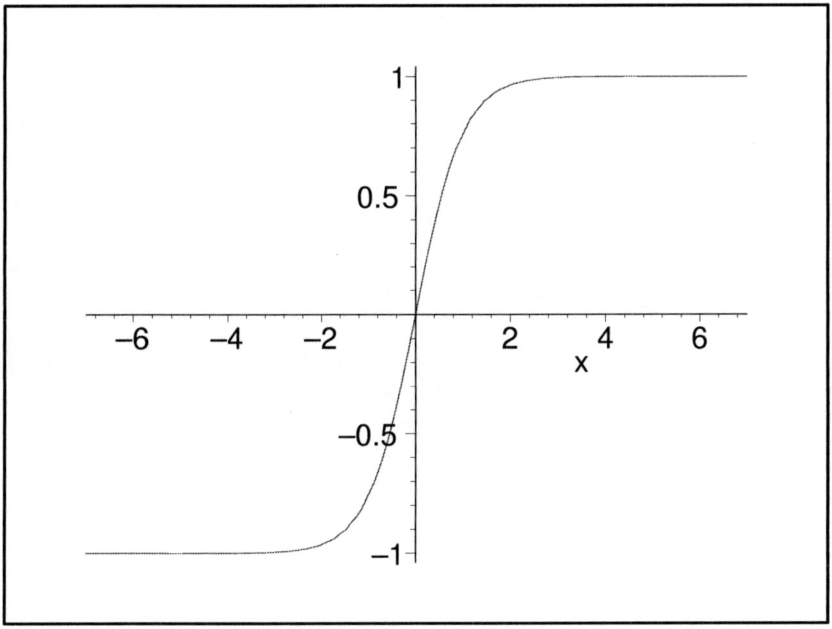

Abbildung 2.19: Tangenshyperbolicus

Bemerkung 2.20 *Es gilt:*

$$tanh(x) = \frac{sinh(x)}{cosh(x)} = \frac{\frac{1}{2}(e^x - e^{-x})}{\frac{1}{2}(e^x + e^{-x})} = \frac{e^x - e^{-x}}{e^x + e^{-x}}$$

Definition 2.23 *(Kotangenshyperbolikus)*

$$f : x \mapsto f(x) = coth(x) := \frac{e^x + e^{-x}}{e^x - e^{-x}}$$

mit $\mathbb{D} = \mathbb{R} \setminus \{0\}$ *und* $W = (-\infty, 1) \cup (1, \infty)$

Bemerkung 2.21 *Es gilt*

$$coth(x) = \frac{cosh(x)}{sinh(x)} = \frac{\frac{1}{2}(e^x + e^{-x})}{\frac{1}{2}(e^x - e^{-x})} = \frac{e^x + e^{-x}}{e^x - e^{-x}}$$

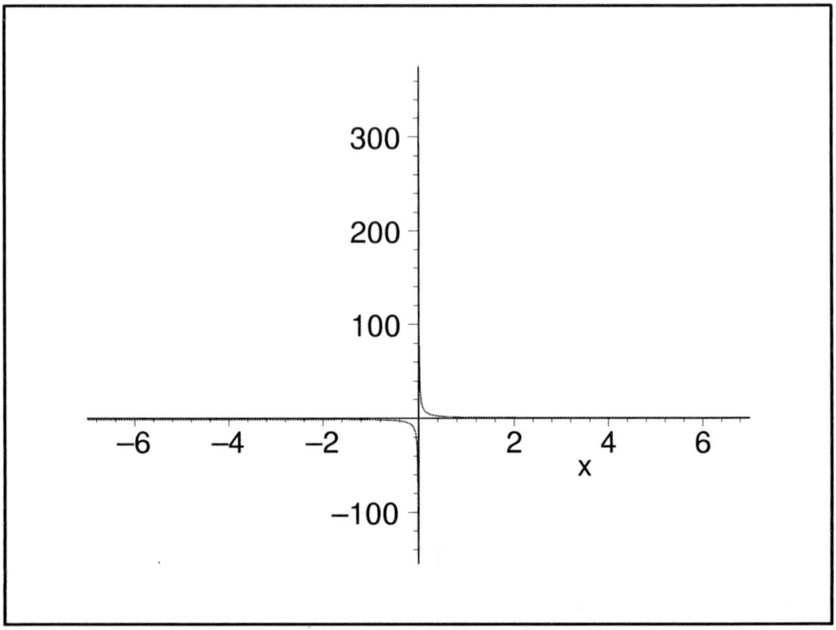

Abbildung 2.20: Kotangenshyperbolicus

2.16 Beziehungen zwischen den Hyperbelfunktionen

Eine weitere Betrachtung der Hyperbel-Funktionen führt zur Frage nach Zusammenhängen, welche in Analogie zu den bekannten trigonometrischen Funktionen untersucht werden.

Satz 2.8

(1) *Die Funktion sinh ist ungerade:*

$$sinh(-x) = -sinh(x)$$

d.h. es liegt eine Punktsymmetrie des Funktionsgraphen zum Ursprung vor.

(2) *Die Funktion cosh ist gerade:*

$$cosh(-x) = cosh(x)$$

d.h. der Funktionsgraph ist achsensymmetrisch zur y-Achse.

Beweis:

Zu (1):

$$sinh(-x) = \frac{1}{2}\left(e^{-x} - e^{x}\right) = -\frac{1}{2}\left(e^{x} - e^{-x}\right) = -sinh(x)$$

Zu (2):

$$cosh(-x) = \frac{1}{2}\left(e^{-x} + e^{x}\right) = \frac{1}{2}\left(e^{x} + e^{-x}\right) = cosh(x)$$

Satz 2.9

(1) *Die Funktion tanh und die Funktion coth sind ungerade*

$$tanh(-x) = -tanh(x) \qquad coth(-x) = -coth(x)$$

d.h. es liegt eine Punktsymmetrie zum Ursprung vor.

(2) *Für die Wertebereiche gilt:*

$$\mid tanh(x) \mid < 1 \quad bzw. \quad \mid coth(x) \mid > 1$$

Beweis:

Zu (1): Die Quotienten aus geraden Funktionen und ungeraden Funktionen sind ungerade Funktionen.

Zu (2): Es gilt zunächst für den Tangenshyperbolicus die folgende Umformung

$$tanh(x) = \frac{e^{x} - e^{-x}}{e^{x} + e^{-x}} = \frac{e^{x} - \frac{1}{e^{x}}}{e^{x} + \frac{1}{e^{x}}} = \frac{\frac{e^{2x}-1}{e^{x}}}{\frac{e^{2x}+1}{e^{x}}} = \frac{e^{2x} - 1}{e^{2x} + 1}$$

Es gilt $\forall\, x \in \mathbb{R}$ die Abschätzung

$$0 < \frac{2}{e^{2x} + 1} < 2 \mid \cdot(-1)$$

$$0 > -\frac{2}{e^{2x} + 1} > -2 \mid +1$$

$$1 > \underbrace{1 - \frac{2}{e^{2x} + 1}}_{tanhh(x)} > 1 - 2 = -1$$

Dies liefert über die beiden Grenzbetrachtungen

$$\lim_{x \to +\infty} tanh(x) = \lim_{x \to +\infty} 1 - \frac{2}{e^{2x} + 1} = +1$$

$$\lim_{x \to -\infty} tanh(x) = \lim_{x \to -\infty} 1 - \frac{2}{e^{2x}+1} = -1$$

die Behauptung

$$-1 < tanh(x) < +1$$

Der Wertebereich für die Kosinushyperbolikusfunktion läßt sich analog nachweisen und bedarf keiner detailierten Ausführung.

Bemerkung 2.22 *Die Geraden $y = 1, y = -1$ sind Begrenzungsgeraden, d.h. Asymptoten. Wegen*

$$coth(x) = \frac{1}{tanh(x)}$$

handelt es sich auch um Asymptoten von $coth(x)$. Es gilt:

$$coth(x) \to +\infty \text{ für } x \to 0^+ \qquad coth(x) \to -\infty \text{ für } x \to 0^-$$

Die Hyperbelfunktionen haben die folgenden Eigenschaften:

Satz 2.10

(1) $sinh(-x) = -sinh(x)$

(2) $cosh(-x) = cosh(x)$

(3) $tanh(-x) = -tanh(x)$

(4) $coth(-x) = -coth(x)$

(5) $cosh(x) + sinh(x) = e^x$

(6) $cosh(x) - sinh(x) = e^{-x}$

(7) $sinh(x \pm y) = sinh(x)cosh(y) \pm cosh(x)sinh(y)$

(8) $cosh(x \pm y) = cosh(x)cosh(y) \pm sinh(x)sinh(y)$

(9) $sinh(2x) = 2sinh(x)cosh(x)$

(10) $cosh(2x) = cosh^2(x) + sinh^2(x)$

(11) $cosh^2(x) - sinh^2(x) = 1$

Beweis:

Zu (1):

$$sinh(-x) = \frac{1}{2}\left(e^{-x} - e^{x}\right) = -\frac{1}{2}\left(e^{x} - e^{-x}\right) = -sinh(x)$$

Zu (2):

$$cosh(-x) = \frac{1}{2}\left(e^{-x} + e^{x}\right) = \frac{1}{2}\left(e^{x} + e^{-x}\right) = cosh(x)$$

Zu (3):

$$tanh(-x) = \frac{e^{-x} - e^{x}}{e^{-x} + e^{x}} = (-1) \cdot \frac{e^{x} - e^{-x}}{e^{x} + e^{-x}} = -tanh(x)$$

Zu (4):

$$coth(-x) = \frac{e^{-x} + e^{x}}{e^{-x} - e^{x}} = (-1) \cdot \frac{e^{-x} + e^{x}}{e^{x} - e^{-x}} = -coth(x)$$

Zu (5): Die Addition der folgenden Funktionen

$$cosh(x) = \frac{1}{2}\left(e^{x} + e^{-x}\right) \qquad sinh(x) = \frac{1}{2}\left(e^{x} - e^{-x}\right)$$

liefert die Behauptung.

$$\frac{1}{2}\left(e^{x} + e^{-x}\right) + \frac{1}{2}\left(e^{x} - e^{-x}\right) = \frac{1}{2}e^{x} + \frac{1}{2}e^{-x} + \frac{1}{2}e^{x} + \frac{1}{2}e^{-x} = e^{x}$$

Zu (6): Die Subtraktion der folgenden Funktionen

$$cosh(x) = \frac{1}{2}\left(e^{x} + e^{-x}\right) \qquad sinh(x) = \frac{1}{2}\left(e^{x} - e^{-x}\right)$$

liefert die Behauptung.

$$\frac{1}{2}\left(e^{x} + e^{-x}\right) - \frac{1}{2}\left(e^{x} - e^{-x}\right) = \frac{1}{2}e^{x} + \frac{1}{2}e^{-x} - \frac{1}{2}e^{x} + \frac{1}{2}e^{-x} = e^{-x}$$

Zu (7): Die Behauptung wird für positives Vorzeichen bewiesen; für ein negatives Vorzeichen kann die Beweisführung analog durchgeführt werden.

$$sinh(x+y) = \frac{1}{2}\left(e^{x+y} - e^{-(x+y)}\right) = \frac{1}{2}\left(e^{x}e^{y} - e^{-x}e^{-y}\right) =$$

$$= \frac{1}{2}\left\{[cosh(x) + sinh(x)]\,[cosh(y) + sinh(y)] - [cosh(x) - sinh(x)]\,[cosh(y) - sinh(y)]\right\} =$$

$$= \frac{1}{2}\left(2sinh(x)cosh(y) + 2cosh(x)sinh(y)\right) = sinh(x)cosh(y) + cosh(x)sinh(y)$$

Zu (8): Die Beweisführung ist analog und wird deshalb nicht detailiert ausgeführt.

Zu (9): Mit x=y ergibt sich

$$sinh(x+y) \underbrace{=}_{x=y} sinh(2x) = 2sinh(x)cosh(x)$$

Zu (10): Mit x=y ergibt sich

$$cosh(x+y) \underbrace{=}_{x=y} cosh(2x) = cosh^{2}(x) + sinh^{2}(x)$$

Zu (11): Betrachtet werden unnächst die Quadrate der beiden folgenden Funktionen

$$cosh^2(x) = \left[\frac{1}{2}\left(e^x + e^{-x}\right)\right]^2 = \frac{1}{4}\left(e^{2x} + 2e^x e^{-x} + e^{-2x}\right) = \frac{1}{4}\left(e^{2x} + 2 + e^{-2x}\right)$$

$$sinh^2(x) = \left[\frac{1}{2}\left(e^x - e^{-x}\right)\right]^2 = \frac{1}{4}\left(e^{2x} - 2e^x e^{-x} + e^{-2x}\right) = \frac{1}{4}\left(e^{2x} - 2 + e^{-2x}\right)$$

Die Subtraktion liefert die Behauptung

$$cosh^2(x) - sinh^2(x) = \frac{1}{4}\left(e^{2x} + 2 + e^{-2x}\right) - \frac{1}{4}\left(e^{2x} - 2 + e^{-2x}\right) = 1$$

2.17 Areafunktionen

Mit Ausnahme des Hyperbelcosinus sind alle Hyperbelfunktionen in ihrem Definitionsbereich streng monoton. Die Umkehrfunktionen der Hyperbelfunktionen heißen *Areafunktionen.*

Definition 2.24 *(Arcussinushyperbolikus)*
Die Funktion

$$f : x \mapsto f(x) = arsinh(x) \quad mit \quad \mathbb{D} = \mathbb{R} \quad und \quad \mathbb{W} = \mathbb{R}$$

heißt ***Arcussinushyperbolikus****.*

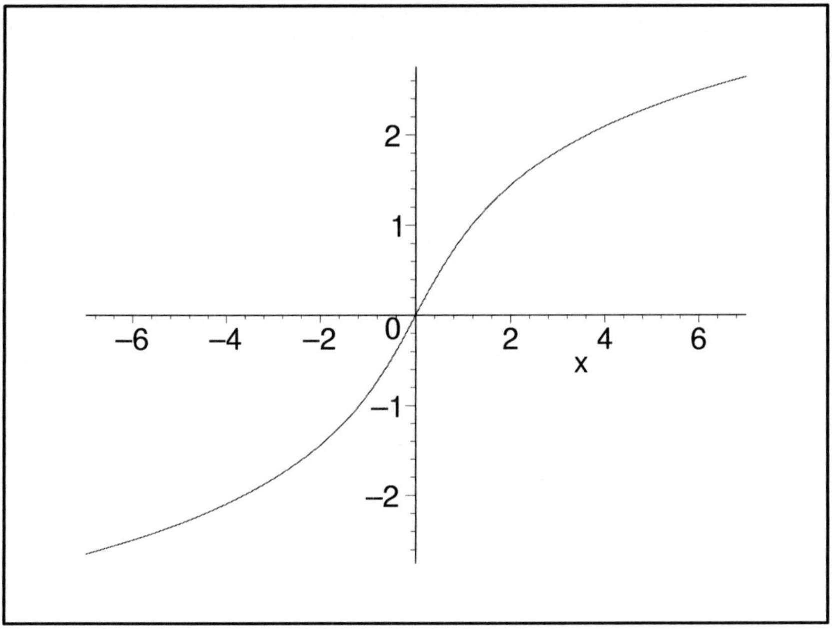

Abbildung 2.21: Arcussinushyperbolikus

Definition 2.25 *(Arcuscosinushyperbolikus)*
Die Funktion

$$f : x \mapsto f(x) = arcosh(x) \quad mit \quad \mathbb{D} = [1; \infty] \quad und \quad \mathbb{W} = [0; \infty]$$

heißt ***Arcuscosinushyperbolikus****.*

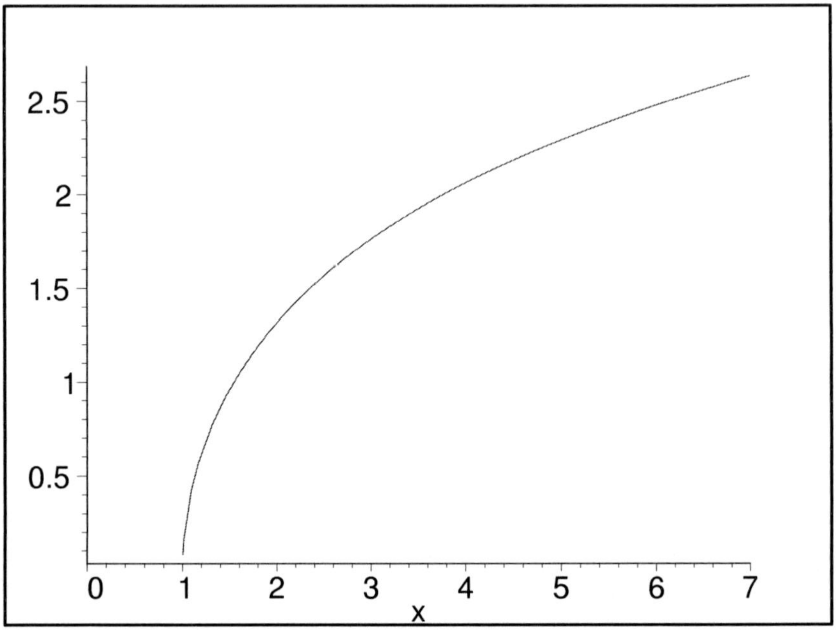

Abbildung 2.22: Arcuscosinushyperbolikus

Definition 2.26 *(Arcustangenshyperbolikus)*
Die Funktion

$$f : x \mapsto f(x) = artanh(x) \quad mit \quad \mathbb{D} =]-1;+1[\quad und \quad \mathbb{W} = \mathbb{R}$$

heißt ***Arcustangenshyperbolikus.***

Definition 2.27 *(Arcuscotangenshyperbolikus)*
Die Funktion

$$f : x \mapsto f(x) = arcoth(x) \quad mit \quad \mathbb{D} =]-\infty;-1[\cup]1;\infty[\quad und \quad \mathbb{W} = \mathbb{R} \setminus \{0\}$$

heißt ***Arcuscotangenshyperbolikus.***

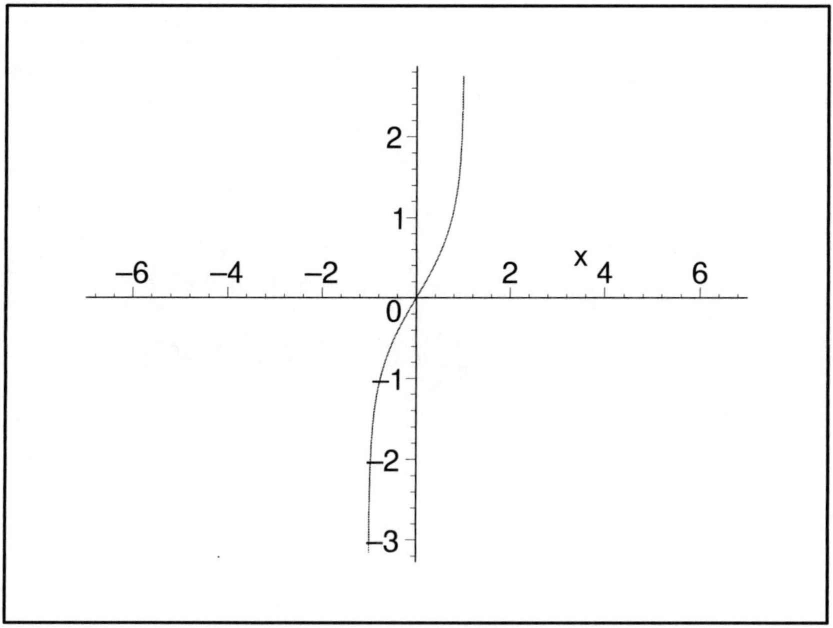

Abbildung 2.23: Arcustangenshyperbolikus

2.18 Beziehungen zwischen den Funktionen

Auch bei den Areafunktionen sollen verschiedene Beziehungen betrachtet werden, wobei sich der folgende Satz zunächst aus der Definition gewinnen läßt.

Satz 2.11

(1) $sinh(arcsinh(x)) = x$

(2) $tanh(arctanh(x)) = x$

(3) $cosh(arccosh(x)) = x$

(4) $coth(arccoth(x)) = x$

Beweis: Aus der Definition ergeben sich die Beziehungen

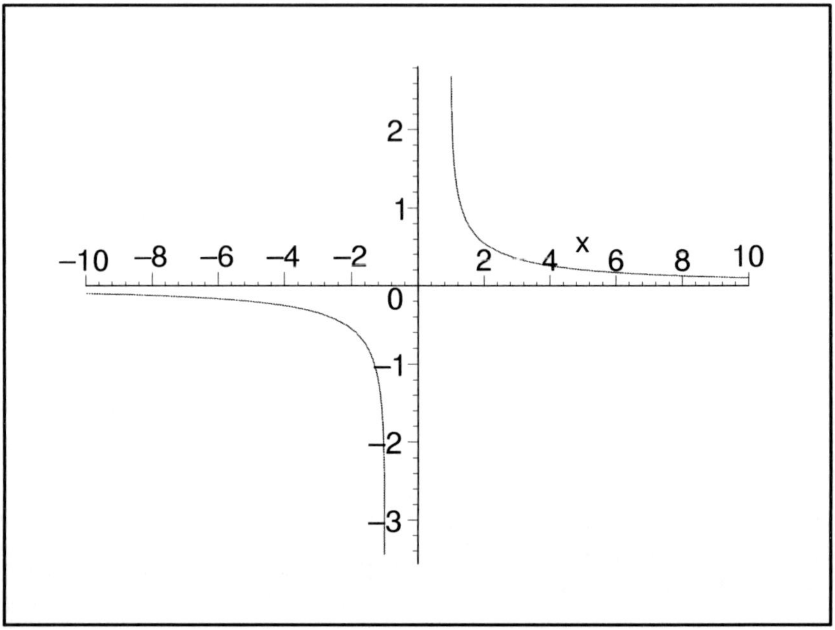

Abbildung 2.24: Arcuscotangenshyperbolikus

Satz 2.12

(1) $arcsinh(-x) = -arcsinh(x)$

(2) $arctanh(-x) = -arctanh(x)$

(3) $arccoth(-x) = -arccoth(x)$

Beweis: Aus dem Verlauf des Funktionsgraphen ergeben sich die Beziehungen.

Satz 2.13

(1) *Für die Herleitung des Arcussinushyperbolikus gilt:*

$$arcsinh(x) = ln\left(x + \sqrt{x^2+1}\right)$$

(2) *Für die Herleitung des Arcuscosinushyperbolikus gilt:*

$$arccosh(x) = ln\left(x + \sqrt{x^2-1}\right)$$

(3) *Für die Herleitung des Arcustangenshyperbolikus gilt:*

$$arctanh(x) = \frac{1}{2} ln \frac{1+x}{1-x}$$

(4) *Für die Herleitung des Arcuscotangenshyperbolikus gilt:*

$$arccoth(x) = \frac{1}{2} ln \frac{x+1}{x-1}$$

Beweis:

Zu(1): Es sei $y = arcsinh(x)$ für $y \in [0, \infty[$ Hieraus ergibt sich

$$sinh(y) = sinh(arcsinh(x)) = x \Rightarrow sinh(y) = x = \frac{1}{2}\left(e^y - e^{-y}\right)$$

Damit gilt

$$\frac{1}{2}e^y - \frac{1}{2e^y} - x = 0 \Rightarrow \frac{e^{2y} - 1 - 2xe^y}{2e^y} = 0 \Rightarrow e^{2y} - 2xe^y - 1 = 0$$

Mit der Substitution $e^y := z$ ergibt sich

$$z^2 - 2xz - 1 = 0 \Rightarrow z_{1/2} = \frac{1}{2}\left[2x \pm \sqrt{4x^2+4}\right] = x \pm \sqrt{x^2+1}$$

Hieraus ergibt sich

$$e^y = x \pm \sqrt{x^2+1} \text{ für } y \in [0, \infty[\text{ und } e^y \geq 1$$

Also gilt

$$y = ln\left(x + \sqrt{x^2+1}\right) = arcsinh(x)$$

Zu (2): Es sei $y = arcosh(x)$ für $y \in [0, \infty[$ Hieraus ergibt sich

$$cosh(y) = cosh(arcosh(x)) = x \Rightarrow \frac{1}{2}(e^y + e^{-y}) = x \Rightarrow \frac{e^{2y}+1}{2e^y} - x = 0 \Rightarrow e^{2y} - 2xe^y + 1 = 0$$

Mittels der Substitution $e^y := z$ ergibt sich

$$z^2 - 2xz + 1 = 0 \Rightarrow z_{1/2} = x \pm \sqrt{x^2-1} \Rightarrow e^y = x \pm \sqrt{x^2-1}$$

Da $y \in [0, \infty[$ und $e^y \geq 1$ ergeben sich nur positive Vorzeichen der Wurzel, d.h.

$$y = ln\left(x + \sqrt{x^2 - 1}\right) = arcosh(x)$$

Zu (3): Es sei $y = artanh(x)$ und damit

$$tanh(y) = tanh(artanh(x)) = x \Rightarrow tanh(y) = \frac{e^y - e^{-y}}{e^y + e^{-y}} = x$$

Die Umformung der rechten Gleichheit liefert

$$e^y - e^{-y} = x(e^y + e^{-y}) \Rightarrow e^y - e^{-y} = xe^y + xe^{-y} \Rightarrow \frac{e^{2y} - 1}{e^y} = \frac{xe^{2y} + x}{e^y} \Rightarrow$$

$$\Rightarrow e^{2y} - 1 = xe^{2y} + x \Rightarrow e^{2y} - xe^{2y} = 1 + x \Rightarrow e^{2y}(1 - x) = 1 - x \Rightarrow e^{2y} = \frac{1 + x}{1 - x} \Rightarrow$$

$$\Rightarrow 2y = ln\,\frac{1 + x}{1 - x} \Rightarrow y = \frac{1}{2}\,ln\,\frac{1 + x}{1 - x}$$

Hieraus ergibt sich die Behauptung

$$y = \frac{1}{2}\,ln\,\frac{1 + x}{1 - x} = arctanh(x)$$

Zu (4): Es sei $y = arccoth(x)$ und damit

$$coth(y) = coth(arccoth(x)) = x \Rightarrow coth(y) = \frac{e^y + e^{-y}}{e^y - e^{-y}} = x \Rightarrow$$

$$\Rightarrow e^y + e^{-y} = x(e^y - e^{-y}) = xe^y - xe^{-y} \Rightarrow e^y + \frac{1}{e^y} = xe^y - \frac{x}{e^y} \Rightarrow$$

$$\Rightarrow e^{2y} + 1 = xe^{2y} - x \Rightarrow e^{2y} - xe^{2y} = x - 1 \Rightarrow e^{2y}(1 - x) = -x - 1 \Rightarrow$$

$$\Rightarrow e^{2y} = \frac{x + 1}{x - 1} \Rightarrow 2y = ln\,\frac{x + 1}{x - 1} \Rightarrow y = \frac{1}{2}\,ln\,\frac{x + 1}{x - 1} = arccoth(x)$$

Kapitel 3

Grenzwerte von Funktionen

3.1 Begriff des Grenzwertes einer Funktion

Definition 3.1 *(Grenzwert)*
Hat die Funktion f eine rechtsseitig unbegrenzte Definitionsmenge $D(f) \subseteq \mathbb{R}$, so heißt eine Zahl g ***Grenzwert der Funktion f für x gegen unendlich****, genau dann, wenn es zu jedem $\epsilon \in \mathbb{R}^+$ eine Zahl $X(\epsilon) \in \mathbb{R}$ gibt, so daß gilt:*

$$x > X(\epsilon) \Rightarrow | g - f(x) | < \epsilon$$

Bemerkung 3.1 *Man schreibt dafür*

$$\lim_{x \to \infty} f(x) = g$$

Definition 3.2 *Hat die Funktion f eine linksseitig unbegrenzte Definitionsmenge $D(f) \subseteq \mathbb{R}$, so heißt eine Zahl g* ***Grenzwert der Funktion f für x gegen minus unendlich****, genau dann, wenn es zu jedem $\epsilon \in \mathbb{R}^+$ eine Zahl $X(\epsilon) \in \mathbb{R}$ gibt, so daß gilt:*

$$x < X(\epsilon) \Rightarrow | g - f(x) | < \epsilon$$

Bemerkung 3.2 *Man schreibt dafür*

$$\lim_{x \to -\infty} f(x) = g$$

Beispiel 3.1.1

Betrachtet werde die Funktion

$$f : x \mapsto f(x) = \frac{x+1}{x} = 1 + \frac{1}{x} \quad \text{mit} \quad \mathbb{D} = \mathbb{R} \setminus \{0\}$$

bei welcher zunächst auffällt, daß der Zählergrad und der Nennergrad gleich sind, also keine echt-gebrochen-rationale Funktion vorliegt. Die erfolgte Aufspaltung liefert dann eine handlichere Zerlegung.
Für den Grenzwert gilt

$$\lim_{x \to \infty} f(x) = \lim_{x \to \infty} \left(1 + \frac{1}{x}\right) = 1 = g$$

Es ist nachzuweisen, daß es zu jedem $\epsilon \in \mathbb{R}^+$ ein $X(\epsilon)$ gibt mit:

$$x > X(\epsilon) \Rightarrow \left|1 - \frac{x+1}{x}\right| < \epsilon$$

Der Nachweis geschieht auf die folgende Weise

$$\left|1 - \frac{x+1}{x}\right| = \left|\frac{x-x-1}{x}\right| = \left|-\frac{1}{x}\right| = \frac{1}{x}$$

Für $x > 0$ gilt:

$$\left|1 - \frac{x+1}{x}\right| < \epsilon \Leftrightarrow \frac{1}{x} < \epsilon \Leftrightarrow x > \frac{1}{\epsilon} = X(\epsilon)$$

Es gilt:

$$x > X(\epsilon) = \frac{1}{\epsilon} \Rightarrow \left|1 - \frac{x+1}{x}\right| < \epsilon$$

3.2 Grenzwert einer Funktion an der Stelle x_0

Betrachtet werde die folgende Funktion

$$f : x \mapsto f(x) = \frac{x+1}{x} = 1 + \frac{1}{x} \quad \text{mit} \quad \mathbb{D} = \mathbb{R} \setminus \{0\}$$

Die Stelle x=0 heißt *Definitionslücke*; um sie wird eine *punktierte Umgebung* gelegt.

Definition 3.3 *(Definitionslücke)*
Eine Stelle x_0 heißt Definitionslücke von $f \Leftrightarrow x_0 \notin \mathbb{D}(f)$, wenn es eine punktierte Umgebung von x_0 gibt, die ganz zu $\mathbb{D}(f)$ gehört:$U_\epsilon(x_0) \subseteq \mathbb{D}(f)$

Bemerkung 3.3 *Die Ränder eines Definitionsintervalls sind keine Definitionslücken.*

Beispiel 3.2.1

Betrachtet werde die Funktion

$$f : \mathbb{R} \to \mathbb{R} \quad \text{mit} \quad f : x \mapsto f(x) = \frac{1}{\sqrt{1-x^2}} \quad \text{mit} \quad \mathbb{D} =]-1, +1[$$

Die Stellen -1 und $+1$ sind keine Definitionslücken.

Beispiel 3.2.2

Betrachtet werde die Funktion

$$f : \mathbb{R} \to \mathbb{R} \quad \text{mit} \quad f : x \mapsto f(x) = \frac{x+3}{x} \quad \text{und} \quad \mathbb{D} = \mathbb{R} \setminus \{0\}$$

Die bei $x = 0$ vorhandene Defintionslücke ist eine Unendlichkeitsstelle.

Beispiel 3.2.3

Bei der folgenden Funktion

$$f : x \mapsto f(x) = \frac{x^2 + x - 2}{x^2 - x} = \frac{(x-1)(x+2)}{x^2 - x} = 1 + \frac{2}{x}$$

handelt es sich um eine unecht-gebrochen rationale Funktion, welche sofort die beiden Grenzwerte liefert

$$\lim_{x \to 0} f(x) = \infty \qquad \lim_{x \to 1} f(x) = 3$$

3.3 Rechtsseitige und linksseitige Grenzwerte

Betrachtet werde zur motivierenden Verdeutlichung die folgende Funktion

$$f : x \mapsto f(x) = \frac{2x^2 + 2x - 4}{\mid x - 1 \mid} \quad \text{mit} \quad x_0 = 1$$

welche für den Nenner die Fallunterscheidung liefert

$$x - 1 > 0 \Rightarrow x > 1 : \quad f(x) = \frac{2x^2 + 2x - 4}{x - 1} = \frac{2(x-1)(x+2)}{x - 1} = 2(x+2)$$

$$x - 1 = 0 \Rightarrow x = 1 : \quad \text{Definitionslücke}$$

$$x - 1 < 0 \Rightarrow x < 1 : \quad f(x) = \frac{2x^2 + 2x - 4}{(-1)(x - 1)} = -2(x+2)$$

Anschließend wird die Betrachtung der rechtsseitigen und linksseitigen Annäherung vorgenommen, d.h. zunächst die rechtsseitige Annäherung für $x > 0$

$$\lim_{x \to 1} f(x) = \lim_{x \to 1} 2(x+2) = 6$$

und die linksseitige Annäherung für $x < 1$

$$\lim_{x \to 1} f(x) = \lim_{x \to 1} -2(x+2) = -6$$

Dies zeigt, daß f bei $x_0 = 1$ keinen Grenzwert hat, was dann zur folgenden Definition führt.

Definition 3.4

(1) *Eine Zahl g_l heißt linksseitiger Grenzwert einer Funktion f an einer Stelle x_0*

$$\lim_{x \to x_0^-} f(x) = g_l = \lim_{h \to 0} f(x_0 - h)$$

(2) *Eine Zahl g_r heißt rechtsseitiger Grenzwert einer Funktion f an einer Stelle x_0*

$$\lim_{x \to x_0^+} f(x) = g_r = \lim_{h \to 0} f(x_0 + h)$$

(3) *Linksseitige Umgebung $U_l(x_0)$ und rechtsseitige Umgebung $U_r(x_0)$*

Satz 3.1 *Es gilt:*

$$\lim_{x \to x_0^+} f(x) = g \quad \wedge \quad \lim_{x \to x_0^-} f(x) = g \Leftrightarrow \lim_{x \to x_0} f(x) = g$$

3.4 Uneigentliche Grenzwerte

Bisher hatten Grenzwerte reelle Zahlen ergeben, was jedoch nicht zwingend notwendig ist. Es kann auch ein Grenzwert $\pm\infty$ sein

Definition 3.5 *(Uneigentlicher Grenzwert)*

$$\lim_{x\to x_0} f(x) = \infty \quad \textit{und} \quad \lim_{x\to x_0} f(x) = -\infty$$

sind ***uneigentliche Grenzwerte*** *der Funktion f an der Stelle x_0*

Bemerkung 3.4

(1) *f muß an der Stelle x_0 nicht definiert sein.*

(2) *Für $x \to \infty$ bzw. $x \to -\infty$ entsprechende Definition des uneigentlichen Grenzwertes*

Definition 3.6 *(Uneigentlicher Grenzwert)*

$$\lim_{x\to \pm\infty} f(x) = \infty \quad \textit{und} \quad \lim_{x\to \pm\infty} f(x) = -\infty$$

sind ***uneigentliche Grenzwerte*** *der Funktion f an der Stelle $\pm\infty$*

Beispiel 3.4.1

Die Funktion

$$f : x \mapsto f(x) = \frac{1}{x^2}$$

liefert den Grenzwert

$$\lim_{x\to 0} f(x) = \lim_{x\to 0} \frac{1}{x^2} = \infty$$

Beispiel 3.4.2

Bei der folgenden Funktion

$$g : x \mapsto g(x) = \frac{x}{x-1} \qquad \mathbb{D} = \mathbb{R} \setminus \{1\}$$

ist, wie zu sehen ist, eine genauere Untersuchung notwendig, wenn der Grenzwert

$$\lim_{x\to 1} g(x) = \lim_{x\to 1} \frac{x}{x-1}$$

betrachtet wird. Die kritische Stelle $x_0 = 1$ kann nicht, wie ansonsten praktiziert wird, einfach eingesetzt werden. Vielmehr ist es wichtig zu beachten, daß es von entscheidender Bedeutung ist, ob die Annäherung von links oder rechts an die Stelle $x_0 = 1$ geschieht.

Annäherung von rechts, d.h. $x = x_0 + h$

$$\lim_{h\to 0} g(x_0+h) = \lim_{h\to 0} \frac{x_0+h}{x_0+h-1} = \lim_{h\to 0} \frac{1+h}{1+h-1} = \lim_{h\to 0} \frac{1+h}{h} = \lim_{h\to 0} \frac{1}{h} + 1 = \infty = g_r$$

Annäherung von links, d.h. $x = x_0 - h$

$$\lim_{h\to 0} g(x_0-h) = \lim_{h\to 0} \frac{x_0-h}{x_0-h-1} = \lim_{h\to 0} \frac{1-h}{1-h-1} = \lim_{h\to 0} -\frac{1}{h} + 1 = -\infty = g_l$$

Beispiel 3.4.3

Betrachtet werde die Funktion

$$f(x) = \frac{x+2}{x^2 - x - 6}$$

welche über $x^2 - x - 6 = 0$ die Lösungen $x_1 = 3$ und $x_2 = -2$ als Nullstellen des Nenners liefert. Für die Grenzübergänge ergibt sich

$$\lim_{x \to x_1} f(x) = \lim_{h \to 0} f(x_1 + h) = \lim_{h \to 0} \frac{3+h+2}{(3+h)^2 - (3+h) - 6} = \lim_{h \to 0} \frac{h+5}{9+6h+h^2-3-h-6} =$$

$$= \lim_{h \to 0} \frac{h+5}{h^2+5h} = \lim_{h \to 0} \frac{h+5}{h(h+5)} = \lim_{h \to 0} \frac{1}{h} = \infty$$

und

$$\lim_{x \to x_2} f(x) = \lim_{x \to -2} f(x) = \lim_{h \to 0} f(-2+h) = \lim_{h \to 0} \frac{-2+h+2}{(-2+h)^2 - (-2+h) - 6} =$$

$$= \lim_{h \to 0} \frac{h}{4-4h+h^2+2-h-6} = \lim_{h \to 0} \frac{h}{h^2-5h} = \lim_{h \to 0} \frac{h}{h(h-5)} = \lim_{h \to 0} \frac{1}{h-5} = -\frac{1}{5}$$

Beispiel 3.4.4

Betrachtet werde die Funktion

$$f(x) = \frac{1 - sin^2(x)}{1 + sin(x)}$$

Für die Zählerfunktion ergibt sich die Nullstelle

$$1 + sin(x) = 0 \Leftrightarrow sin(x) = -1 \Leftrightarrow x_1 = \frac{3\pi}{2} + 2k\pi \text{ mit } k \in \mathbb{Z}$$

Die Umformung der Funktion liefert

$$f(x) = \frac{(1 - sin(x))(1 + sin(x))}{1 + sin(x)} = 1 - sin(x)$$

Für den Grenzwert ergibt sich

$$\lim_{x \to x_1} f(x) = \lim_{x \to x_1} (1 - sin(x)) = 1 - (-1) = 2$$

3.5 Grenzwertsätze

Analog den Grenzwertsätzen von Zahlenfolgen gibt es Grenzwertsätze von Funktionen, welche im Folgenden ohne Beweis lexikalisch angeführt werden sollen. Der spezielle Grenzübergang wird, da austauschbar, wie weiter zu sehen ist, nicht explizit angeführt.

Satz 3.2

$$\lim f_1(x) = g_1 \;\wedge\; \lim f_2(x) = g_2 \;\Rightarrow\; \lim[f_1(x) + f_2(x)] = g_1 + g_2$$

Satz 3.3

$$\lim f_1(x) = g_1 \;\wedge\; \lim f_2(x) = g_2 \;\Rightarrow\; \lim[f_1(x) - f_2(x)] = g_1 - g_2$$

Satz 3.4

$$\lim f_1(x) = g_1 \;\wedge\; \lim f_2(x) = g_2 \;\Rightarrow\; \lim[f_1(x)_2(x)] = g_1 \cdot g_2$$

Satz 3.5

$$\lim f_1(x) = g_1 \;\wedge\; \lim f_2(x) = g_2 \neq 0 \;\Rightarrow\; \lim[\frac{f_1(x)}{f_2(x)}] = \frac{g_1}{g_2}$$

Bemerkung 3.5 *Die Sätze gelten auch für*

$$x \to \infty \quad x \to -\infty \quad x \to x_0$$

Aus diesem Grund wurde, wie oben zu sehen, der spezielle Grenzübergang weggelassen.

Kapitel 4

Stetigkeit

4.1 Definition von Stetigkeit

So wichtig der Stetigkeitsbegriff in einer strengen mathematischen Darstellung zu sein scheint, so sehr wird er in den technischen Anwendungen vernachlässigt, da man es dort anscheinend immer mit stetigen Funktionen zu tun hat. Elementar - und dies quasi als Faustregel - kann man sich Stetigkeit so verdeutlichen, daß ein Funktionsgraph dann stetigt ist, wenn man ohne Unterbrechung die Linie nachfahren kann. Dies soll jedoch nicht zum Prinzip des weiteren Vorgehens erhoben werden, sondern es soll eine exakte Formulierung gefunden werden. Zunächst soll die Stetigkeit an einer Stelle x_0 des Funktionsgraphen betrachtet werden. Der Mathematiker Bolzano[1] hat für den Begriff der Stetigkeit - und dies schon Jahrzehnte vor Weierstrass[2] eine brauchbare Definition gegeben, und dies wie folgt formuliert:

> "Nach der richtigen Erklärung versteht man unter der Redensart, daß eine Funktion f(x)... nach dem Gesetz der Stetigkeit sich ändere, nur soviel, daß, wenn x irgend ein solcher Wert ist, der Unterschied $f(x+\omega) - f(x)$ kleiner als jede gegebene Größe gemacht werden könne, wenn man ω so klein als man nur will annehmen kann."

Definition 4.1 *(Stetigkeit)*
Eine Funktion f heißt stetig an einer Stelle $x_0 \in \mathbb{D}(f)$ genau dann, wenn gilt

$$\lim_{x \to x_0} f(x) = f(x_0)$$

Satz 4.1 *Eine Funktion f ist stetig an einer Stelle $x_0 \in \mathbb{D}(f)$ genau dann wenn:*

(1) *Umgebung $U(x_0)$ mit $U(x_0) \subseteq \mathbb{D}(f)$*

(2) *Zu jedem $\epsilon \in \mathbb{R}^+$ existiert ein $\delta(\epsilon) \in \mathbb{R}^+$, so daß*

$$|\, h \,| < \delta(\epsilon) \;\Rightarrow |\, f(x_0 + h) - f(x_0) \,| < \epsilon$$

Bemerkung 4.1 *Analoge Formulierung von 2) des obigens Satzes:*
Zu jedem $\epsilon \in \mathbb{R}^+$ existiert ein $\delta(\epsilon) \in \mathbb{R}^+$, so daß

$$|\, x - x_0 \,| < \delta(\epsilon) \;\Rightarrow |\, f(x) - f(x_0) \,| < \epsilon$$

[1] Bernhard Bolzano (05.10.1781 - 18. 12. 1848)
[2] Karl Weierstrass (31.10.1815 - 19.02.1897)

Dies bedeutet, daß eine Umgebung von x_0 auf eine Umgebung von $f(x_0)$ abgebildet wird, daß gilt:

$$f[U_\delta(x_0)]U_\epsilon[f(x_0)]$$

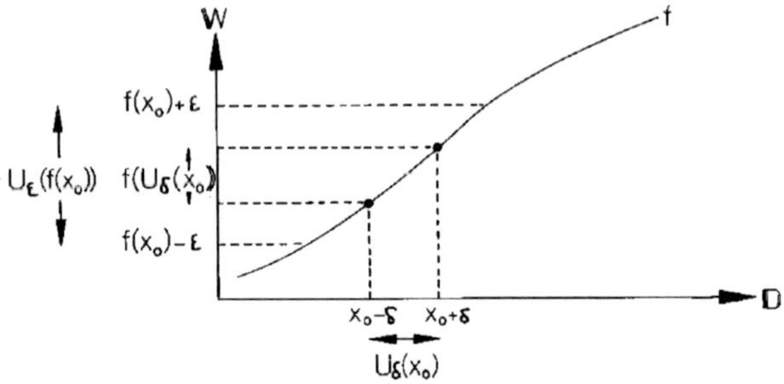

Abbildung 4.1: Stetigkeit einer Funktion

Beispiel 4.1.1

Bei der Funktion $f(x) = |x|$ mit $x_0 = 0$ gilt $f(0) = 0$, also $0 \in D(f)$,also $\lim_{x\to 0} |x| = 0 = f(0)$, also f stetig an der Stelle $x_0 = 0$.

Beispiel 4.1.2

Die Funktion

$$f(x) = \frac{x}{x+1} \quad \text{mit} \quad x_0 = -2$$

ist stetig in $x_0 = -2$. Es gilt

$$f(-2) = 2, \quad -2 \in D(f), \quad \lim_{x\to -2} \frac{x}{x+1} = 2 = f(-2)$$

Beispiel 4.1.3

Betrachtet werde die Funktion

$$f : x \mapsto f(x) = \begin{cases} \frac{2x^2+x-1}{|x+1|} & \text{für} \quad x \in \mathbb{R} \setminus \{-1\} \\ 3 & \text{für} \quad x = -1 \end{cases}$$

mit $x_0 = -1$, was sich wie folgt darstellt

Es gilt

$$f(-1) = 3, \text{ also } -1 \in \mathbb{D}(f)$$

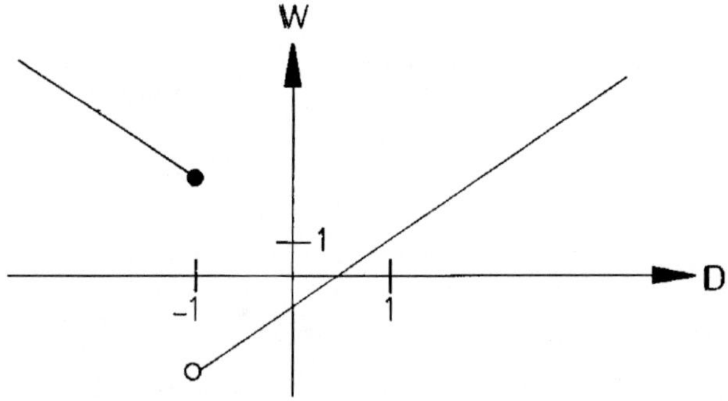

Abbildung 4.2: Bei -1 liegt eine Sprungstelle der Funktion vor

Weiter ist der Grenzübergang (siehe hierzu die Skizze) $x \to -1^{+-}$ vorzunehmen, d.h. einmal gegen -1 von rechts und einmal von links.

$$\lim_{x\to -1^+} f(x) = \lim_{h\to 0} f(-1+h) = \lim_{h\to 0} \frac{2(-1+h)^2+(-1+h)-1}{-1+h+1} = \lim_{h\to 0} \frac{2(1-2h+h^2)-1+h-1}{h} =$$

$$= \lim_{h\to 0} \frac{2-4h+2h^2-1+h-1}{h} = \lim_{h\to 0} \frac{2h^2-3h}{h} = \lim_{h\to 0} \frac{h(2h-3)}{h} = 3$$

$$\lim_{x\to -1^-} f(x) = \lim_{h\to 0} f(-1-h) = \lim_{h\to 0} \frac{2(-1-h)^2+(-1-h)-1}{+1+h-1} = \lim_{h\to 0} \frac{2(1+2h+h^2)-1-h-1}{h} =$$

$$= \lim_{h\to 0} \frac{2+4h+2h^2-2-h}{h} = \lim_{h\to 0} \frac{2h^2+3h}{h} = +3$$

Damit ergibt sich

$$\lim_{x\to -1^-} f(x) \neq \lim_{x\to -1^+} f(x) \ \Rightarrow \ \text{f nicht stetig an der Stelle } x_0 = -1$$

Am folgenden Beispiel soll eine andere Möglichkeit des Stetigkeitsnachweises aufgezeigt werden.

Beispiel 4.1.4

Betrachtet werde die Funktion

$$f(x) = 3x - 4 \text{ mit } x_0 = 2$$

Es gilt

$$f(2) = 2, \text{ also } 2 \in \mathbb{D}(f)$$

Und damit weiter für den Nachweis der Stetigkeit

$$f(2+h) = 3(2+h) - 4 = 2 + 3h$$

$$\mid f(2+h) - f(2) \mid = \mid 2 + 3h - 2 \mid < \epsilon \ \Leftrightarrow \ \mid 3h \mid < \epsilon \ \Leftrightarrow \ \mid h \mid < \frac{\epsilon}{3} = \delta(\epsilon)$$

Damit ist gezeigt

$$\mid h \mid < \frac{\epsilon}{3} \ \Rightarrow \mid f(2+h) - f(2) \mid < \epsilon \ \Rightarrow \ \text{f an der Stelle } x_0 = 2 \text{ stetig}$$

4.2 Definitionslücken

Es kann vorkommen, daß Funktionen an bestimmten Stellen nicht definiert sind. Man spricht von sogenannten Definitionslücken, welche im Weiteren klassifiziert werden sollen, was zunächst durch eine Übersicht geschieht.

- Unendlichkeitsstellen
- Lücken
- Sprungstellen
- Spezialfälle
- Gaußklammer

4.2.1 Unendlichkeitsstellen

Betrachtet werde das bekannte Beispiel, nämlich die Funktion

$$f : x \mapsto f(x) = \frac{1}{x-1} \quad \text{mit} \quad \mathbb{D}(f) = \mathbb{R} \setminus \{1\}$$

welche an der Stelle 1 nicht definiert ist. An dieser Stelle soll die Annäherung von rechts und links durchgeführt werden.

$$\lim_{x \to 1^+} f(x) = \lim_{h \to 0} f(1+h) = \lim_{h \to 0} \frac{1}{1+h-1} = \infty = g_r$$

$$\lim_{x \to 1^-} f(x) = -\infty = g_l$$

Es ist zu ersehen, daß eine Unendlichkeitsstelle mit Vorzeichenwechsel vorliegt.

Bei der Funktion

$$f(x) = \frac{1}{x^2} \text{ mit } \mathbb{D}(f) = \mathbb{R} \setminus \{0\}$$

ergibt sich

$$g_r = \infty = g_l$$

und es ist zu ersehen, daß eine Unendlichkeitsstelle ohne Vorzeichenwechsel vorliegt.

Ausgehend von den beiden Beispielen wird der Begriff der Unendlichkeitsstelle in der folgenden Definition präziese formuliert.

Definition 4.2 *(Definitionslücke) Eine Definitionslücke x_0 einer Funktion heißt Unendlichkeitsstelle genau dann, wenn gilt:*

$$g_l = \lim_{x \to x_0} f(x) = \pm\infty \quad \textit{und} \quad g_r = \lim_{x \to x_0} = \pm\infty$$

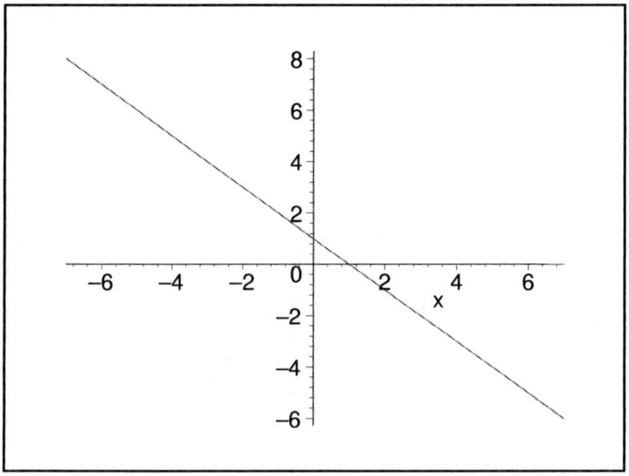

Abbildung 4.3: Lücke

4.2.2 Lücken

Betrachtet werde das einleitende Motivationsbeispiel

$$f : x \mapsto f(x) = \frac{x^2 - 3x + 2}{2 - x} \quad \text{mit} \quad \mathbb{D}(f) = \mathbb{R} \setminus \{2\}$$

Die graphische Darstellung zeigt, daß es an der besagten Stelle x=2 einen Funktionswert, nämlich f(2)=-1 gibt, was durch die folgende Grenzwertbetrachtung nachgewiesen wird.

$$\lim_{x\to 2} f(x) = \lim_{x\to 2} \frac{x^2 - 3x + 2}{2 - x} = \lim_{h\to 0} \frac{(2+h)^2 - 3(2+h) + 2}{2 - (2+h)} = \lim_{h\to 0} \frac{4 + 4h + h^2 - 6 - 3h + 2}{-h} = -1$$

Ebenso kann dieses Ergebnis - vielleicht etwas einfacher - gewonnen werden, was jedoch nicht verallgemeinert werden kann.

$$\lim_{x\to 2} \frac{(x-1)(x-2)}{2-x} = \lim_{x\to 2}(1-x) = -1$$

Satz 4.2 *(Stetige Ergänzbarkeit)*
Eine an einer Stelle x_0 nicht definierte Funktion f ist genau dann stetig ergänzbar in x_0, wenn der Grenzwert $g = \lim_{x\to x_0}$ existiert. Man definiert

$$f(x_0) := g = \lim_{x\to x_0} f(x)$$

4.2.3 Sprungstellen

Bei der Funktion

$$f : x \mapsto f(x) = \frac{x^2 - x}{2 \mid x - 1 \mid}$$

mit $\mathbb{D}(f) = \mathbb{R} \setminus \{1\}$ liegt eine endliche Sprungstelle vor, was durch die entsprechende Abbildung verdeutlicht wird.

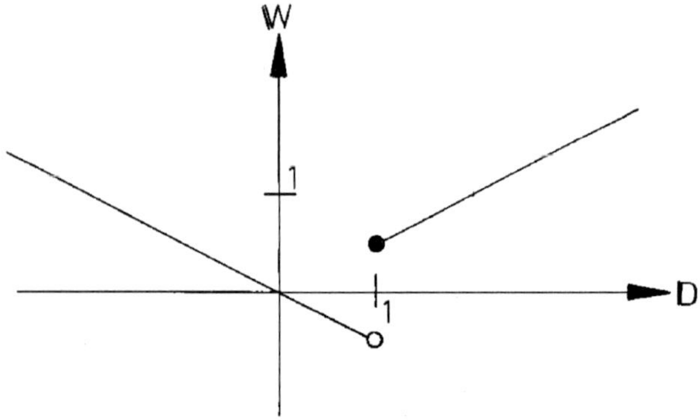

Abbildung 4.4: Endliche Sprungstelle der Funktion

Für die Grenzwerte ergibt sich

$$\lim_{x \to 1^+} f(x) = \lim_{x \to 1^+} \frac{x(x-1)}{2(x-1)} = \lim_{x \to 1^+} \frac{x}{2} = \frac{1}{2} = g_r \text{ für } x > 1$$

$$\lim_{x \to 1^-} f(x) = \lim_{x \to 1^-} \frac{x(x-1)}{-2(x-1)} = -\frac{1}{2} = g_l \text{ mit } x < 1$$

Es handelt sich um eine endliche Sprungstelle.

4.2.4 Spezialfälle

(1) Der Grenzwert

$$\lim_{x \to x_0} f(x)$$

existiert nicht

(2) Der Grenzwert

$$\lim_{x \to x_0} f(x)$$

existiert, jedoch ist

$$\lim_{x \to x_0} f(x) \neq f(x_0)$$

4.2.5 Die Gaußklammer

Betrachtet werde die Funktion

$$f : x \mapsto f(x) = x$$

mit

$$g_r = \lim_{x \to 2} f(x) = 2 \ \wedge \ g_l = \lim_{x \to 2} f(x) = 1$$

welche nicht stetig ist an Stellen mit ganzzahligen Koordinaten. Sie heißt Gaußsche[3] Klammerfunktion und hat die folgende graphische Darstellung

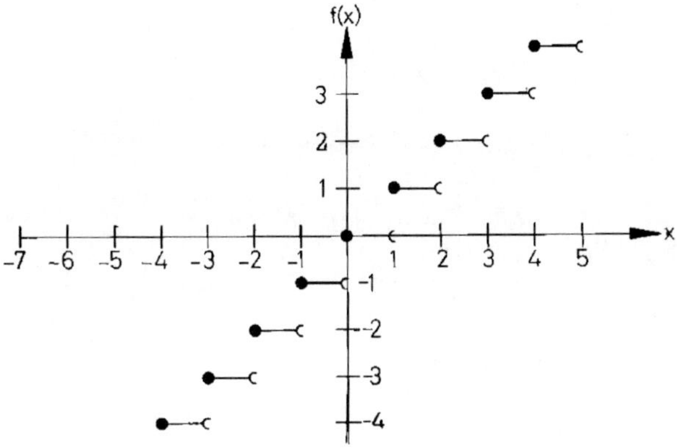

Abbildung 4.5: Gaußsche Klammerfunktion

[3]Carl Friedrich Gauß (30.04.1777 - 23.02.1855)

4.3 Stetigkeit einer Funktion über einem Intervall

Definition 4.3 *Eine Funktion f heißt stetig über einem offenen Intervall $(a, b) \subseteq D(f)$ genau dann, wenn sie für alle $x \in (a, b)$ stetig ist.*
Sie heißt stetig über $\mathbb{R}$ oder schlechthin stetig genau dann, wenn sie für alle $x \in \mathbb{R}$ stetig ist.

Definition 4.4

(1) *Linksseitige Stetigkeit: Eine Funktion ist linksseitig stetig an der Stelle $x_= \in D(f)$ genau dann, wenn*

$$\lim_{x \to x_0^-} f(x) = f(x_0) = g_l$$

(2) *Rechtsseitige Stetigkeit: Eine Funktion heißt rechtsseitig stetig an der Stelle $x_0 \in D(f)$ genau dann, wenn*

$$\lim_{x \to x_0^+} f(x) = f(x_0) = g_l$$

Satz 4.3 *Eine Funktion f ist stetig an der Stelle x_0 $g_l = g_r$*

Definition 4.5 *(Stetigkeit über abgeschlossenem Intervall)*
Eine Funktion f heißt stetig über einem abgeschlossenen Intervall a, b genau dann, wenn sie an der Stelle a rechtsseitig stetig, an der Stelle b linksseitig stetig und über (a, b) stetig ist.

Als Beispiel werde die HEAVYSIDE[4]-Funktion (Sprungfunktion[5]) betrachtet.

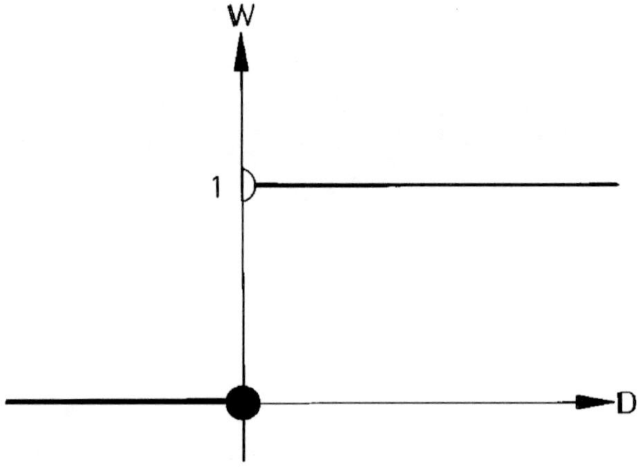

Abbildung 4.6: Heavyside-Sprungfunktion

[4]Oliver Heavyside (1850 - 1925)

[5]In der Signaltheorie, der Übertragungstechnik und in der Regelungstechnik von besonderer Bedeutung.

Die Funktion hat die folgende Darstellung

$$H : x \mapsto H(x) = \begin{cases} 0 & \text{für} \quad x \leq 0 \\ 1 & \text{für} \quad x > 0 \end{cases}$$

Betrachtet werden die Intervalle $(-\infty, 0]$ und $(0, \infty)$

Über dem Intervall $[-2, 0]$ gilt

$$H : x \mapsto H(x) = \begin{cases} 0 & \text{für} \quad x \leq 0 \\ 1 & \text{für} \quad x > 0 \end{cases}$$

und damit für den Grenzwert

$$\lim_{x \to x_0^-} H(x) = 0 = H(0) \;\Rightarrow\; \text{linksseitig stetig.}$$

Über dem Intervall $]0, 2]$

$$\lim_{x \to x_0^+} H(x) = 1 \neq 0 = H(0) \text{ nicht rechtsseitig stetig}$$

Beispiel 4.3.1

Die Funktion

$$f(x) = 2x - 1 \quad \mathbb{D}(f) = \{x \mid x \geq 1\}$$

ist bei $x_0 = 1$ rechtsseitig stetig.

$$\lim_{x \to 1^+} f(x) = \lim_{h \to 0} f(1 + h) = \lim_{h \to 0} 2(1 + h) - 1 = 1 = f(1)$$

d.h. stetig für alle $x > 1$

4.4 Stetigkeit rationaler Funktionen

Es sei

$$f : x \mapsto f(x) = \frac{P_n(x)}{Q_n(x)}$$

eine gebrochen-rationale Funktion mit $a_k, b_k \in \mathbb{R}, a_n \neq 0, b_m \neq 0$

Es gelte weiterhin:

$$P_n(x) = a_n x^n + ... + a_1 x + a_0 \quad \text{und} \quad Q_n(x) = b_m x^m + ... + b_1 x + b_0$$

Satz 4.4 *Jede konstante Funktion ist stetig über* $\mathbb{R}$

Beweis: Betrachtet werde eine konstante Funktion $f(x) = c$ mit $c \in \mathbb{R}$ und $\mathbb{D}(f) = \mathbb{R}$. Für jedes $c \in \mathbb{R}$ gilt:

$$\lim_{x \to x_0} f(x) = x$$

Satz 4.5 *Die Funktion* $f(x) = x$ *ist stetig über* $\mathbb{R}$

Beweis: Es sei $\mathbb{D} = \mathbb{R}$. Für jedes $x_0 \in \mathbb{R}$ gilt:

$$\lim_{x \to x_0} f(x) = \lim_{x \to x_0} x = x_0$$

Es gilt weiterhin die Abschätzung:

$$\mid f(x_0) - f(x_0 + h) \mid = \mid x_0 - (x_0 + h) \mid = \mid -h \mid = \mid h \mid <= \delta(\epsilon)$$

Für beliebiges $x_0 \in \mathbb{R}$ gilt:

$$\mid f(x_0) - f(x_0 + h) \mid < \epsilon \quad \text{für} \quad \mid h \mid < \epsilon$$

Satz 4.6

(1) *Jede ganz-rationale Funktion ist stetig über* $\mathbb{R}$

(2) *Jede gebrochen-rationale Funktion f ist stetig über ihrem Definitionsbereich* $\mathbb{D}(f)$

4.5 Stetigkeit trigonometrischer Funktionen

Bei der Stetigkeit trigonometrischer Funktionen bietet es sich an, einige Sätze ausführlich zu beweisen, da diese Beweise leicht nachvollziehbar sind.

Satz 4.7 *Die Funktion*

$$f(x) = sin(x)$$

ist stetig über $\mathbb{R}$

Beweis: Es ist zu zeigen: Zu jedem $\epsilon \in \mathbb{R}^+$ gibt es ein $\delta(\epsilon)$, so daß gilt:

$$|h| < \delta(\epsilon) \Rightarrow |sin(x+h) - sin(x)| < \epsilon$$

Die Skizze (Abb. 4.7) liefert sofort:

$$sin(x+h) = \overline{AB} \quad sin(x) = \overline{BE} = \overline{DC}$$

und daraus:

$$|sin(x+h) - sin(x)| = \overline{AC} \quad \text{und} \quad |h| = \widehat{AB}$$

Es gilt weiter $\overline{AC} < \overline{AB} < \widehat{AB}$, woraus $\overline{AC} < \widehat{AB}$ folgt, also ergibt sich:

$$|sin(x+h) - sin(x)| < |h|$$

Wählt man $\delta(\epsilon) = \epsilon$, so gilt:

$$|h| < \delta(\epsilon) = \epsilon \Rightarrow |sin(x+h) - sin(x)| < \epsilon$$

Für die folgenden Sätze lassen sich analog die Beweise erstellen.

Satz 4.8 *Die Funktion*

$$f(x) = cos(x)$$

ist stetig über $\mathbb{R}$

Beweis: Analoge Beweisführung

Satz 4.9 *Die Funktionen*

$$f_1(x) = tan(x) \quad f_2(x) = cot(x)$$

sind stetig über $\mathbb{D}(f_1)$ *bzw.* $\mathbb{D}(f_2)$

Beweis: Analoge Beweisführung

Satz 4.10 *Es ist*

$$\lim_{x \to 0} \frac{sin(x)}{x} = 1$$

Die Funktion

$$f(x) = \frac{sin(x)}{x}$$

ist in ihrer Definitionslücke x=0 durch f(0):=1 stetig ergänzbar.

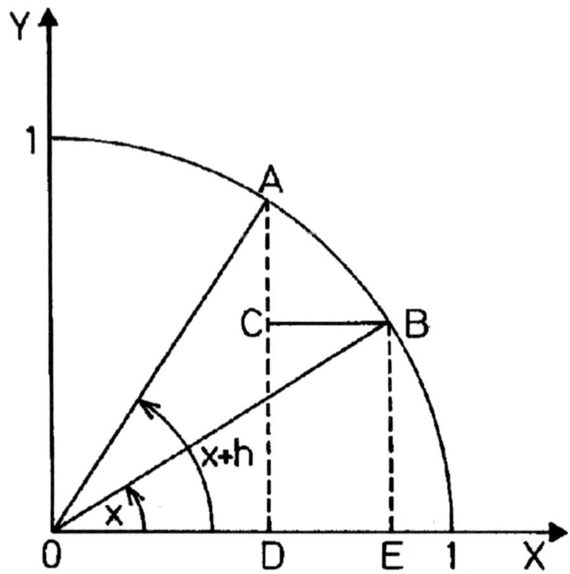

Abbildung 4.7: Stetigkeit trigonometrischer Funktionen

Beweis: Aus der Skizze ist sofort zu erkennen, daß für die Flächen folgendes gilt:

$$F_{ODA} < F_{OEA} < F_{OEB}, \quad F_{ODA} = \frac{1}{2} sin(x) cos(x), \quad F_{OEA} = \frac{1}{2} x, \quad F_{OEB} = \frac{1}{2} tan(x)$$

Also ergibt sich die Ungleichung

$$sin(x) cos(x) \leq x \leq \frac{sin(x)}{cos(x)} \quad \text{für} x \geq 0$$

Die Division durch $sin(x) > 0$ liefert weiter:

$$cos(x) \leq \frac{x}{sin(x)} \leq \frac{1}{cos(x)}$$

woraus folgt

$$\frac{1}{cos(x)} \leq \frac{sin(x)}{x} \leq \frac{cos(x)}{1}$$

und der Grenzübergang ergibt dann sofort

$$\lim_{x \to 0} \frac{1}{cos(x)} \leq \lim_{x \to 0} \frac{sin(x)}{x} \leq \lim_{x \to 0} cos(x)$$

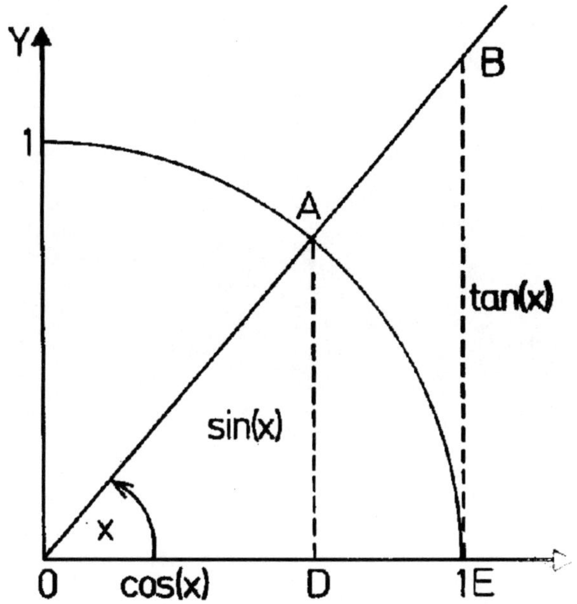

Abbildung 4.8: Stetigkeit trigonometrischer Funktionen

Dies ergibt

$$1 \leq \lim_{x \to 0} \frac{sin(x)}{x} \leq 1$$

woraus die Behauptung folgt.

4.6 Sätze über stetige Funktionen

Von zentraler Bedeutung ist der Stetigkeitssatz mit der Aussage über zusammengesetzte Funktionen.

Satz 4.11 *(Stetigkeitssatz)*
Sind zwei Funktionen f_1 und f_2 stetig an der Stelle x_0, so sind auch die Funktionen

$$f(x) = f_1(x) + f_2(x)$$

$$f(x) = f_1(x) - f_2(x)$$

$$f(x) = f_1(x) \cdot f_2(x)$$

stetig an der Stelle x_0

Ist $f_2(x) \neq 0$, so ist

$$f(x) = \frac{f_1(x)}{f_2(x)}$$

stetig in x_0

Satz 4.12 *(Zwischenwertsatz von Bolzano[6])*
Ist eine Funktion f über einem abgeschlossenen Intervall $[a, b]$ stetig unf gilt $f(a) \neq f(b)$, so gibt es zu jeder Zahl z zwischen f(a) und f(b) eine Stelle $x_0 \in)a, b($ mit $f(x_0) = z$

In der nachfolgenden Skizze (Abb. 4.9) wird der Zwischenwertsatz von Bolzano verdeutlicht.

Beispiel 4.6.1

Betrachtet werde die Funktion $f : \mathbb{R} \to \mathbb{R}$ mit

$$f : x \mapsto f(x) = \frac{x^2 - 4x + 4}{x^2 - x - 2}$$

wobei zu ersehen ist, daß hier keine echt-gebrochen rationale Funktion vorliegt. Es läßt sich die folgende Umformung durchführen

$$f : x \mapsto f(x) = \frac{x^2 - 4x + 4}{x^2 - x - 2} = \frac{(x-2)(x-2)}{(x+1)(x-2)} = \frac{x-2}{x+1}$$

Die Bestimmung der Nullstellen der Nennerfunktion liefert

$$x^2 - x - 2 = 0 \Rightarrow (x+1)(x-2) = 0 \Rightarrow x_1 = -1, \; x_2 = 2$$

Damit kann der Grenzwert an beide Stellen, nämlich $x_1 = -1, \; x_2 = 2$, von links und rechts gebildet werden.

---

[6]Bernhard Bolzano (05.10.1781 - 18.12.1848)

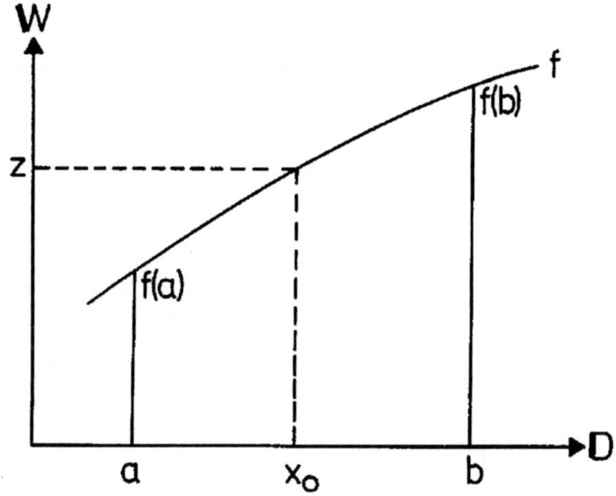

Abbildung 4.9: Zwischenwert-Satz von Bolzano

$x_1 = -1$ liefert die Grenzübergänge von rechts und links

$$g_r = \lim_{x\to -1^+} f(x) = \lim_{h\to 0} f(-1+h) = \lim_{h\to 0} \frac{-1+h-2}{-1+h+1} = \lim_{h\to 0} \frac{h-3}{h} = \lim_{h\to 0}\left(1-\frac{3}{h}\right) = -\infty$$

$x_2 = 2$

$$g_l = \lim_{x\to -1^-} f(x) = \lim_{h\to 0} f(-1-h) = \lim_{h\to 0} \frac{-1-h-2}{-1-h+1} = \lim_{h\to 0} \frac{-h-3}{-h} = \lim_{h\to 0} \frac{h-3}{h=} \lim_{h\to 0}\left(1-\frac{3}{h}\right) = -\infty$$

Dies bedeutet

$$g_r = g_l$$

und damit ist die Funktion an der Stelle $x_1 = -1$ nicht stetig ergänzbar.

$x_2 = 2$ liefert die Grenzübergänge von rechts und links

$$g_r = \lim_{x\to 2^+} f(x) = \lim_{h\to 0} f(2+h) = \lim_{h\to 0} \frac{2+h-2}{2+h+1} = \lim_{h\to 0} \frac{h}{h+3} = 0$$

$$g_l = \lim_{x\to 2^-} f(x) = \lim_{h\to 0} f(2-h) = \lim_{h\to 0} \frac{2-h-2}{2-h+1} = \lim_{h\to 0} \frac{-h}{-h+3} = 0$$

Die Funktion ergibt an der Stelle $x_2 = 2$

$$f(2) = \frac{2-2}{2+1} = 0 \text{ und damit } g_r = g_l = f(x_0 = 2)$$

was bedeutet, daß die Funktion in $x_0 = 2$ stetig ergänzbar ist.

Betrachtet werden soll, da auf diese Thematik an anderen Stellen zurückgegriffen wird, ein weiteres Beispiel mit einer Betragsfunktion.

Beispiel 4.6.2

Betrachtet werde die Funktion $f : \mathbb{R} \to \mathbb{R}$ mit

$$f(x) = \left|x^2 - 3x\right|$$

an der Stelle $x_0 = 3$, was sofort die Fallunterscheidung liefert

$$f(x) = \begin{cases} x^2 - 3x & \text{für} \quad x \geq 3 \wedge x \leq 0 \\ -x^2 + 3x & \text{für} \quad 0 < x < 3 \end{cases}$$

Diese ergibt sich aufgrund der folgenden Überlegungen, d.h. der Fallunterscheidung des in den Betragsstrichen stehenden Ausdruckes $x^2 - 3x$.

1. Positiver Fall:
$$x^2 - 3x \geq 0 \;\Rightarrow\; x(x-3) \geq 0$$
Das betrachtete Produkt wird dann größer oder gleich Null, wenn die folgende Fallunterscheidung vorgenommen wird.
   (a) $x \geq 0 \wedge x - 3 \geq 0 \;\Rightarrow\; x \geq 3$
   (b) $x \leq 0 \wedge x - 3 \leq 3 \;\Rightarrow\; x \leq 3$
2. Negativer Fall:
$$x^2 - 3x < 0 \;\Rightarrow\; x(x-3) < 0$$
Das betrachtete Produkt wird dann echt kleiner Null, wenn die folgende Fallunterscheidung vorgenommen wird.
   (a) $x < 0 \wedge x > 3 \;\Rightarrow\; \mathbb{L} = \{\}$
   (b) $x > 0 \wedge x > 3 \;\Rightarrow\; 0 < x < 3$

Damit können die beiden Grenzübergänge betrachtet werden.

$$g_r = \lim_{x\to 3^+} f(x) = \lim_{h\to 0} f(3+h) = \lim_{h\to 0}(3+h)^2 - 3(3+h) = \lim_{h\to 0}(9 + 6h + h^2 - 9 - 3h) = 0$$

$$g_l = \lim_{x\to 3^-} f(x) = \lim_{h\to 0} f(3-h) = \lim_{h\to 0} -(3-h)^2 + 3(3-h) = \lim_{h\to 0}(-9 + 6h - h^2 + 9 - 3h) = 0$$

Dies zeigt

$$g_r = g_l = f(x_0 = 3) = 0 \;\Rightarrow\; \text{f stetig in } x_0 = 3.$$

Teil III

Folgen und Reihen

Kapitel 5

Zahlenfolgen

5.1 Begriff der Zahlenfolge

Eine Zahlenfolge ist, elementar formuliert, zunächst die scheinbar zusammenhangslose Aufeinanderfolge von ganzen Zahlen

$$(a_n)_{n=1}^{\infty} = 2, 20, 64, 530, \ldots\ldots$$

ohne eine innere Gesetzmäßigkeit. Dem ist jedoch nicht, da es wohl Gesetzmäßigkeiten gibt, wie beispielsweise der Nachfolger aus seinem Vorgänger hervorgeht, d.h.

$$(a_n)_{n=1}^{\infty} = 2n^3 + n^2 + n - 2$$

stellt einen funktionalen Zusammenhang dar, also eine eindeutige Gesetzmäßigkeit, womit der Nachfolger eindeutig aus seinem Vorgänger hervorgeht.
Elementare Varianten werden häufig bei sogenannten Intelligenztests herangezogen, wobei jedoch zu berücksichtigen ist, daß bereits bei etwas komplizierteren Zusammenhängen sehr geringe Chanchen bestehen, beispielsweise bei der gegebenen Aufeinanderfolge von sieben Zahlen die achte problemlos zu bestimmen. Diese Fragestellung tritt bei der Lösung von linearen Differenzengleichungen auf.
Die Begriffe sind im Folgenden exakter zu fassen und detailierter zu betrachten, wozu zunächst einige Gesetzmäßigkeiten herangezogen werden müssen.

Definition 5.1 *(Folge)*
Eine Funktion f heißt eine ***Folge*** *genau dann, wenn $\mathbb{D}(f) \subset \mathbb{N}$ ist. Eine Folge heißt eine* ***Zahlenfolge*** *genau dann, wenn $\mathbb{W}(f) \subset \mathbb{R}$ ist.*

Die einfachste Form stellt zweifellos die *arithmetische Folge* dar, bei der die Differenz von Nachfolger und Vorgänger konstant ist, wie im Weiteren präzisiert wird.

Definition 5.2 *(Arithmetische Folge)*
Eine Zahlenfolge (a_n) heißt ***arithmetische Folge*** *genau dann, wenn gilt:*

$$\exists\, d \in \mathbb{R},\ \forall n \in \mathbb{N} \quad a_{n+1} - a_n = d$$

Eine Variante findet sich bei der *geometrischen Folge*, die ähnlich der arithmetischen Folge aufgebaut ist und der Quotient aus Nachfolger und Vorgänger betrachtet wird, der ebenfalls konstant ist. In der nächsten Definition wird dies exakt formuliert.

Definition 5.3 *(Geometrische Folge)*
Eine Zahlenfolge (a_n) *heißt* ***geometrische Folge*** *genau dann, wenn gilt:*

$$\exists\, q \in \mathbb{R}^+,\ \forall n \in \mathbb{N} \quad \frac{a_{n+1}}{a_n} = q$$

Insbesondere stellt sich bei Folgen die Frage, was geschieht, wenn der Folgenindex sehr groß wird, d.h. existiert ein Grenzwert für die Folge? Damit gelangt man zum Begriff der Konvergenz.

Definition 5.4 *(Konvergenz)*

(1) (a_n) *konvergiert gegen den Grenzwert* $g \Leftrightarrow$ *in* $U_\epsilon(g)$ *liegen fast alle Glieder der Folge*

$$\lim_{n\to\infty} a_n = g$$

(2) (a_n) *konvergiert gegen* $g \Leftrightarrow$ *zu jeder Zahl* $\epsilon \in \mathbb{R}^+$ *gibt es eine Zahl* $N(\epsilon) \in \mathbb{N}$ *so, daß*

$$n > N(\epsilon) \ \Rightarrow \mid g - a_n \mid < \epsilon$$

Die folgende Abbildung (Abb. 5.1) verdeutlicht den Begriff der Konvergenz einer Zahlenfolge. Es ist zu sehen, daß ab einem bestimmten Folgenindex alle Folgenwerte in einer Umgebung liegen und damit von einem Grenzwert, dargestellt durch eine horizontale Gerade, immer weniger abweichen, diese jedoch selbst auch nicht erreichen. Bei einer Zahlenfolge

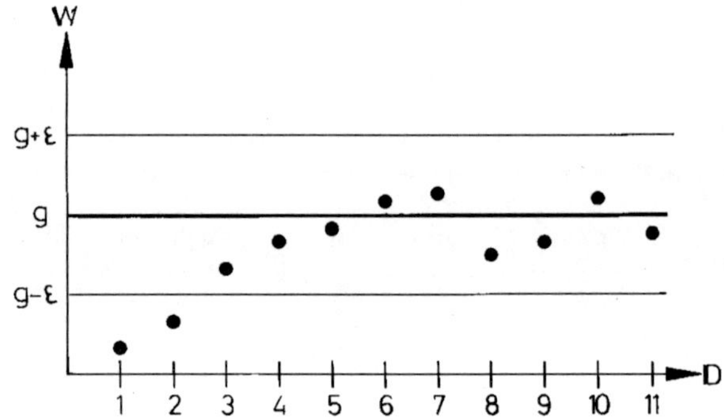

Abbildung 5.1: Konvergenz einer Zahlenfolge

kann der Nachfolger entweder größer oder kleiner als sein Vorgänger sein, woraus sich die folgende Definition ergibt.

Definition 5.5 *(Monton fallende Zahlenfolge)*

(1) *Eine Zahlenfolge* (a_n) *ist* ***monoton wachsend****, wenn gilt:*

$$a_n < a_{n+1} \Leftrightarrow a_n - a_{n+1} < 0$$

(2) *Eine Zahlenfolge* (a_n) *ist* ***monoton fallend****, wenn gilt:*

$$a_n > a_{n+1} \Leftrightarrow a_n - a_{n+1} > 0$$

Beispiel 5.1.1

Betrachtet werde die Zahlenfolge

$$a_n = \frac{4n}{3n+1}$$

Der Grenzwert bestimmt sich zu

$$\lim_{n\to\infty} a_n = \lim_{n\to\infty} \frac{4n}{3n+1} = \lim_{n\to\infty} \frac{4}{3+\frac{1}{n}} = \frac{4}{3}$$

Anschließend wird die Konvergenz nach dem obigen Satz nachgewiesen

$$|g - a_n| = \left|\frac{4}{3} - \frac{4n}{3n+1}\right| = \left|\frac{12n + 4 - 12n}{3(3n+1)}\right| = \frac{4}{3(3n+1)} < \epsilon$$

Aus der gewonnenen Ungleichung folgt

$$\frac{3(3n+1)}{4} < \frac{1}{\epsilon} \Rightarrow 3n + 1 > \frac{4}{3\epsilon} \Rightarrow n > \frac{4}{9\epsilon} - \frac{1}{3} = X(\epsilon)$$

Es gilt

$$n > X(\epsilon) = \frac{4}{9\epsilon} - \frac{1}{3} \Rightarrow \left|\frac{4}{3} - \frac{4n}{3n+1}\right| < \epsilon$$

5.2 Grenzwerte von Zahlenfolgen

Für die Grenzwerte von Zahlenfolgen ergeben sich die folgenden Sätze, welche aus Zeitgründen ohne Beweis bleiben müssen. Jedoch wird jedem Satz ein erläuterndes Beispiel nachgestellt, so daß hierdurch eine gewisse Erleichterung im Verständnis gegeben sein wird.

Satz 5.1 *Es gilt:*

$$\lim_{n\to\infty} a_n = a \wedge \lim_{n\to\infty} b_n = b \Rightarrow \lim_{n\to\infty}(a_n + b_n) = a + b$$

Beispiel 5.2.1

$$\lim_{n\to\infty}\left(\frac{1}{n} + \frac{1}{n^2}\right) = \lim_{n\to\infty}\frac{1}{n} + \lim_{n\to\infty}\frac{1}{n^2} = 0 + 0 = 0$$

Bemerkung 5.1 *Die Umkehrung gilt nicht! Die Folge $(a_n + b_n)$ kann konvergieren, ohne daß die einzelnen Folgen (a_n) und (b_n) konvergieren.*

Beispiel 5.2.2

Es sei

$$a_n = \frac{1}{n} + n^2 \quad b_n = 2 - n^2 \text{ (divergent)}$$

Dann gilt für den Grenzwert

$$\lim_{n\to\infty}(a_n + b_n) = \lim_{n\to\infty}\left(\frac{1}{n} + n^2 - 2 - n^2\right) = \lim_{n\to\infty}\left(\frac{1}{n} + 2\right) = 2$$

Satz 5.2 *Es gilt:*

$$\lim_{n\to\infty} a_n = a \wedge \lim_{n\to\infty} b_n = b \Rightarrow \lim_{n\to\infty}(a_n - b_n) = a - b$$

Beispiel 5.2.3

$$\lim_{n\to\infty}\left(\frac{3}{n+1} - \frac{2}{n^2}\right) = \lim_{n\to\infty}\frac{3}{n+1} - \lim_{n\to\infty}\frac{2}{n^2} = 0 - 0 = 0$$

Satz 5.3 *Ist (a_n) eine Nullfolge und (b_n) eine beschränkte Folge, so gilt*

$$\lim_{n\to\infty}(a_n \cdot b_n) = 0$$

Beispiel 5.2.4

Es gilt

$$a_n = \frac{1}{n^2} \quad b_n = 1 - \frac{1}{n} < 1 = S$$

Dann gilt für den Grenzwert

$$\lim_{n\to\infty}\frac{1}{n^2}\left(1 - \frac{1}{n}\right) = 0$$

Satz 5.4

(1) *Ist* (a_n) *eine Nullfolge und* (b_n) *eine konvergente Folge, so gilt:*

$$\lim_{n\to\infty}(a_n \cdot b_n) = 0$$

(2) *Es gilt:*

$$\lim_{n\to\infty} a_n = a \wedge \lim_{n\to\infty} b_n = b \Rightarrow \lim_{n\to\infty}(a_n \cdot b_n) = a \cdot b$$

Beispiel 5.2.5

Zu (1):

$$\lim_{n\to\infty}\left(1+\frac{1}{n^2}\right)\left(3-\frac{2}{n}\right) = \lim_{n\to\infty}\left(1+\frac{1}{n^2}\right) \cdot \lim_{n\to\infty}\left(3-\frac{2}{n}\right) = 1 \cdot 3 = 3$$

Zu (2)

$$a_n = n^2 \text{ (divergent)} \quad b_n = \frac{1}{n^2+1}$$

Dann gilt

$$\lim_{n\to\infty}(a_n \cdot b_n) = \lim_{n\to\infty}\frac{n^2}{n^2+1} = 1$$

Bemerkung 5.2 *Die Umkehrung von Teil 2) gilt nicht!*

Satz 5.5 *Gilt* $(a_n) \neq 0 \; \forall\, n \in \mathbb{N}$ *und ist* $\lim_{n\to\infty}(a_n) = a \neq 0$, *so ist*

$$\lim_{n\to\infty}\frac{1}{a_n} = \frac{1}{a}$$

Satz 5.6 *Gilt*

$$\lim_{n\to\infty} a_n = a \wedge \lim_{n\to\infty} b_n = b \neq 0 \wedge b_n \neq 0 \; \forall\, n \in \mathbb{N}$$

so ist

$$\lim_{n\to\infty}\frac{a_n}{b_n} = \frac{a}{b}$$

Beispiel 5.2.6

Für den Grenzwert des Quotienten aus den beiden Folgen

$$a_n = n^2 + 1 \quad b_n = n^2$$

ergibt sich

$$\lim_{n\to\infty}\frac{n^2+1}{n^2} = \lim_{n\to\infty}\left(1+\frac{1}{n^2}\right) = 1$$

5.3 Hauptsatz über monotone Folgen

Betrachtet werden Folgen, die sowohl monoton als auch beschränkt sind.

Definition 5.6 *Eine Folge* $\{a_n\}_{n=1}^{\infty}$ *heißt*

(1) *monoton wachsend, wenn für alle n gilt:* $a_n \leq a_{n+1}$

(2) *monoton fallend, wenn für alle n gilt:* $a_n \geq a_{n+1}$

Definition 5.7 *(Beschränkte Folge)*
Eine Folge $\{a_n\}_{n=1}^{\infty}$ *heißt beschränkt, wenn eine Konstante K existiert, so daß* $\{a_n\} \leq K$ *für alle n ist, bzw. wenn Konstanten* K_1 *und* K_2 *existieren, so daß gilt*

$$K_1 \leq a_n \leq K_2 \quad \text{für alle } n$$

Satz 5.7 *(Hauptsatz über monotone Folgen)*
Ist eine Folge $\{a_n\}$ *monoton und beschränkt, so ist sie konvergent.*

Bemerkung 5.3 *Ist eine Folge* $\{a_n\}$ *monoton, aber nicht beschränkt, so ist sie divergent und zwar ist*

$$\lim_{n\to\infty} a_n = +\infty \quad \text{falls } \{a_n\} \text{ monoton wachsend}$$

$$\lim_{n\to\infty} a_n = -\infty \quad \text{falls } \{a_n\} \text{ monoton fallend}$$

Bemerkung 5.4 *Der Hauptsatz über monotone Folgen hat den Nachteil, daß der Grenzwert der Folge* $\{a_n\}$ *in die Konvergenzuntersuchung überhaupt nicht eingeht. Seine Bestimmung erfordert Sonderüberlegungen.*

Bemerkung 5.5 *Es gibt Folgen, welche nicht monoton, aber trotzdem konvergent sind, z.B. ist* $\left\{(-1)^n \frac{1}{n}\right\}$ *weder monoton wachsend noch monoton fallend, aber konvergent zum Grenzwert Null.*

5.4 Die EULERsche Zahl e

Betrachtet werde die wichtige Zahlenfolge $\{a_n\}$ mit

$$a_n = \left(1 + \frac{1}{n}\right)^n$$

welche konvergiert, was über den Hauptsatz gezeigt werden kann.

Satz 5.8 *Die Folge* $\{a_n\}$ *mit*

$$a_n = \left(1 + \frac{1}{n}\right)^n$$

ist konvergent.

5.5 Geometrische Zahlenfolgen

Definition 5.8 *(Geometrische Zahlenfolge)*
Ist der Quotient zweier aufeinanderfolgender Zahlenglieder konstant, so spricht man von einer ***geometrischen Folge****. Es gilt:*

$$\frac{a_{n+1}}{a_n} = q \quad \forall\, n, a_1 \neq 0$$

Durch a_1, q ist sie eindeutig bestimmt.

Bemerkung 5.6 *Das allgemeine Glied ergibt sich wie folgt:*

$$a_1 = a_1$$
$$a_2 = a_1 \cdot q$$
$$a_3 = a_2 \cdot q = a_1 \cdot q \cdot q = a_1 \cdot q^2$$
$$a_4 = a_3 \cdot q = a_1 \cdot q^2 = a_1 \cdot q^3$$
$$\ldots\ldots\ldots\ldots\ldots\ldots\ldots\ldots$$
$$a_n = a_{n-1} \cdot q = a_1 \cdot q^{n-2} \cdot q = a_1 \cdot q^{n-1}$$

Und hieraus ergibt sich allgemein:

$$a_n = a_1 \cdot q^{n-1}$$

Bemerkung 5.7 *Es handelt sich um eine* ***lineare Funktion*** *mit*

$$f \;:\; \{1,2,3,...\} \to \mathbb{R}$$
$$f \;:\; n \mapsto a_1 \cdot q^{n-1}$$

Bemerkung 5.8 *Für $a_1 > 0$ gilt:*

- $q > 1$ *steigende geometrische Folge*
- $0 < q < 1$ *fallende geometrische Folge*
- $q = 1$ *konstante geometrische Folge*
- $q < 0$ *alternierende geometrische Folge*

Satz 5.9 *Für die Summe s_n der ersten n Glieder gilt:*

$$s_n = a_1 \cdot \frac{q^n - 1}{q - 1} = a_1 \cdot \frac{1 - q^n}{1 - q} \quad (q \neq 1)$$

Beweis: Betrachtet werde zunächst

$$s_n = a_1 + a_1 q + a_1 q^2 + ... + a_1 q^{n-2} + a_1 q^{n-1} \quad (1)$$

und mit q multipliziert ergibt sich

$$q s_n = a_1 q + a_1 q^2 + ... + a_1 q^{n-2} + a_1 q^{n-1} + a_1 q^n \quad (2)$$

Die Subtraktion (2)-(1) liefert

$$q s_n - s_n = a_1 q^n - a_1 \Rightarrow s_n(q-1) = a_1(q^n - 1) \Rightarrow s_n = a_1 \frac{q^n - 1}{q - 1}$$

Die Subtraktion (1)-(2) ergibt

$$s_n - q s_n = a_1 - a_1 q^n \Rightarrow s_n = a_1 \frac{1 - q^n}{1 - q}$$

Beide Teile zeigen die Gültigkeit des Satzes.

5.6 Das Konvergenzkriterium von Cauchy

Für die Konvergenz von Zahlenfolgen kann nach Cauchy[1] ein allgemeines Kriterium angegeben werden.

Satz 5.10 *(Cauchy)*
Eine Zahlenfolge (a_n) ist konvergent genau dann, wenn es zu jeder Zahl $\epsilon \in \mathbb{R}^+$ eine Zahl $N(\epsilon) \in \mathbb{N}$ gibt, so daß gilt:

$$n > N(\epsilon) \ \wedge \ k \in \mathbb{N} \ \Rightarrow \ | \, a_{n+k} - a_n \, | < \epsilon$$

Beispiel 5.6.1

Betrachtet werde die rekursive Zahlenfolge (a_n) mit $a_1 = 1$ und

$$a_{n+1} = a_n + \frac{(-1)^n}{2^n} \quad \forall \, n \in \mathbb{N}$$

Es gilt

$$|a_{n+k} - a_n| = |(a_{n+k} - a_{n+k-1}) + (a_{n+k+1} - a_{n+k-2}) + \ldots + (a_{n+2} - a_{n+1}) + (a_{n+1} - a_n)| \leq$$

$$\leq |a_{n+k} - a_{n+k-1}| + |a_{n+k-1} - a_{n+k-2}| + \ldots + |a_{n+2} - a_{n+1}| + |a_{n+1} - a_n|$$

Nach der Rekursion gilt

$$\forall \, \varrho \in \mathbb{N}: \ |a_{\varrho+1} - a_\varrho| = \left| \frac{(-1)^\varrho}{2^\varrho} \right| = \frac{1}{2^\varrho}$$

Damit ergibt sich

$$|a_{n+k} - a_n| \leq \frac{1}{2^{n+k-1}} + \frac{1}{2^{n+k-2}} + \ldots + \frac{1}{2^{n+1}} + \frac{1}{2^n} = \frac{1}{2^n} \left(1 + \frac{1}{2} + \ldots + \frac{1}{2^{k-1}} + \frac{1}{2^{k-1}} \right) =$$

$$= \frac{1}{2^n} \cdot \frac{1 - \frac{1}{2^k}}{1 - \frac{1}{2}} < \frac{1}{2^n} \cdot \frac{1}{\frac{1}{2}} = \frac{1}{2^{n-1}}$$

Der Grenzwert liefert

$$\lim_{n \to \infty} \frac{1}{2^{n-1}} = 0$$

Hieraus folgt

zu jedem $\epsilon \in \mathbb{R}^+$ gibt es ein $N(\epsilon) \in \mathbb{N}$ so daß gilt:

$$n > N(\epsilon) \wedge k \in \mathbb{N} \ \Rightarrow \ |a_{n+k} - a_n| < \epsilon$$

---

[1] Augustin Louis Cauchy (21.08.1789 - 23.05.1857)

5.7 Sätze zu konvergenten Zahlenfolgen

Bei konvergenten Zahlenfolgen gelten einige Gesetzmäßigkeiten, welche im Folgenden angesprochen werden. Ebenso werden die Beweise angegeben.

Satz 5.11 *Haben zwei Zahlenfolgen (a_n) und (b_n) denselben Grenzwert, gilt also*

$$\lim_{n\to\infty} a_n = \lim_{n\to\infty} b_n = g,$$

so hat auch die Zahlenfolge (c_n) mit $c_{2n-1} = a_n$, $c_{2n} = b_n$, $n \in \mathbb{N}$ diese Zahl als Grenzwert

$$\lim_{n\to\infty} c_n = g$$

Beweis: Zu jedem $\epsilon \in \mathbb{R}^+$ gibt es $N_1(\epsilon), N_2(\epsilon)$ mit:

$$m > N_1(\epsilon) \Rightarrow |g - a_n| < \epsilon \text{ und } m > N_2(\epsilon) \Rightarrow |g - b_n| < \epsilon$$

Es ist

$$N(\epsilon) = max(N_1(\epsilon), N_2(\epsilon))$$

so muß $n = 2m - 1$ der Bedingung

$$\frac{n+1}{2} > N(\epsilon), \text{ also } n > 2N(\epsilon) - 1 \text{ genügen.}$$

$$n > 2N(\epsilon) - 1 = X(\epsilon) \Rightarrow |g - c_n| < \epsilon$$

Satz 5.12 *Zerlegt man eine Zahlenfolge (a_n) mit*

$$\lim_{n\to\infty} a_n = g$$

in zwei Zahlenfolgen (b_n) und (c_n) mit $b_n = a_{2n-1}$ und $c_n = a_{2n}$ $n \in \mathbb{N}$, so haben die Folgen (b_n) und (c_n) denselben Grenzwert und es gilt:

$$\lim_{n\to\infty} b_n = \lim_{n\to\infty} c_n = g$$

Beweis: Zu jedem $\epsilon \in \mathbb{R}^+$ gibt es ein $N(\epsilon) \in \mathbb{N}$, so daß gilt: $| \; g - a_n \; |< \epsilon$ Daher gilt

$$n > \frac{N(\epsilon)+1}{2} \Rightarrow |g - b_n| < \epsilon \text{ und } n > \frac{N(\epsilon)+1}{2} \Rightarrow |g - c_n| < \epsilon$$

Kapitel 6

Unendliche Reihen

6.1 Der Begriff der unendlichen Reihe

Ausgehend von der Zahlenfolge, die als eine Aneinanderreihung von Zahlen betrachtet wurde, stellt sich nun die Frage, was geschieht, wenn diese Zahlen nicht mehr aneinandergereiht werden, sondern addiert? Dem soll im Folgenden nachgegangen werden.

Es sei (a_n) eine Zahlenfolge, mit welcher eine Zahlenfolge (s_n) mit $s_1 = a_1$ konstruiert werden soll, was auf die folgende Weise geschieht

$$s_1 = a_1$$

$$s_2 = a_1 + a_2$$

$$s_3 = a_1 + a_2 + a_3$$

$$s_4 = a_1 + a_2 + a_3 + a_4$$

....

$$s_n = \sum_{k=1}^{n} a_k = a'1 + a_2 + a_3 + ... + a_n$$

Bemerkung 6.1 *Die neue Zahlenfolge (s_n) heißt* ***Folge der Partialsummen (Teilsummen) der Folge*** *(a_n). Die Folge (s_n) heißt* ***Reihe.***

Definition 6.1 *(Reihe)*
Unter einer (unendlichen) Reihe (s_n) versteht man die Folge (s_n) der Partialsummen s_n einer Zahlenfolge (a_n)

$$s_n = \sum_{k=1}^{n} a_k$$

Im Weiteren sollen einige gängige Beispiele von Reihen angegeben werden, welche teilweise bereits bekannt sind.

Beispiel 6.1.1

$a_n = n^2$ mit

$$s_n = \sum_{k=1}^{n} k^2 = 1^2 + 2^2 + ... + n^2$$

Beispiel 6.1.2

Harmonische Reihe

$$a_n = \frac{1}{n} \qquad s_n = \sum_{k=1}^{n} \frac{1}{k} = 1 + \frac{1}{2} + \frac{1}{3} + \frac{1}{4} + ... + \frac{1}{n}$$

Beispiel 6.1.3

Leibnizsche[1] Reihe

$$a_n = \frac{(-1)^{n-1}}{2n-1} \qquad \sum_{k=1}^{n} \frac{(-1)^{k-1}}{2k-1} = 1 - \frac{1}{3} + \frac{1}{5} \pm ... \pm \frac{(-1)^{n-1}}{n}$$

Beispiel 6.1.4

Arithmetische Reihe

$$a_n = 2n - 1 \quad d = 2 \qquad s_n = \sum_{k=1}^{n} (2k-1) = 1 + 3 + 5 + ... + (2n-1)$$

Beispiel 6.1.5

Geometrische Reihe

$$a_n = 2 \cdot 3^{n-1} \quad q = 3 \qquad s_n = \sum_{k=1}^{n} 2 \cdot 3^{k-1} = 2 + 6 + 18 + ... + 2 \cdot 3^{n-1}$$

Definition 6.2 *(Partialsumme)*
Unter einer Partialsumme s_n einer Zahlenfolge (a_n) versteht man einen Term, der durch die folgenden Bedingungen gegeben ist:

(1) $s_1 = a_1$

$$\sum_{k=1}^{1} a_k = a_1$$

(2) $s_{n+1} = s_n + a_{n+1}$

$$\sum_{k=1}^{n+1} a_k = \sum_{k=1}^{n} a_k + a_{n+1}$$

---

[1]Gottfried Wilhelm Leibniz (21.06.1646 - 14.11.1716)

Beispiel 6.1.6

Arithmetische Reihe

$$s_n = \frac{n}{2}(a_1 + a_n) \text{ mit } a_n = a_1 + (n-1)d$$

Beispiel 6.1.7

Geometrische Reihe

$$s_n = a_1 \frac{q^n - 1}{q - 1} \text{ für } q \neq 1$$

Es gelingt die folgende Umformung

$$s_n = \frac{1}{1 \cdot 2} + \frac{1}{2 \cdot 3} + \frac{1}{3 \cdot 4} + \ldots + \frac{1}{n(n+1)} = \sum_{k=1}^{n} \frac{1}{k(k+1)}$$

Berücksichtigt wird

$$\frac{1}{1 \cdot 2} = \frac{1}{1} - \frac{1}{2}, \quad \frac{1}{2 \cdot 3} = \frac{1}{2} - \frac{1}{3}, \ldots, \frac{1}{n(n+1)} = \frac{1}{n} - \frac{1}{n+1}$$

Damit ergibt sich

$$s_n = 1 - \frac{1}{n+1}$$

Und es kann sofort für $n = 99$ die Summe $s_{99} = 0,99$ angegeben werden.

6.2 Konvergenz unendlicher Reihen

Die Konvergenz von Zahlenfolgen wude ausreichend besprochen und es stellt sich die Frage nach der Konvergenz von unendlichen Reihen, welche auf die Konvergenz der Reihen zurückgeführt wird.

Die Konvergenz einer unendlichen Reihe ist die Konvergenz der Folge (s_n) der Partialsummen s_n.

Satz 6.1 *(Konvergenz)*
Eine unendliche Reihe konvergiert gegen den Grenzwert s genau dann, wenn es zu jeder Zahl $\epsilon \in \mathbb{R}^+$ eine Zahl $N(\epsilon) \in \mathbb{N}$ bzw. eine Zahl $X(\epsilon) \in \mathbb{R}$ gibt, so daß gilt:

$$n > N(\epsilon) \quad bzw. \quad n > X(\epsilon) \Rightarrow \mid s - s_n \mid = \mid s - \sum_{k=1}^{n} a_k \mid < \epsilon$$

Schreibweise:

$$s = \lim_{n\to\infty} s_n = \lim_{n\to\infty} \sum_{k=1}^{n} a_k = \sum_{k=1}^{\infty} a_k$$

Beispiel 6.2.1

Es gilt

$$s_n = 1 - \frac{1}{n+1} \qquad \lim_{n\to\infty} s_n = \lim_{n\to\infty} \left(1 - \frac{1}{n+1}\right) = 1$$

Beispiel 6.2.2

Es gilt

$$s_n = \sum_{k=1}^{n} a_1 q^{k-1} = a_1 \frac{1-q^n}{1-q}$$

Falls $\mid q \mid < 1$ gilt:

$$\lim_{n\to\infty} s_n = \sum_{k=1}^{\infty} a_1 q^{k-1} = \frac{a_1}{1-q}$$

Bemerkung 6.2 *(Divergenz)*
Existiert kein Grenzwert der Partialsummenfolge, so heißt die Reihe ***divergent****. Ist die Reihe* ***bestimmt-divergent****, so gibt es zu jedem $\delta \in R$ ein $X(\delta) \in \mathbb{R}$ mit*

(1) $n > X(S) \;\Rightarrow\; s_n > S$

$$\lim_{n\to\infty} = \sum_{k=1}^{\infty} a_k = \infty$$

(2) $n > X(S) \;\Rightarrow\; s_n < S$

$$\lim_{n\to\infty} = \sum_{k=1}^{\infty} a_k = -\infty$$

Beispiel 6.2.3

Die arithmetische Reihe mit $d \neq 0$ ist divergent

$$\lim_{n\to\infty} s_n = \sum_{k=1}^{\infty} [a_1 + (k-1)d] = \infty \text{ falls } d > 0$$

Satz 6.2 *Für $c \in \mathbb{R}$ gilt:*

$$\sum_{k=1}^{n} a_k = s \Rightarrow \sum_{k=1}^{n} c \cdot a_k = c \cdot s$$

Beweis: Nach Voraussetzung gilt

$$s_n = \sum_{k=1}^{n} a_k \text{ und } \lim_{n\to\infty} s_n = s$$

Hieraus folgt

$$c \cdot s = c \lim_{n\to\infty} s_n = \lim_{n\to\infty}(c \cdot s_n) = \lim_{n\to\infty}\left(c \sum_{k=1}^{n} a_k\right) = \lim_{n\to\infty}\left(\sum_{k=1}^{n} ca_k\right) = \sum_{k=1}^{\infty} c \cdot a_k$$

Damit ist der Satz bewiesen.

Satz 6.3 *Aus*

$$\sum_{k=1}^{\infty} a_k = s \wedge \sum_{k=1}^{\infty} b_k = t \wedge \sum_{k=1}^{\infty}(a_k \pm b_k) = s \pm t$$

Beweis: Es gilt

$$s_n = \sum_{k=1}^{n} a_k \text{ und } \lim_{n\to\infty} s_n = s$$

$$t_n = \sum_{k=1}^{n} b_k \text{ und } \lim_{n\to\infty} b_n = t$$

Hieraus folgt

$$s \pm t = \lim_{n\to\infty} s_n \pm \lim_{n\to\infty} t_n = \lim_{n\to\infty}(s_n \pm t_n) = \lim_{n\to\infty}\left[\sum_{k=1}^{n} a_k \pm \sum_{k=1}^{n} b_k\right] = \lim_{n\to\infty} \sum_{k=1}^{n}(a_k \pm b_k) = \sum_{k=1}^{\infty}(a_k \pm b_k)$$

Damit ist der Satz bewiesen.

Satz 6.4 *Für $c_\rho \in \mathbb{R}$ $(\rho = 1, 2, ..., m)$ gilt:*

$$\sum_{k=1}^{\infty} a_k = s_\rho \wedge \sum_{k=1}^{\infty} \sum_{\rho=1}^{m} c_\rho a_{\rho k} = \sum_{\rho=1}^{m} c_\rho \delta_\rho$$

also

$$\sum_{k=1}^{\infty}(c_1 a_{1k} + c_2 a_{2k} + ... + c_m a_{mk}) = c_1 s_1 + c_2 s_2 + ... + c_m \delta_m$$

Satz 6.5 *Läßt man bei einer konvergenten (divergenten) Reihe (s_n) mit*

$$s_n = \sum_{k=1}^{n}$$

in den Partialsummen endlich viele Folgenglieder $a_1, a_2, ..., a_n$ weg, so ist auch die neue Reihe (t_n) konvergent (divergent).

6.3 Cauchy-Kriterium für unendliche Reihen

Satz 6.6 *(Konvergenz)*
Wenn eine unendliche Reihe mit den Partialsummen

$$s_n = \sum_{k=1}^{n} a_k$$

konvergiert, dann gilt:

$$\lim_{n\to\infty} a_n = 0$$

Beweis: Die Zahlenfolge (a_n) ist gegeben durch $a_1 = s_1$ und $a_n = s_n - s_{n-1}$ $(n \geq 2)$ Damit gilt

$$\lim_{n\to\infty} a_n = \lim_{n\to\infty}(s_n - s_{n-1}) = \lim_{n\to\infty} s_n - \lim_{n\to\infty} s_{n-1} = s - s = 0$$

Damit ist der Satz bewiesen.

Beispiel 6.3.1

Es gilt

$$a_n = \frac{n}{n+1} \qquad s_n = \sum_{k=1}^{n} \frac{k}{k+1}$$

Damit ergibt sich

$$\lim_{n\to\infty} a_n = \lim_{n\to\infty} \frac{n}{n+1} = 1 \neq 0$$

Die Reihe ist nicht konvergent.

Beispiel 6.3.2

Es gilt

$$a_n = \frac{1}{n(n+1)} \qquad s_n = \sum_{k=1}^{n} \frac{1}{k(k+1)}$$

Damit ergibt sich

$$\lim_{n\to\infty} a_n = \lim_{n\to\infty} \frac{1}{n(n+1)} = 0$$

Die Reihe ist konvergent.

Beispiel 6.3.3

Es gilt

$$a_n = \frac{1}{n} \qquad s_n = \sum_{k=1}^{n} \frac{1}{k}$$

Damit gilt

$$\lim_{n\to\infty} a_n = \lim_{n\to\infty} \frac{1}{n} = 0$$

Die Reihe ist konvergent.

Satz 6.7 *(Cauchy-Kriterium für unendliche Reihen)*
Eine unendliche Reihe mit den Partialsummen

$$s_n = \sum_{k=1}^{n} a_k$$

konvergiert genau dann, wenn es zu jeder Zahl $\epsilon \in \mathbb{R}^+$ *eine Zahl* $N(\epsilon) \in \mathbb{N}$ *gibt, so daß gilt:*

$$n > N(\epsilon) \land k \in \mathbb{N} \Rightarrow \left| \sum_{\rho=n+1}^{n+k} a_\rho \right| = | a_{n+1} + a_{n+2} + ... + a_{n+k} | < \epsilon$$

Ein Beweis soll nicht angeführt werden, wobei jedoch das folgende Beispiel detailiert betrachtet wird.

Beispiel 6.3.4

$$a_n = \frac{(-1)^{n+1}}{n} \qquad s_n = 1 - \frac{1}{2} + \frac{1}{3} - \frac{1}{5} \pm ... + \frac{(-1)^{n+1}}{n}$$

Nach dem obigen Satz gilt

$$| a_{n+1} + a_{n+2} + ... + a_{n+k} | = \left| \frac{1}{n+1} - \frac{1}{n+2} + \frac{1}{n+3} \pm ... + (-1)^{k+1} \frac{1}{n+k} \right|$$

Betrachtet werden nach der folgenden Vorgehensweise immer Paare von Differenzen

$$\frac{1}{n+1} - \frac{1}{n+2} = \frac{n+2-n-1}{(n+1)(n+2)} = \frac{1}{(n+1)(n+2)} > 0$$

$$\frac{1}{n+3} - \frac{1}{n+4} = \frac{n+4-n-3}{(n+3)(n+4)} = \frac{1}{(n+3)(n+4)} > 0$$

$$....... \qquad ....$$

Zusammengesetzt ergibt sich dann

$$\left(\frac{1}{n+1} - \frac{1}{n+2}\right) + \left(\frac{1}{n+3} - \frac{1}{n+4}\right) + ... + (-1)^{k+1} \frac{1}{n+k} > 0$$

Weiter ergibt sich dann die Abschätzung

$$\frac{1}{n+1} - \left(\frac{1}{n+2} - \frac{1}{n+3}\right) - \left(\frac{1}{n+4} - \frac{1}{n+5}\right) - ... \pm \frac{1}{n+k} < \frac{1}{n+1}$$

Also gilt

$$| a_{n+1} + a_{n+2} + ... + a_{n+k} | < \frac{1}{n+1}$$

Es gilt

$$\lim_{n \to \infty} \frac{1}{n+1} = 0$$

Hieraus folgt: Zu jeder Zahl $\epsilon \in \mathbb{R}^+$ gibt es ein $N(\epsilon) \in \mathbb{N}$ so, daß gilt:

$$n > N(\epsilon) \text{ und } k \in \mathbb{N} \Rightarrow {}_{n+1} + a_{n+2} + ... + a_{n+k} | < \epsilon$$

Damit ist nachgewiesen, daß die Reihe

$$1 - \frac{1}{2} + \frac{1}{3} - \frac{1}{4} \pm ...$$

konvergiert.

Satz 6.8 *Eine unendliche Reihe mit den Partialsummen*

$$s_n = \sum_{k=1}^{n} a_k$$

divergiert genau dann, wenn

$$\forall \epsilon \in \mathbb{R}^+ \, \exists \, N \in \mathbb{N} \, \forall \, n > N, \; k \in \mathbb{N} \quad \left| \sum_{\rho=n+1}^{n+k} a_\rho \right| \geq \epsilon$$

6.4 Quotientenkriterium von d'Alembert

Ein weiteres Kriterium zur Konvergenzbestimmung einer unendlichen Reihe stellt das kriterium von d'Alembert[2] dar.
Betrachtet wird eine Zahl $N \in \mathbb{N}$ und eine Reihe

$$(R) \quad \sum_{n=1}^{\infty} a_n \quad \text{mit} \quad a_n > 0$$

Aus den Reihengliedern wird eine Folge

$$(F) \quad \frac{a_{n+1}}{a_n} \quad \forall n \in \mathbb{N}$$

gebildet.

Es gelte q feste Zahl, $0 < q < 1$, unabhängig von n

(1) $\forall n \geq N$ gilt:

$$\frac{a_{n+1}}{a_n} \leq q < 1$$

so ist (R) konvergent

(2) $\forall n \geq N$ gilt:

$$\frac{a_{n+1}}{a_n} \geq 1$$

so ist (R) divergent

(3) Ist

$$\lim_{n \to \infty} \frac{a_{n+1}}{a_n} = g < 1$$

so ist (R) konvergent

(4) Ist

$$\lim_{n \to \infty} \frac{a_{n+1}}{a_n} = g > 1$$

so ist (R) divergent

(5) Für g=1 keine Entscheidung möglich

---

[2]Jean Baptiste le Rond d'Alembert (16.11.1717 - 29.10.1783)

In den folgenden Beispielen werden einige Reihen auf Konvergenz bzw. Divergenz untersucht.

Beispiel 6.4.1

$$\sum_{n=1}^{\infty} \frac{1}{n}$$

liefert mit

$$a_n = \frac{1}{n} \quad a_{n+1} = \frac{1}{n+1}$$

$$\frac{a_{n+1}}{a_n} = \frac{1}{n+1} \cdot n = \frac{n}{n+1}$$

Der Grenzübergang liefert

$$\lim_{n\to\infty} \frac{n}{n+1} = \lim_{n\to\infty} \frac{1}{n\left(1+\frac{1}{n}\right)} = \lim_{n\to\infty} \frac{1}{1+\frac{1}{n}} = 1$$

Eine Aussage ist nicht möglich und nach einem anderen Kriterium ist die Reihe divergent.

Beispiel 6.4.2

$$\sum_{n=1}^{\infty} \frac{1}{n^2}$$

$$a_n = \frac{1}{n^2} \quad a_{n+1} = \frac{1}{(n+1)^2}$$

$$\frac{a_{n+1}}{a_n} = \frac{1}{(n+1)^2} \cdot n^2 = \frac{n^2}{(n+1)^2}$$

Der Grenzübergang liefert

$$\lim_{n\to\infty} \frac{n^2}{(n+1)^2} = \lim_{n\to\infty} \frac{n^2}{n^2+2n+1} = \lim_{n\to\infty} \frac{n^2}{n^2\left(1+\frac{2}{n}+\frac{1}{n^2}\right)} = 1$$

So ist keine Aussage möglich, jedoch nach einem anderen Kriterium handelt es sich um eine konvergente Reihe.

Beispiel 6.4.3

$$s_n = \sum_{k=1} \left(\frac{5}{6}\right)^k \cdot k^2$$

Es gilt

$$\left|\frac{a_{n+1}}{a_n}\right| = \left(\frac{5}{6}\right)^{n+1-n} \cdot \left(\frac{n+1}{n}\right)^2 = \frac{5}{6}\left(1+\frac{1}{n}\right)^2$$

Der Grenzübergang liefert

$$\lim_{n\to\infty} \frac{5}{6}\left(1+\frac{1}{n}\right)^2 = \frac{5}{6} < 1$$

Die Reihe ist konvergent.

Beispiel 6.4.4

$$s_n = \sum_{k=1}^{n} \frac{1}{k(k+1)}$$

Der Grenzübergang

$$\lim_{n\to\infty} \left| \frac{a_{n+1}}{a_n} \right| = \lim_{n\to\infty} \frac{n}{n+2} = 1$$

liefert keine Entscheidung.

Beispiel 6.4.5

$$s_n = \sum_{k=1}^{n} \frac{1}{k!}$$

Der Grenzübergang

$$\lim_{n\to\infty} \left| \frac{a_{n+1}}{a_n} \right| = \lim_{n\to\infty} \frac{n!}{(n+1)!} = \lim_{n\to\infty} \frac{1}{n+1} = 0$$

liefert die Konvergenz der Reihe.

Satz 6.9 *(Absolute Konvergenz)*
Eine Reihe (s_n) *mit*

$$s_n = \sum_{k=1}^{n} a_k$$

heißt absolut konvergent genau dann, wenn auch die Reihe $\overline{s}_n$ *mit*

$$\overline{s}_n = \sum_{k=1}^{n} \mid a_k \mid$$

konvergent ist.

Bemerkung 6.3 *Aus der absoluten Konvergenz folgt die Konvergenz*

Beispiel 6.4.6

$$s_n = \sum_{k=1}^{n} \frac{2^{k-1}}{k}$$

Es gilt

$$\frac{a_{n+1}}{a_n} = \frac{2^n}{n+1} \cdot \frac{n}{2^{n-1}} = \frac{2n}{n+1} = \frac{2}{1+\frac{1}{n}}$$

Der Grenzübergang

$$\lim_{n\to\infty} \frac{2}{1+\frac{1}{n}} = 2 > 1$$

liefert die Divergenz der Reihe.

Beispiel 6.4.7

$$s_n = \sum_{k=1}^{n} \frac{1}{k}$$

Es gilt

$$\lim_{n\to\infty} \frac{a_{n+1}}{a_n} = \lim_{n\to\infty} \frac{n}{n+1} = \lim_{n\to\infty} \frac{1}{1+\frac{1}{n}} = 1$$

und damit ist keine Aussage möglich.

Teil IV

Differentialrechnung einer reellen Veränderlichen

Kapitel 7

Differentialrechnung

Die zu betrachtende Thematik der elementaren Differentialrechnung ist bereits aus der gymnasialen Oberstufe sowohl aus Grundkursen, als auch aus Leistungskursen der Mathematik hinreichend bekannt, so daß hier nur noch mit entsprechender mathematischer Präzision quasi zu wiederholen und zu vertiefen versucht werden kann. Der Umgang mit den rechentechnischen Voraussetzungen sollte vorhanden sein, so daß darauf aufgebaut werden kann.

7.1 Geradensteigung

Aus der Analytischen Geometrie ist die Gleichung einer Geraden, welche durch die Funktionsgleichung

$$f : x \mapsto f(x) = y = a_1 x + a_0$$

gegeben ist, bekannt. Die Steigung ergibt sich zu

$$m = \frac{\Delta y}{\Delta x} = \frac{y_2 - y_1}{x_2 - x_1}$$

Die Geradensteigung ist in jedem Punkt der Geraden gleich, was, wie im Folgenden zu sehen ist, nicht grundsätzlich bei jedem Funktionsgraphen der Fall ist. An einer konstanten Steigung kann zunächst der Begriff der Steigung anschaulich erläutert werden und von daher gelingt dann auch eine Übertragung auf andere Funktionsgraphen, die keine Gerade mehr darstellen, also keine konstante Steigung mehr aufweisen; in diesem Fall hängt die Steigung vom jeweils zugehörigen Abszissenwert ab.

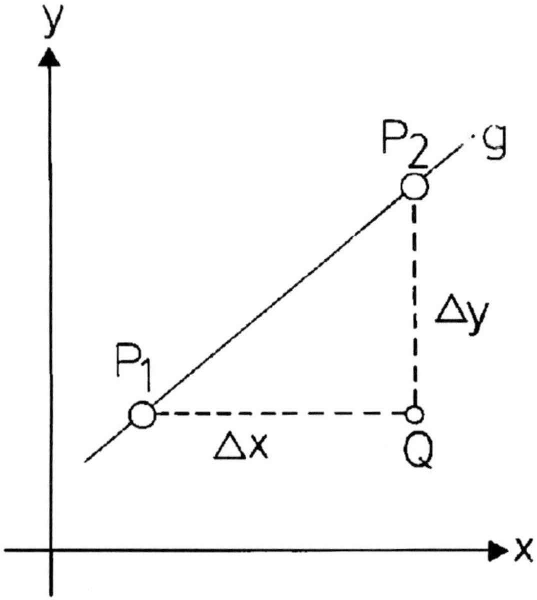

Abbildung 7.1: Steigung einer Geraden

7.2 Sekantensteigung

Betrachtet werde nun die Steigung eines beliebigen Funktionsgraphen, wozu ein Kurvenstück zwischen P_0 und P_1 herausgegriffen werde. Die Steigung der Sekanten durch P_0 und P_1 wird als mittlere Steigung der Kurve betrachtet. Für die Steigung der Sekanten ergibt sich

$$m_S = \frac{y_1 - y_0}{x_1 - x_0} = \frac{f(x_1) - f(x_0}{x_1 - x_0} = \frac{\Delta y}{\Delta x} = \frac{f(x_0 + h) - f(x_0)}{h}$$

Die Sekantensteigung heißt auch **Differenzenquotient**. Es ergibt sich ein Sekantenbüschel durch P_0, wobei eine Folge von Sekantensteigungen m_n, die von x_n abhängen, existiert. Die Funktion $x_n \mapsto m_n$ heißt **Differenzenquotientenfunktion** mit

$$m_n = \frac{f(x_n) - f(x_0)}{x_n - x_0} = g(x_n)$$

Die Differenzenquotientenfunktion ist für $x_n = x_0$ nicht definiert, was jedoch sehr interessant wäre.

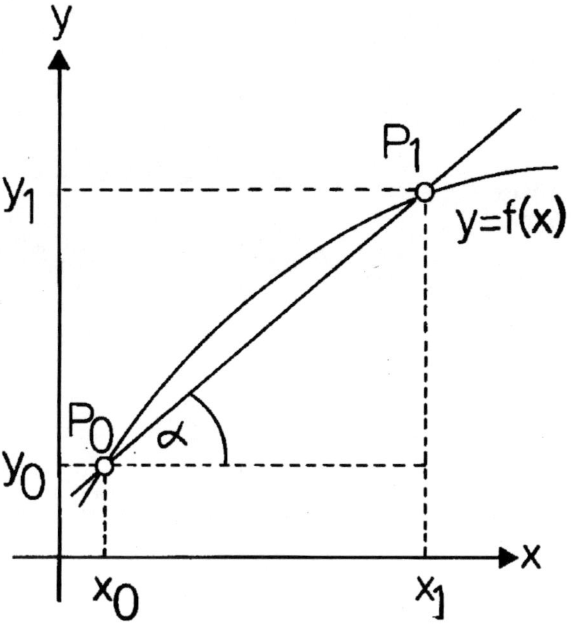

Abbildung 7.2: Steigung der Sekanten

7.3 Tangentensteigung

Betrachtet werde der Grenzübergang $P_n \to P_0$ bzw. $x_n \to x_0$, d.h. eine Annäherung an eine Grenzgerade t, die Tangente.

Definition 7.1 *(Tangente)*
*Die **Grenzgerade** t heißt **Tangente** der Kurve im Punkt P_0, wenn der Grenzwert der Differenzenquotientenfunktion für P_0 existiert. Dieser Grenzwert ist die Steigung der Tangente*

$$m_t = \lim_{x_n \to x_0} m_n = \lim_{x_n \to x_0} \frac{f(x_n) - f(x_0)}{x_n - x_0}$$

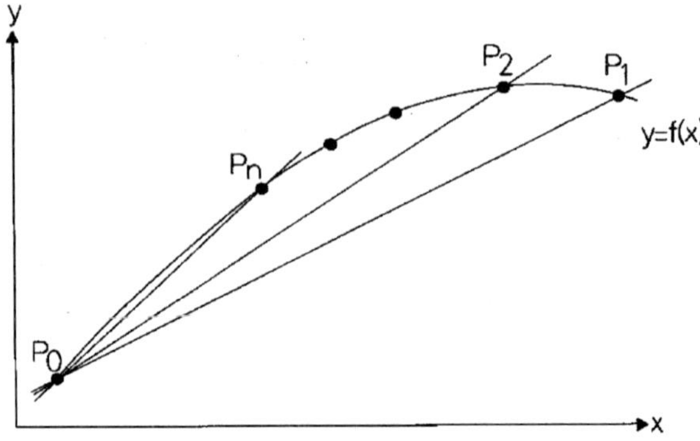

Abbildung 7.3: Sekantenbüschel

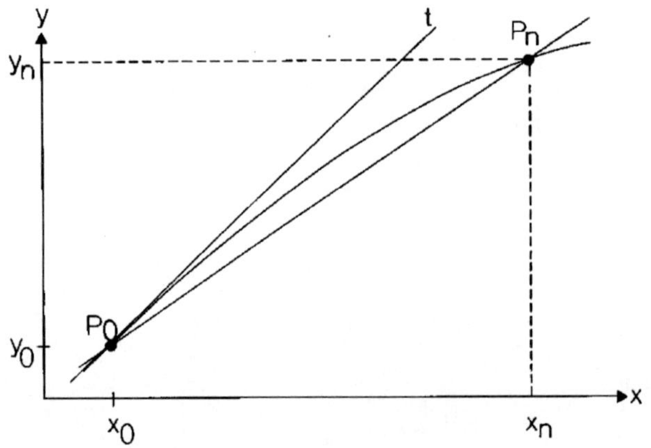

Abbildung 7.4: Grenzgerade

Beispiel 7.3.1

$$f : x \to f(x) = x^2$$

mit $\mathbb{D} = \mathbb{R}$

$$f : x \mapsto f(x) = -x^2 + 4x$$

mit $\mathbb{D} = \mathbb{R}$ in $P_0(3/3)$

7.4 Differentialquotient

Zunächst soll die Differenzierbarkeit von Funktionen untersucht werden, was dazu führt, einen beliebigen Punkt $P_0(x_0, y_0)$ zu betrachten, womit dann gilt:

1) Differenzenquotientenfunktion

$$m_n = \frac{f(x_n) - f(x_0)}{x_n - x_0} \quad \text{für} \quad x_n \neq x_0$$

2) Grenzwert

$$m_t = \lim_{x_n \to x_0} m_n = \lim_{x_n \to x_0} \frac{f(x_n) - f(x_0)}{x_n - x_0}$$

Definition 7.2 *(Überall differnzierbare Funktion)*
Eine Funktion, für deren Graph in jedem Punkt eine Tangente existiert, heißt eine überall differenzierbare Funktion.

Eine Funktion f mit $f: x \mapsto y = f(x)$ ist an der Stelle x_0 genau dann differenzierbar, wenn der Grenzwert der Differenzenquotientenfunktion existiert, d.h.

$$m_t = \lim_{x_n \to x_0} \frac{f(x_n) - f(x_0)}{x_n - x_0} \quad \text{für} \quad x_n \neq x_0$$

Es liegen keine Tangenten vor, falls:

- f in x_0 nicht stetig
- f hat einen Knick in x_0

Bemerkung 7.1 *Der Vorgang der Grenzwertbildung heißt Differenzieren oder Ableiten.*

Beispiel 7.4.1

$$f: x \mapsto f(x) = x^2 - 2x \quad \text{und} \quad x_0 = 3$$

Nach der Definition ergibt sich

$$\begin{aligned} m_t &= \lim_{x_n \to x_0} \frac{x_n^2 - 2x_n - (9-6)}{x_n - 3} = \lim_{x_n \to x_0} \frac{x_n^2 - 2x_n - 3}{x_n - 3} = \\ &= \lim_{x_n \to 3} \frac{(x_n + 1)(x_n - 3)}{x_n - 3} = \lim_{x_n \to 3} x_n + 1 = 4 \end{aligned}$$

Damit ergibt sich im Punkt $x_0 = 3$ die Steigung des Funktinsgraphen zu 4

Beispiel 7.4.2

$$f: x \mapsto f(x) = 3x^2 - 4x + 2 \quad \text{und} \quad x_0 = 7$$

In Analogie ergibt sich für die Steigung

$$m_t = \ldots = 38$$

7.5 Die Ableitungsfunktion

Gesucht wird eine Gleichung, die für jeden Kurvenpunkt die Steigung angibt, d.h. jedem Kurvenpunkt wird eine Steigung zugeordnet, damit entsteht eine neue Funktion, die Ableitungsfunktion.

Definition 7.3 *(Ableitungsfunktion)*
Es sei $f : x \mapsto f(x)$ eine in einem Intervall J differenzierbare Funktion, dann heißt die Funktion $f' : x \mapsto f'(x)$, $x \in J$ Ableitungsfunktion und es gilt:

$$y' = f'(x) = \lim_{x_n \to x} \frac{f(x_n) - f(x)}{x_n - x} \quad \text{für} \quad x_n \neq x$$

Dies liefert die folgenden Schreibweisen zum Bilden der Ableitungsfunktion.

- Es gilt

$$\Delta x = x_n - x, \quad \Delta y = y_n - y \quad x_n = \Delta x + x$$
$$y' = f'(x) = \lim_{\Delta x \to 0} \frac{\Delta y}{\Delta y} = \lim_{\Delta x \to 0} \frac{f(x + \Delta x) - f(x)}{\Delta x}$$

- Mit $\Delta x = h$ gilt

$$y' = f'(x) = \lim_{h \to 0} \frac{f(x+h) - f(x)}{h}$$

- In der Physik wird häufig die folgende Schreibweise verwendet

$$y' = f'(x) = \lim_{\Delta x \to 0} \frac{\Delta y}{\Delta x} = \frac{dy}{dx} = \frac{df(x)}{dx} = \frac{d}{dx} f(x)$$

  Es handelt sich hierbei um sogenannte "Differentiale" und der Quotient

$$\frac{dy}{dx}$$

  heißt Differentialquotient.

In den weiteren Beispielen werden die Erkenntnisse weiter vertieft.

Beispiel 7.5.1

$$f : x \mapsto f(x) = x^2 - 2x$$

$$\begin{aligned}
f'(x) &= \lim_{h \to 0} \frac{f(x+h) - f(x)}{h} = \lim_{h \to 0} \frac{(x+h)^2 - 2(x+h) - x^2 + 2x}{h} = \\
&= \lim_{h \to 0} \frac{x^2 + 2xh + h^2 - 2x - 2h - x^2 + 2x}{h} = \lim_{h \to 0} \frac{h^2 - 2h + 2xh}{h} = \\
&= \lim_{h \to 0} \frac{h(h - 2 + 2x)}{h} = 2x - 2
\end{aligned}$$

Beispiel 7.5.2

$$f : x \mapsto f(x) = -3x^2 - 4x + 8$$
$$f'(x) = \ldots = -6x - 4$$

7.6 Einfache Ableitungsregeln

Im Folgenden werden einige bereits bekannte Rechenregeln zur Ableitung von reellen Funktionen wiederholt und deshalb nur quasi lexikalisch wiedergegeben. Es ist möglich, alle Ableitungen über die Definition mittels des Grenzüberganges zu gewinnen, was jedoch für die weiteren praktischen Anwendungen etwas mühsam wäre.

Satz 7.1 *Die konstante Funktion* $f : x \mapsto f(x) = a_0$ *mit* $a_0 \in \mathbb{R}$ *hat die Ableitungsfunktion* $f' : x \mapsto f'(x) = 0$

Beweis: Es gilt

$$f'(x) = \lim_{h \to 0} \frac{f(x+h) - f(x)}{h} = \lim_{h \to 0} \frac{a_0 - a_0}{h} = 0$$

Satz 7.2 *Die lineare Funktion* $f : x \mapsto f(x) = a_1 x$ *mit* $a_1 \in \mathbb{R}$ *hat die Ableitungsfunktion* $f' : x \mapsto f'(x) = a_1$

Beweis: Es gilt

$$f'(x) = \lim_{h \to 0} \frac{f(x+h) - f(x)}{h} = \lim_{h \to 0} \frac{a_1(x+h) - a_1 x}{h} = \lim_{h \to 0} \frac{a_1 x + a_1 h - a_1 h}{h} = a_1$$

Satz 7.3 *Die Potenzfunktion* $f : x \mapsto f(x) = x^n$ *mit* $n \in \mathbb{N}, x \in \mathbb{R}$ *hat die Ableitungsfunktion* $f' : x \mapsto f'(x) = nx^{n-1}$

Beweis: Zu betrachten ist zunächst nach Definition der Grenzwert

$$f'(x) = \lim_{h \to 0} \frac{f(x+h) - f(x)}{h} = \lim_{h \to 0} \frac{(x+h)^n - x^n}{h}$$

dessen Grenzübergang in der vorliegenden Form nicht gelingt, so daß die folgende Umformung nach dem Binomischen Satz herangezogen werden muß.

$$a^n - b^n = (a-b)(a^{n-1} + a^{n-2}b + a^{n-3}b^2 + a^{n-4}b^3 + ... + a^0 b^{n-1})$$

Die Übertragung auf die aktuelle Problematik geschieht über $a := x + h,\ b := x$ und liefert

$$a^n - b^n = (x+h)^n - x^n = (x + h - x)\left[(x+h)^{n-1} + (x+h)^{n-2}x + ... + x^{n-1}\right]$$

Der Grenzübergang und damit der Nachweis der Ableitung gelingt unter Einbezug der gewonnenen Umformung

$$\begin{aligned} f'(x) &= \lim_{h \to 0} \frac{(x+h-x)\left[(x+h)^{n-1} + (x+h)^{n-2}x + ... + x^{n-1}\right]}{h} = \\ &= \lim_{h \to 0} \left[(x+h)^{n-1} + (x+h)^{n-2}x + ... + x^{n-1}\right] = x^{n-1} + x^{n-2} \cdot x + ... + x^{n-1} = n \cdot x^{n-1} \end{aligned}$$

Die folgenden einfachen Ableitungsregeln lassen sich ebenso leicht nachweisen.

Satz 7.4 *Konstante Faktoren bleiben bei der Ableitung erhalten*

$$y = f(x) = a_2 x^2 \text{ mit } x, a_2 \in \mathbb{R} \quad \Rightarrow \quad y' = 2a_2 x$$

Beweis:

$$\begin{aligned} f'(x) &= \lim_{h\to 0}\frac{f(x+h)-f(x)}{h} = \lim_{h\to 0}\frac{a_2(x+h)^2-a_2x^2}{h} = \lim_{h\to 0}\frac{a_2(x^2+2xh+h^2)-a_2x^2}{h} = \\ &= \lim_{h\to 0}\frac{a_2 2xh+a_2h^2}{h} = \lim_{h\to 0}\frac{h(a_2 2x+a_2h)}{h} = \lim_{h\to 0} a_2(2x+h) = 2a_2x \end{aligned}$$

Satz 7.5

$$y = a\cdot f(x) \;\textit{mit}\; a\in\mathbb{R},\; f(x) \;\textit{diff'bar} \quad\Rightarrow\quad y' = a\cdot f'(x)$$

Beweis:

$$f'(x) = \lim_{h\to 0}\frac{f(x+h)-f(x)}{h} = \lim_{h\to 0}\frac{af(x+h)-af(x)}{h} = af'(x)$$

Satz 7.6 *Eine Additive Konstante fällt beim Differenzieren weg*

$$y = f(x) = g(x)+C \;\textit{mit}\; C\in\mathbb{R},\; g(x) \;\textit{diff'bar} \Rightarrow f'(x) = g'(x)$$

Beweis:

$$f'(x) = \lim_{h\to 0}\frac{f(x+h)-f(x)}{h} = \lim_{h\to 0}\frac{g(x+h)*C-g(x)-C}{h} = g'(x)$$

Beispiel 7.6.1

Betrachtet werde die Funktion $f:\mathbb{R}\to\mathbb{R}$ mit

$$f: x\mapsto f(x) = 2x^2+3$$

Es ergibt sich die Ableitungsfunktion zu

$$f'x\mapsto f'(x) = 4x$$

Satz 7.7 *Die Ableitung der Summe von Funktionen kann summandenweise durchgeführt werden*

$$y = f(x) = g(x)+h(x) \;\textit{und}\; g(x),h(x) \;\textit{diff'bar} \Rightarrow f'(x) = g'(x)+h'(x)$$

Beweis:

$$\begin{aligned} f'(x) &= \lim_{h\to 0}\frac{f(x+h)-f(x)}{h} = \lim_{h\to 0}\frac{[g(x+h)+h(x+h)]-[g(x)-h(x)]}{h} = \\ &= \lim_{h\to 0}\frac{g(x+h)-g(x)+h(x+h)-h(x)}{h} = \\ &= \lim_{h\to 0}\frac{g(x+h)-g(x)}{h}+\lim_{h\to 0}\frac{h(x+h)-h(x)}{h} = g'(x)+h'(x) \end{aligned}$$

Beispiel 7.6.2

Betrachtet werde die Funktion $f : \mathbb{R} \to \mathbb{R}$ mit

$$f : x \mapsto f(x) = f_1(x) + f_2(x) + f_3(x) = 2x^4 + (-3x^2) + 4x$$

Die Ableitungsfunktion ergibt sich zu

$$f' : x \mapsto f'(x) = 8x^3 - 6x + 4$$

Bemerkung 7.2 *Höhere Ableitungen gewinnt man durch regelrechtes Fortsetzen des Ableitungsvorganges*

Für die Differentiation der ganzrationalen Funktionen sind die folgenden Sätze von Bedeutung

Satz 7.8 *Die Funktion*

$$f : x \mapsto f(x) = a_n x^n + a_{n-1} x^{n-1} + ... + a_1 x + a_0$$

hat die erste Ableitung

$$f' : x \mapsto f'(x) = n a_n x^{n-1} + (n-1) a_{n-1} x^{n-2} + ... + a_1 x + a_0$$

mit $a_k \in \mathbb{R}, n \in \mathbb{N}_0$

Satz 7.9 *Alle ganzrationalen Funktionen sind in* $\mathbb{R}$ *überall differenzierbar.*

Bemerkung 7.3 *Vor.:* $a_n \neq 0$ *und* $n \neq 0$
Die Funktion

$$f : x \mapsto f(x) = \sum_{i=0}^{n} a_i x^i$$

ist für $x \in \mathbb{R}$ *n-mal differenzierbar.*

Satz 7.10 *Die Menge der ganzrationalen Funktionen ist bezüglich der Differentiation abgeschlossen.*

7.7 Höhere Ableitungen

Bisher wurde eine beliebige Funktion einmal differenziert, wobei noch nicht berücksichtigt wurde, daß der Vorgang des Differenzierens mehrfach möglich ist. Betrachtet wird hierzu die Potenzfunktion

$$f : \mathbb{R} \to \mathbb{R} \quad \text{mit} \quad f : x \mapsto f(x) = x^n \quad n \in \mathbb{N}$$

Die Potenzfunktion ist n-mal differenzierbar, wie im Folgenden gezeigt wird.

$$\begin{aligned} f'(x) &= nx^{n-1} \\ f''(x) &= n(n-1)x^{n-2} \\ f'''(x) &= n(n-1)(n-2)x^{n-3} \\ \ldots\ldots\ldots &\quad \ldots\ldots\ldots \\ f^{(n)}(x) &= n(n-1)(n-2)\cdot \ldots \cdot 3 \cdot 2 \cdot 1 \\ f^{(n+1)}(x) &= 0 \end{aligned}$$

Es ist zu sehen, daß die (n+1)-Ableitung den Wert Null ergibt und sich eine weitere Differentiation als nicht sinnvoll erweist.

Beispiel 7.7.1

Betrachtet werde eine Funktion $f : \mathbb{R} \to \mathbb{R}$ mit

$$f : x \mapsto f(x) = 4x^5 - 2x^4 + 3x^3 + \frac{5}{2}x^2 - 5x + \frac{7}{3}$$

Die höheren Ableitungen ergeben sich zu

$$\begin{aligned} f(x) &= 20x^4 8x^3 + 9x^2 + 5x - 5 \\ f'(x) &= 80x^3 - 24x^2 + 18x + 5 \\ f'''(x) &= 240x^2 - 48x + 18 \\ f^{(4)}(x) &= 480x - 48 \\ f^{(5)}(x) &= 480 \\ f^{(6)}(x) &= 0 \end{aligned}$$

Notwendig erscheint eine Zusammenstellung, was zur Zusammenfassung der Ableitungsregeln führt.

Zusammenfassung der Ableitungsregeln

(1)

$$f(x) = a_0 \Rightarrow f'(x) = 0$$

(2)

$$f(x) = a \cdot g(x) \Rightarrow f'(x) = a \cdot g'(x)$$

(3)

$$f(x) = g(x) + C \Rightarrow f'(x) = g'(x)$$

(4)

$$f(x) = g(x) + h(x) \Rightarrow f'(x) = g'(x) + h'(x)$$

Kapitel 8

Allgemeine Differentiationsregeln

Die folgenden Differentiationsregeln, Produktregel, Quotientenregel und Kettenregel sind von grundlegender Bedeutung für das weitere Verständnis und werden deshalb auch ausführlich bewiesen.

8.1 Produktregel

Liegt eine Funktion als Produkt von zwei oder mehreren anderen Funktionen vor, so kann ein Ausmultiplizieren stattfinden, dem sich dann die Differentiation anschließt. Dies kann einen erheblichen Rechenaufwand bedingen, so daß nach einer Vereinfachung gesucht wird, die sich in der Produktregel findet.

Satz 8.1 *(Produktregel)*
Es sei

$$f : x \mapsto f(x) = u(x) \cdot v(x)$$

mit

$$u : x \mapsto u(x) \quad \textit{und} \quad v : x \mapsto v(x)$$

wobei die Funktionen $u(x)$ und $v(x)$ differenzierbar seien. Dann gilt:

$$f' : x \mapsto f'(x) = u'(x) \cdot v(x) + u(x) \cdot v'(x)$$

Beweis:

$$f'(x) = \lim_{h \to 0} \frac{f(x+h) - f(x)}{h} = \lim_{h \to 0} \frac{u(x+h)v(x+h) - u(x)v(x)}{h}$$

Für das weitere Vorgehen wird der Zähler $u(x+h)v(x+h) - u(x)v(x)$ betrachtet und folgendermaßen zielorientiert umgeformt

$$u(x+h)v(x+h) - u(x)v(x) = [u(x) + u(x+h) - u(x)]\,[v(x) + v(x+h) - v(x)] - u(x)v(x) =$$

$$= u(x)v(x) + v(x)u(x+h) - u(x)v(x) + u(x)v(x+h) + u(x+h)v(x+h) - u(x)v(x+h) - u(x)v(x) -$$
$$- u(x+h)v(x) + u(x)v(x) - u(x)v(x) =$$
$$= v(x)\,[u(x+h) - u(x)] + u(x)\,[v(x+h) - v(x)] + [u(x+h) - u(x)]\,[v(x+h) - v(x)]$$

Auf diese Umformung kann jetzt der Grenzübergang angewendet werden und damit gilt für die Ableitung

$$f'(x) = \lim_{h\to 0} v(x)\frac{u(x+h)-u(x)}{h} + \lim_{h\to 0} u(x)\frac{v(x+h)-v(x)}{h} +$$

$$+ \lim_{h\to 0} \frac{u(x+h)-u(x)}{h}\left[v(x+h)-v(x)\right] =$$

$$= v(x)u'(x) + u(x)v'(x) + u'(x)\left[v(x)-v(x)\right] = v(x)u'(x) + u(x)v'(x)$$

Beispiel 8.1.1

Die beiden Funktionen

$$v(x) = 2x+1 \quad u(x) = 3x^2$$

bilden die Produktfunktion

$$f(x) = u(x)\cdot v(x) = 3x^2(2x+1)$$

deren Ableitung sich nach der Produktregel zu

$$f'(x) = 6x(2x+1) + 3x^2\cdot 2 = 12x^2 + 6x + 6x^2 = 18x^2 + 6x$$

ergibt.

8.2 Quotientenregel

Ausgehend von den gebrochen-rationalen Funktionen sollen deren Ableitungen bestimmt werden, wobei es, abgesehen von gewissen kleinen Erleichterungen, unerheblich ist, ob es sich um eine echt-gebrochen-rationale oder eine unecht-gebrochen-rationale Funktion handelt. Jedoch ist hierbei darauf zu achten, daß die Nennerfunktion ungleich Null ist, da ansonsten die Funktion nicht definiert ist, da eine Division durch Null stattfindet. Für die Differentiation gelangt man zur Quotientenregel.

Satz 8.2 *(Quotientenregel)*
Sind die Funktionen u und v an der Stelle x differenzierbar und gilt $v(x) \neq 0 \quad \forall x \in \mathbb{D}$, *so ist auch die Funktion f mit*

$$f : x \mapsto f(x) = \frac{u(x)}{v(x)}$$

an der Stelle x differenzierbar, und es gilt:

$$f : x \mapsto f(x) = \frac{u(x)}{v(x)} \quad \Rightarrow \quad f' : x \mapsto f'(x) = \frac{u'(x)v(x) - u(x)v'(x)}{[v(x)]^2}$$

Beweis: Betrachtet wird zunächst der folgende Differenzenquotient

$$\frac{f(x+h) - f(x)}{h} = \frac{1}{h}\left\{\frac{u(x+h)}{v(x+h)} - \frac{u(x)}{v(x)}\right\} = \frac{1}{h} \cdot \frac{u(x+h)v(x) - v(x+h)u(x)}{v(x+h)v(x)}$$

Die Ergänzung in Form einer Addition des Ausdrucks $u(x)v(x) - u(x)v(x) = 0$ im Zähler ergibt

$$\frac{1}{h} \cdot \frac{u(x+h)v(x) - v(x+h)u(x) + u(x)v(x) - u(x)v(x)}{v(x+h)v(x)} =$$

$$= \frac{1}{v(x+h)v(x)} \cdot \frac{u(x+h)v(x) - v(x+h)u(x) + u(x)v(x) - u(x)v(x)}{h} =$$

$$= \frac{1}{v(x+h)v(x)} \cdot \left\{\frac{u(x+h) - u(x)}{h}v(x) - \frac{v(x+h)v(x)}{h}u(x)\right\}$$

Der Grenzübergang $h \to 0$ liefert

$$\lim_{h \to 0} \frac{f(x+h) - f(x)}{h} =$$

$$= \lim_{h \to 0} \frac{1}{v(x+h)v(x)} \cdot \frac{u(x+h) - u(x)}{h}v(x) - \lim_{h \to 0} \frac{1}{v(x+h)v(x)} \cdot \frac{v(x+h) - v(x)}{h}u(x) =$$

$$= \frac{1}{[v(x)]^2}u'(x)v(x) - \frac{1}{[v(x)]^2}v'(x)u(x) = \frac{u'(x)v(x) - v'(x)u(x)}{[v(x)]^2}$$

Die Anwendung findet sich zunächst bei

- den **reziproken Funktionen**

$$g(x) = \frac{1}{f(x)} \quad \forall\, x \in \mathbb{D} \text{ mit } f(x) \neq 0$$

$$g'(x) = \frac{0 \cdot f(x) - 1 \cdot f'(x)}{[f(x)]^2} = -\frac{f'(x)}{[f(x)]^2}$$

- und Funktionen mit **negativen Exponenten**

$$\frac{d}{dx}x^n = nx^{n-1}$$

für negative Exponenten $n = -m$ $(m > 0)$ bestätigt

$$f(x) = x^{-m} = \frac{1}{x^m} \Rightarrow f'(x) = -\frac{mx^{m-1}}{x^{2m}} = -mx^{-m-1}$$

Beispiel 8.2.1

Die Funktion $f : \mathbb{R} \to \mathbb{R}$ mit

$$f : x \mapsto f(x) = \frac{x^4 - 3x^2 + 2}{x^2 - 1}$$

hat den Definitionsbereich

$$\mathbb{D} = \mathbb{R} \setminus \{-1,\ +1\}$$

und liefert über die Quotientenregel die Ableitungsfunktion

$$f' : x \mapsto f'(x) = \frac{(4x^3 - 6x)(x^2 - 1) - 2x(x^4 - 3x^2 + 2)}{(x^2 - 1)^2} = \frac{2x^5 - 4x^3 + 2x}{(x^2 - 1)^2}$$

8.3 Kettenregel

Von den Verknüpfungen zweier Funktionen f und g ist es bekannt, daß eine Hintereinanderausführung, d.h. $(f \circ g)(x)$ möglich ist. Solche Funktionen sollen über die Kettenregel differenziert werden.

Satz 8.3 *(Kettenregel)*
Ist eine Funktion φ an der Stelle x differenzierbar und ist eine Funktion g an der Stelle $z = \varphi(x)$ differenzierbar, so ist auch die Funktion f mit $f(x) = g(\varphi(x)) = g(z)$ an der Stelle x differenzierbar und es gilt:

$$f'(x) = g'(\varphi(x)) \cdot \varphi'(x)$$

Auf den Beweis soll ohne Verlust der Vollständigkeit der Darstellung verzichtet werden. Hierfür sind einige Beispiele aufgenommen worden, bei denen sich die Anwendung der Kettenregel beim differenzieren als sehr nützlich erweist.

Beispiel 8.3.1

Die Funktion $f : \mathbb{R} \to \mathbb{R}$ mit

$$f : x \mapsto f(x) = \left(x^5 + 3x^2 - 1\right)^{50}$$

hat die Ableitung

$$f'(x) = 50(x^5 + 3x^2 - 1)^{49} \cdot (5x^4 + 6x)$$

wobei

$$g'(\varphi(x)) = 50(x^5 + 3x^2 - 1)^{49} \qquad \varphi'(x) = 5x^4 + 6x$$

Beispiel 8.3.2

Die Funktion $f : \mathbb{R} \to \mathbb{R}$ mit

$$f : x \mapsto f(x) = \sqrt[2]{x^2 + 1}$$

hat die Ableitung

$$f'(x) = \frac{1}{2 \cdot \sqrt{x^2 + 1}} \cdot 2x = \frac{x}{\sqrt{x^2 + 1}}$$

Beispiel 8.3.3

Die Funktion $f : \mathbb{R} \to \mathbb{R}$ mit

$$f : x \mapsto f(x) = sin(1 - x^2)$$

hat die Ableitung

$$f'(x) = -2x \cdot cos(1 - x^2)$$

Bemerkung 8.1 *Es gilt $\forall x \in \mathbb{R}$:*

$$f : x \mapsto f(x) = cos(x) = sin\left(\frac{\pi}{2} - x\right)$$

$$f'x \mapsto f'(x) = (-1) \cdot cos\left(\frac{\pi}{2} - x\right) = -sin(x)$$

Kapitel 9

Differentiation elementarer Funktionen

9.1 Umkehrfunktionen

Ausgegangen wird von der bekannten Umkehrung von Funktionen und hierfür läßt sich ebenfalls ein sehr nützlicher Satz aufstellen.

Satz 9.1 *Ist f eine eindeutige im Intervall (a,b) differenzierbare Funktion und ist $f'(x) \neq 0$ $\forall x \in (a,b)$, so ist die Umkehrfunktion $f^{-1} = \varphi$ im Intervall (a,b)differenzierbar und hat dort die Ableitung*

$$\varphi'(x) = \frac{1}{f'(x)}$$

Beweis: Betrachtet werde der Differenzenquotient der Umkehrfunktion, welcher sich zu

$$\frac{h}{f(x+h) - f(x)}$$

ergibt. Die Funktion f ist die Umkehrfunktion der Funktion φ, also

$$\frac{1}{f(x+h) - f(x)} = \frac{1}{\frac{f(x+h)-f(x)}{h}}$$

Der Grenzübergang $h \to 0$ liefert die Ableitung

$$\varphi'(y) = \lim_{h \to 0} \frac{h}{f(x+h) - f(x)} = \frac{1}{\lim\limits_{h \to 0} \frac{f(x+h)-f(x)}{h}} = \frac{1}{f'(x)}$$

Am folgenden Beispiel soll das Prinzip der Ableitung der Umkehrfunktion speziell betrachtet werden.

Beispiel 9.1.1

Betrachtet werde die Funktion $f : \mathbb{R} \to \mathbb{R}$ mit

$$f : x \mapsto f(x) = x^2 = y \quad \text{mit } x, y > 0$$

woraus sich $x = \sqrt{y}$ ergibt. Die Ableitung nach x liefert sofort

$$f'(x) = 2x \text{ für } x > 0$$

Für die Umkehrfunktion $f^{-1}.\mathbb{R} \to \mathbb{R}$ ergibt sich

$$f^{-1} : x = \varphi(y) = \sqrt{y} \quad x, y > 0$$

Und hieraus die Ableitung der Umkehrfunktion

$$\varphi'(y) = \frac{1}{f'(x)} = \frac{1}{2x} \text{ für } x > 0$$

Mit $x = \sqrt{y}$ ergibt sich

$$\varphi'(y) = \frac{1}{2\sqrt{y}}$$

Also gilt für die Umkehrfunktion

$$f^{-1} : y = \varphi(x) = \sqrt{x}$$

Und damit für die Ableitung

$$\varphi'(x) = \frac{1}{2y} = \frac{1}{2\sqrt{x}}$$

Die Erkenntnisse des letzten Beispiels werden im Weiteren allgemein betrachtet, indem von der m ten Wurzel ausgegangen wird. Zunächst werde die Funktion f und ihre Umkehrfunktion f^{-1} betrachtet.

$$f : y = f(x) = \sqrt[m]{x} \text{ mit } x, y > 0, \ m \in \mathbb{Z}$$
$$f^{-1} : x = \varphi(y) = y^m \text{ mit } y > 0 \text{ liefert } \varphi'(y) = my^{m-1}$$

Damit läßt sich die allgemeine Ableitung gewinnen

$$f'(x) = \frac{1}{\varphi'(y)} = \frac{1}{my^{m-1}} \text{ für } y > 0$$

Mit $y = \sqrt[m]{x}$ folgt die Ableitung

$$f'(x) = \frac{1}{m\left(\sqrt[m]{x}\right)^{m-1}}$$

9.2 Trigonometrische Funktionen

Die elementaren trigonometrischen Funktionen wurden angesprochen und so bleibt noch deren Differentiation übrig, die ausführlich betrachtet werden. Ausgegangen wird von der Definition der Ableitung über den Differenzenquotienten und dem anschließenden Grenzübergang ausgegangen. Mit dieser Vorgehensweise werden die folgenden Funktionen differenziert.

9.2.1 Die Ableitung von $f : x \mapsto f(x) = sin(x)$

Satz 9.2 *Für die Sinus-Funktion $f : x \mapsto f(x) = sin(x)$ mit*

$$D = \mathbb{R} \qquad \mathbb{W} = [+1, -1]$$

ergibt sich die Ableitung

$$\frac{d}{dx} sin(x) = cos(x)$$

Beweis: Ausgehend von $f(x) = sin(x)$ ergibt sich für den Differenzenquotienten

$$\frac{f(x+h) - f(x)}{h} = \frac{sin(x+h) - sin(x)}{h}$$

Das folgende aus der Trigonometrie bekannte Additions-Theorem (*) wird verwendet

$$sin(\alpha) - sin(\beta) = 2cos\left(\frac{\alpha + \beta}{2}\right) sin\left(\frac{\alpha - \beta}{2}\right) \qquad (\star)$$

und damit ergibt sich

$$sin(x+h) - sin(x) = 2 \cdot sin\left(\frac{h}{2}\right) \cdot cos\left(\frac{2x+h}{2}\right)$$

was dann für die Differenzenquotienten die folgende Darstellung liefert

$$\frac{f(x+h) - f(x)}{h} = \frac{2 \cdot sin\left(\frac{h}{2}\right) \cdot cos\left(\frac{2x+h}{2}\right)}{h} = \frac{sin\left(\frac{h}{2}\right)}{\frac{h}{2}} cos\left(x + \frac{h}{2}\right)$$

Der Grenzübergang $h \to 0$ liefert

$$\lim_{h \to 0} \frac{f(x+h) - f(x)}{h} = \lim_{h \to 0} \frac{sin\left(\frac{h}{2}\right)}{\frac{h}{2}} cos\left(x + \frac{h}{2}\right) = cos(x)$$

9.2.2 Die Ableitung von $f : x \mapsto f(x) = cos(x)$

Satz 9.3 *Für die Kosinus-Funktion $f : x \mapsto f(x) = cos(x)$ mit*

$$\mathbb{D} = \mathbb{R} \qquad \mathbb{W} = [+1, -1]$$

ergibt sich die Ableitung

$$\frac{d}{dx} cos(x) = -sin(x)$$

Beweis: Der Differenzenquotient für die Funktion $f(x) = cos(x)$ liefert

$$\frac{f(x+h) - f(x)}{h} = \frac{cos(x+h) - cos(x)}{h} =$$

Das Additions-Theorem (**)

$$cos(\alpha) - cos(\beta) = -2sin\left(\frac{\alpha+\beta}{2}\right) sin\left(\frac{\alpha-\beta}{2}\right) \qquad (\star\star)$$

angewandt auf die Zählerfunktion des Differenzenquotienten liefert

$$cos(x+h) - cos(x) = -2sin\left(\frac{2x+h}{2}\right) sin\left(\frac{h}{2}\right)$$

was dann für den Differenzenquotienten die folgende Umformung zuläßt

$$= -\frac{2sin\left(\frac{2x+h}{2}\right) sin\left(\frac{h}{2}\right)}{h} = -sin\left(x + \frac{h}{2}\right) \frac{sin\left(\frac{h}{2}\right)}{\frac{h}{2}}$$

Der Grenzübergang $h \to 0$ liefert

$$\lim_{h\to 0} \frac{f(x+h) - f(x)}{h} = \lim_{h\to 0} -sin\left(x + \frac{h}{2}\right) \frac{sin\left(\frac{h}{2}\right)}{\frac{h}{2}} = -sin(x)$$

9.2.3 Die Ableitung von $f : x \mapsto f(x) = tan(x)$

Satz 9.4 *Für die Tangens-Funktion $f : x \mapsto f(x) = tan(x)$ mit*

$$\mathbb{D} = \mathbb{R} \setminus \left\{x \mid x = \frac{\pi}{2} + k\pi,\ k \in \mathbb{Z}\right\} \qquad \mathbb{W} = \{-\infty < y < +\infty\}$$

ergibt sich für die Ableitung

$$\frac{d}{dx} tan(x) = \frac{1}{cos^2(x)} = 1 + tan^2(x)$$

Beweis: Es gilt folgender Zusammenhang

$$f : x \mapsto f(x) = tan(x) = \frac{sin(x)}{cos(x)} \quad \text{mit} \quad \mathbb{D} = \mathbb{R} \setminus \left\{x \mid x = \frac{\pi}{2} + k\pi, k \in \mathbb{Z}\right\}$$

welcher zur Vereinfachung des Beweises die Anwendung der bekannten Quotientenregel zuläßt

$$f'(x) = \frac{d}{dx} tan(x) = \frac{d}{dx} \frac{sin(x)}{cos(x)} = \frac{cos(x)cos(x) + sin(x)sin(x)}{cos^2(x)} = \frac{cos^2(x) + sin^2(x)}{cos^2(x)} =$$

$$= 1 + \frac{sin^2(x)}{cos^2(x)} = 1 + tan^2(x) = \frac{1}{cos^2(x)}$$

9.2.4 Die Ableitung von $f : x \mapsto f(x) = cot(x)$

Satz 9.5 *Für die Kotangens-Funktion* $f : x \mapsto f(x) = cot(x)$ *mit*

$$\mathbb{D} = \mathbb{R} \setminus \{x \mid x = k\pi, k \in \mathbb{Z}\} \qquad \mathbb{W} = \{-\infty < y < +\infty\}$$

ergibt sich die Ableitung

$$\frac{d}{dx}cot(x) = -\frac{1}{sin^2(x)} = -(1 + cot^2(x))$$

Beweis: Es gilt folgender Zusammenhang

$$f : x \mapsto f(x) = cot(x) = \frac{cos(x)}{sin(x)} \quad \text{mit} \quad \mathbb{D} = \mathbb{R} \setminus \{x \mid x = k\pi, k \in \mathbb{Z}\}$$

welcher die Quotientenregel zuläßt

$$f'(x) = \frac{d}{dx}cot(x) = \frac{d}{dx}\frac{cos(x)}{sin(x)} = \frac{-sin(x)sin(x) - cos(x)cos(x)}{sin^2(x)} =$$

$$= -\frac{sin^2(x) + cos^2(x)}{sin^2(x)} = \frac{-1}{sin^2(x)} = -(1 + cot^2(x))$$

Beispielhaft für die Ableitung der trigonometrischen Funktionen soll das folgende Minimierungsbeispiel betrachtet werden.

Beispiel 9.2.1

Von einem allgemeinen Dreieck mit den Seiten a,b,c und den Winkeln α, β, γ sei der Umfang u=a+b+c und der Winkel $\gamma = 90^0$ gegeben. Wie groß ist der Winkel α zu wählen, damit die Seitenlänge c minimal ist?

Es gilt

$$a = c \cdot sin(\alpha),\ b = c \cdot cos(\alpha),\ u = c + c \cdot sin(\alpha) + c \cdot cos(\alpha) = c(1 + sin(\alpha) + cos(\alpha))$$

Diese Gleichungen lassen sich leicht nach der Seitenlänge c auflösen und damit ergibt sich

$$c = \frac{u}{1 + sin(\alpha) + cos(\alpha)}$$

Da sich der Dreiecksumfang nicht verändert, kann von einem konstanten Zähler gesprochen werden. Die Seitenlänge c wird dann zu einem Minimum, wenn der Nenner $1+sin(\alpha)+cos(\alpha)$ ein Maximum hat. Es sei x das Bogenmaß von α womit sich eine Funktion $f : \mathbb{R} \to \mathbb{R}$ mit

$$f : x \mapsto f(x) = 1 + sin(x) + cos(x)$$

ergibt. Die beiden Ableitungen ergeben sich unter Anwendung der Differentiation der trigonometrischen Funktionen zu

$$f' : x \mapsto f'(x) = cos(x) - sin(x), \qquad f'' : x \mapsto f''(x) = -sin(x) - cos(x)$$

Es ist zu ersehen, daß für

$$x = \frac{\pi}{4} \quad f'(x) = 0 \quad \text{und} \quad f''(x) < 0$$

gilt. Dies bedeutet, daß unter allen umfangsgleichen rechtwinkligen Dreiecken das gleichschenklige Dreieck die kleinste Hypothenuse hat.

9.3 Ableitung der Logarithmusfunktion

Betrachtet wird die Funktion

$$f : x \mapsto f(x) = log_a(x) \quad \text{mit} \quad a \in \mathbb{R}^+ \setminus \{1\},\ x \in \mathbb{R}^+$$

Über den Differenzenquotienten mit Grenzübergang

$$\lim_{h \to 0} \frac{f(x+h) - f(x)}{h}$$

ergibt sich

$$\frac{f(x+h) - f(x)}{h} = \frac{log_a(x+h) - log_a(x)}{h} = \frac{log_a\left(\frac{x+h}{x}\right)}{h} = \frac{1}{h} log_a\left(1 + \frac{h}{x}\right) =$$

$$= \frac{1}{x}\frac{x}{h}\, log_a\left(1 + \frac{h}{x}\right) = \frac{1}{x}\, log_a\left(1 + \frac{h}{x}\right)^{\frac{x}{h}}$$

Die Abkürzung

$$\frac{x}{h} := n$$

liefert

$$\left(1 + \frac{1}{n}\right)^n$$

und es gilt:

$$\text{für } h \to 0 \text{ geht } n \to \infty$$

Damit gilt weiter

$$\lim_{h \to 0} \frac{f(x+h) - f(x)}{h} = \lim_{h \to 0} \frac{1}{x} log_a\left(1 + \frac{h}{x}\right)^{\frac{x}{h}} = \frac{1}{x} log_a(e) = \frac{1}{x}\frac{ln(e)}{ln(a)} = \frac{1}{x\, ln(a)}$$

Dieses Ergebnis kann im folgenden Satz zur Ableitung der Logarithmusfunktion zusammengefaßt werden.

Satz 9.6

$$\frac{d}{dx} log_a(x) = \frac{1}{x} log_a(e) = \frac{1}{x ln(a)}$$

Die Übertragung auf den natürlichen Logarithmus liefert weiter

Satz 9.7

$$\frac{d}{dx} ln(x) = \frac{1}{x}\frac{1}{ln(e)} = \frac{1}{x}$$

Beispiel 9.3.1

Die Funktion

$$f : \mathbb{R} \to \mathbb{R} \quad f : x \mapsto f(x) = 3\, ln(x)$$

hat die Ableitungsfunktion

$$f'(x) = \frac{3}{x}$$

Beispiel 9.3.2

Bei der Funktion

$$f : \mathbb{R} \to \mathbb{R} \quad f : x \mapsto f(x) = ln\left(\frac{1 - x^2}{1 + x^2}\right)$$

bietet sich für $\mid x \mid < 1$ die folgende Umformung nach den Logarithmengesetzen an

$$f(x) = ln(1 - x^2) - ln(1 + x^2)$$

was die jetzt folgende Differentiation erheblich erleichtert

$$f'(x) = -\frac{2x}{1 - x^2} - \frac{2x}{1 + x^2} = -\frac{4x}{1 - x^4} \quad \text{für } \mid x \mid < 1$$

Die Ableitung über die zusammengesetzte Funktion nach der Struktur

$$f(x) = ln(g(x)) \Rightarrow f'(x) = g'(x)\,\frac{1}{g(x)} = \frac{g'(x)}{g(x)}$$

bietet sich ebenso an, ist jedoch aufgrund des höheren Aufwandes, insbesondere durch die zusätzliche Anwendung der Kettenregel, nicht zu empfehlen.

9.4 Ableitung der Exponentialfunktion

Betrachtet werde die Funktion

$$f : x \mapsto f(x) = a^x, \quad a > 0,\ x \in \mathbb{R}$$

und die dazugehörige Umkehrfunktion

$$\varphi : y \mapsto \varphi(y) = x = log_a(y),\ y > 0$$

Unter Anwendung des Satzes über die Ableitung von Umkehrfunktionen ergibt sich damit, daß die Logarithmusfunktion in ihrem Definitionsbereich $\mathbb{D}$ differenzierbar ist und unter Berücksichtigung von $\varphi'(y) \neq 0$

$$y = f(x) = a^x \ \ \forall\, x \in \mathbb{R} \text{ differenzierbar}$$

Damit gilt

$$\varphi'(y) = \frac{1}{f'(x)} \ \Rightarrow\ f'(x) = \frac{1}{\varphi'(y)}$$

Also gilt

$$\varphi'(y) = \frac{1}{y\ ln(a)} \ \Rightarrow\ f'(x) = \frac{1}{\varphi'(y)} = y\ ln(a)$$

und mit $y = a^x$ ergibt sich

$$\frac{d}{dx} a^x = a^x\ ln(a) \text{ für } a > 0$$

was mit der speziellen Wahl von $a = e$ sofort ergibt

$$\frac{d}{dx} e^x = e^x$$

Die beiden nächsten Sätze fassen die gewonnenen Ergebnisse zusammen.

Satz 9.8

$$\frac{d}{dx} a^x = a^x ln(a) \quad \textit{für} \quad a > 0$$

Satz 9.9 *Mit a=e gilt:*

$$\frac{d}{dx} e^x = e^x ln(e) = e^x$$

9.5 Zyklometrische Funktionen

Bei den folgenden zyklometrische Funktionen handelt es sich um die Umkehrung der trigonometrischen Funktionen, deren Differentiation betrachtet wird. Ebenso ist der Begriff der Arcus-Funktionen bekannt.

9.5.1 Arcussinus

Satz 9.10 *Die Funktion $f : x \mapsto f(x) = arcsin(x)$ hat die Ableitung*

$$\frac{d}{dx} arcsin(x) = \frac{1}{\sqrt{1-x^2}}$$

Beweis: Betrachtet werde

$$y = arcsin(x)$$

was durch Anwendung der Sinus-Funktion auf beide Seiten sofort liefert

$$sin(y) = sin(arcsin(x)) = x$$

Die anschließende Differentiation ergibt dann

$$y' cos(y) = 1 \;\Rightarrow\; y' = \frac{1}{cos(y)} = \frac{1}{\sqrt{1 - sin^2(y)}} = \frac{1}{\sqrt{1-x^2}}$$

Für $y \in \left(-\frac{\pi}{2},\, +\frac{\pi}{2}\right)$ gilt $cos(y) \geq 0$, womit die Behauptung bewiesen ist.

9.5.2 Arcuscosinus

Satz 9.11 *Die Funktion $f :\mapsto f(x) = arccos(x)$ hat die Ableitung*

$$\frac{d}{dx} arccos(x) = -\frac{1}{\sqrt{1-x^2}}$$

Beweis: Auf die Darstellung

$$y = arccos(x)$$

wird auf beide Seiten die Kosinus-Funktion angewandt

$$cos(y) = cos(arccos(x)) = x$$

und anschließend differenziert

$$-y' sin(y) = 1 \;\Rightarrow\; y' = -\frac{1}{sin(y)} = -\frac{1}{\sqrt{1 - cos^2(y)}} = -\frac{1}{\sqrt{1-x^2}}$$

Hier ergibt sich die Möglichkeit einer kleinen Variante, wenn von der Darstellung

$$y = arccos(x) = \frac{\pi}{2} - arcsin(x)$$

ausgegangen wird, welche über die Ableitung sofort die Behauptung ergibt.

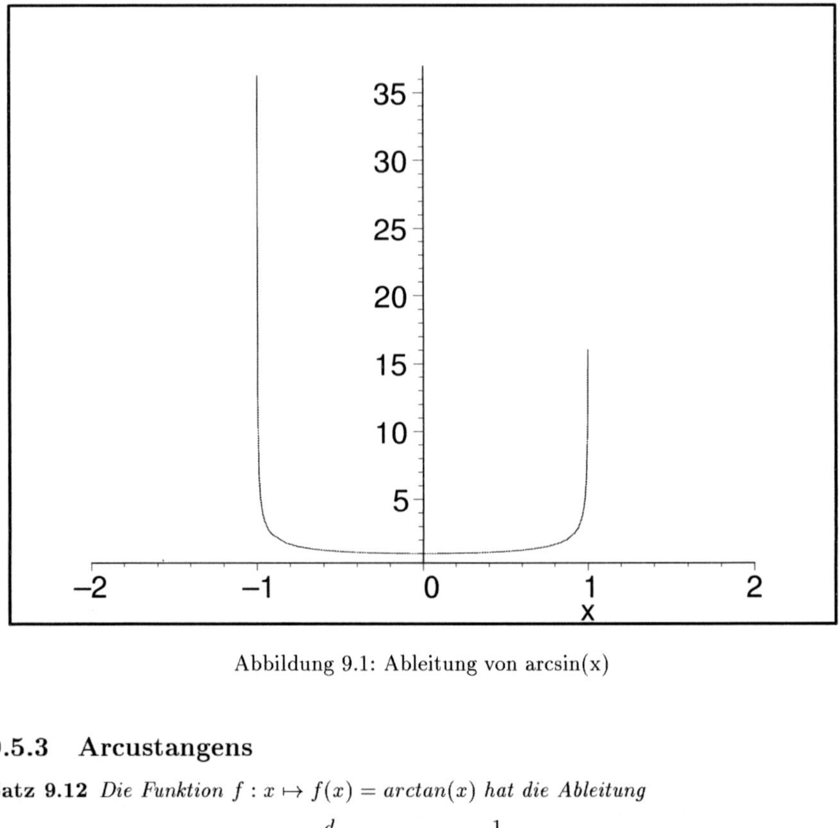

Abbildung 9.1: Ableitung von arcsin(x)

9.5.3 Arcustangens

Satz 9.12 *Die Funktion* $f : x \mapsto f(x) = arctan(x)$ *hat die Ableitung*

$$\frac{d}{dx} arctan(x) = \frac{1}{1+x^2}$$

Beweis: Die Funktion

$$y = arctan(x)$$

liefert durch beidseitiges Anwenden der Tangens-Funktion

$$tan(y) = tan(arctan(x)) = x$$

was durch anschließende Differentiation die Behauptung ergibt

$$y'(1 + tan^2(y)) = 1 \Rightarrow y' = \frac{1}{1 + tan^2(y)} = \frac{1}{1+x^2}$$

9.5.4 Arcuscotangens

Satz 9.13 *Die Funktion* $f : x \mapsto f(x) = arccot(x)$ *hat die Ableitung*

$$\frac{d}{dx} arccot(x) = -\frac{1}{1+x^2}$$

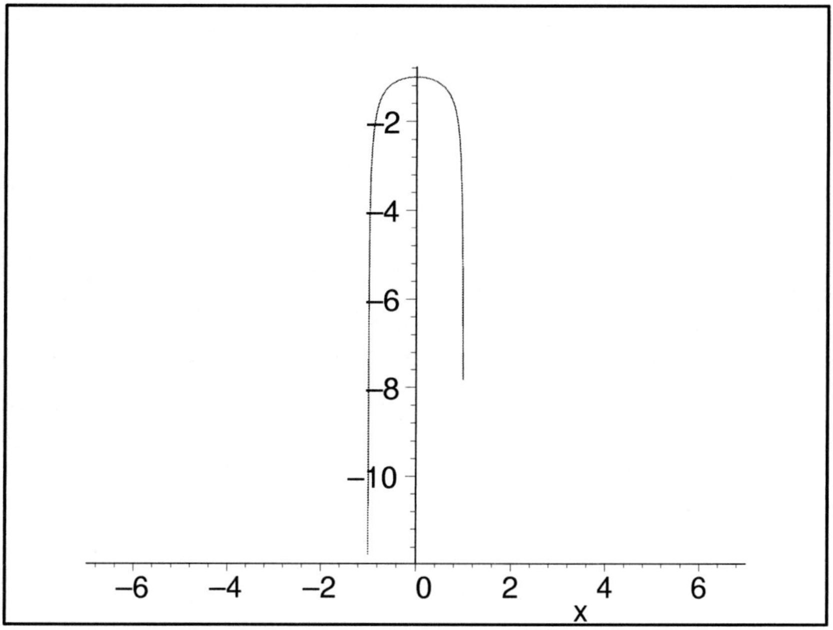

Abbildung 9.2: Ableitung von arccos(x)

Beweis: Auf die Funktion

$$y = arccot(x)$$

werde beidseitig die Kotangens-Funktion angewandt

$$cot(y) = cot(arccot(x)) = x$$

und durch anschließende Differentiation beider Seiten ergibt sich die Behauptung

$$-y'(1 + cot^2(y)) = 1 \Rightarrow y' = -\frac{1}{1 + cot^2(y)} = -\frac{1}{1 + x^2}$$

Hier kann, wie bei der Kosinus-Funktion, eine Variante des Beweises angegeben werden, wenn von der Umformung

$$y = arccot(x) = \frac{\pi}{2} - arctan(x)$$

ausgegangen wird. Die Differentiation liefert die Behauptung.

Bemerkung 9.1

(1) *Arcussinus und Arcustangens sind streng monoton wachsend*

(2) *Arcuscosinus und Arcustangens sind streng monoton fallend*

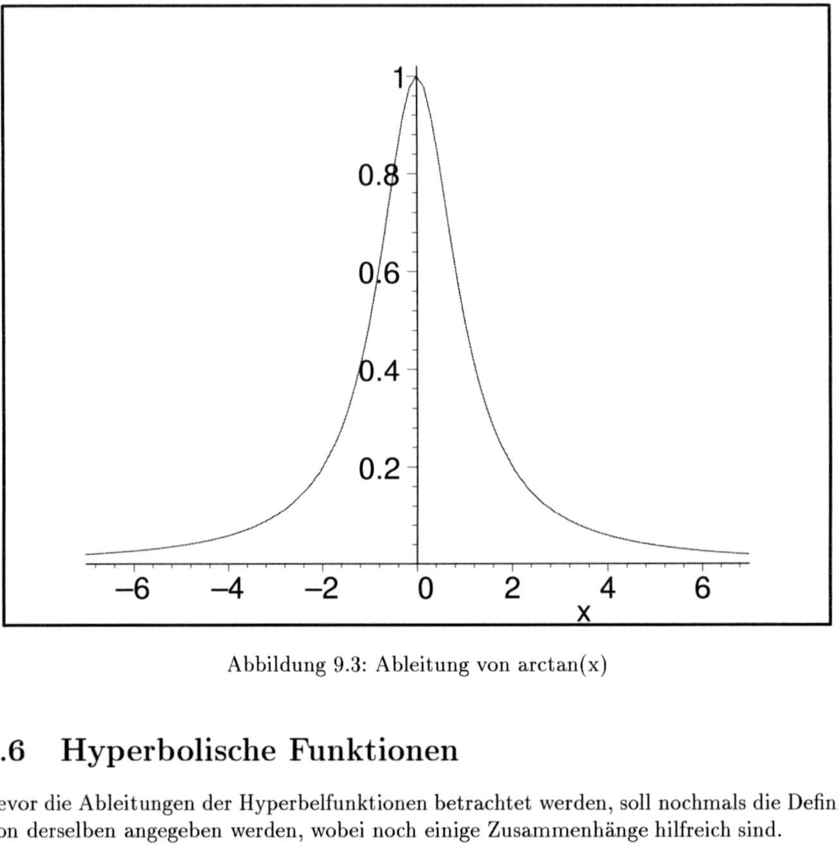

Abbildung 9.3: Ableitung von arctan(x)

9.6 Hyperbolische Funktionen

Bevor die Ableitungen der Hyperbelfunktionen betrachtet werden, soll nochmals die Definition derselben angegeben werden, wobei noch einige Zusammenhänge hilfreich sind.

Definition 9.1 *(Hyperbolische Funktionen)*

$$sinh(x) := \frac{1}{2}\left(e^x - e^{-x}\right) \qquad cosh(x) := \frac{1}{2}\left(e^x + e^{-x}\right)$$

$$tanh(x) := \frac{e^x - e^{-x}}{e^x + e^{-x}} \qquad coth(x) := \frac{e^x + e^{-x}}{e^x - e^{-x}}$$

Es gelten noch die folgenden Zusammenhänge.

Bemerkung 9.2

(1) $cosh^2(x) - sinh^2(x) = 1$

(2) $\frac{1}{cosh^2(x)} = 1 - tanh^2(x)$

(3) $1 - coth^2(x) = -\frac{1}{sinh^2(x)}$

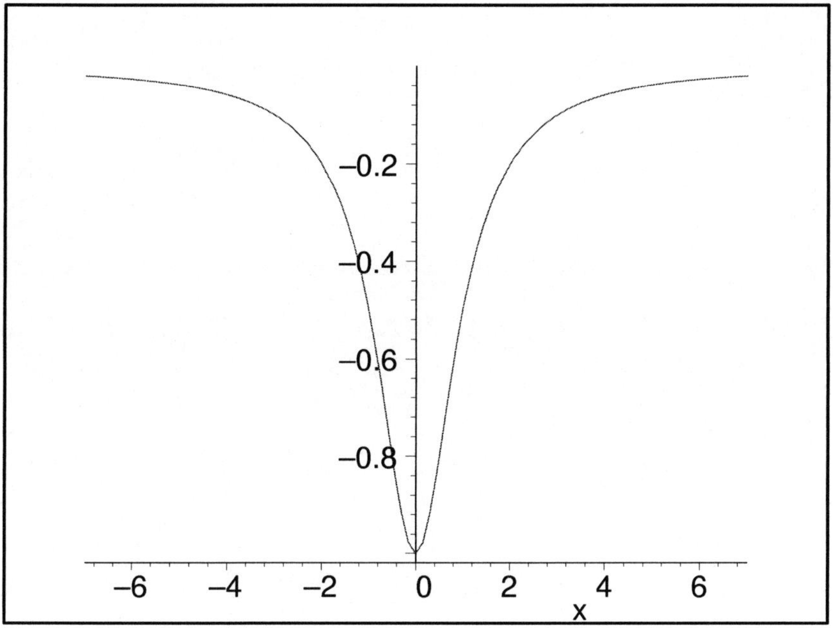

Abbildung 9.4: Ableitung von arccot(x)

Satz 9.14

$$\frac{d}{dx}sinh(x) = cosh(x)$$

Beweis: Es gilt über die Definition

$$\frac{d}{dx}sinh(x) = \frac{d}{dx}\left(\frac{1}{2}\left(e^x - e^{-x}\right)\right) = \frac{1}{2}\left(e^x + e^{-x}\right) = cosh(x)$$

Satz 9.15

$$\frac{d}{dx}cosh(x) = sinh(x)$$

Beweis: Es gilt über die Definition

$$\frac{d}{dx}cosh(x) = \frac{d}{dx}\left(\frac{1}{2}\left(e^x + e^{-x}\right)\right) = \frac{1}{2}\left(e^x - e^{-x}\right) = sinh(x)$$

Satz 9.16

$$\frac{d}{dx}tanh(x) = 1 - tanh^2(x) = \frac{1}{cosh^2(x)}$$

Beweis: Es gilt

$$\frac{d}{dx}tanh(x) = \frac{d}{dx}\left(\frac{e^x - e^{-x}}{e^x + e^{-x}}\right) = \frac{d}{dx}\left(\frac{sinh(x)}{cosh(x)}\right) = \frac{cosh^2(x) - sinh^2(x)}{cosh^2(x)} =$$

$$= 1 - tanh^2(x) = \frac{1}{cosh^2(x)}$$

Satz 9.17

$$\frac{d}{dx}coth(x) = 1 - coth^2(x)$$

Beweis: Es gilt

$$\frac{d}{dx}coth(x) = \frac{d}{dx}\left(\frac{e^x + e^{-x}}{e^x - e^{-x}}\right) = \frac{d}{dx}\left(\frac{cosh(x)}{sinh(x)}\right) = -\frac{1}{sinh^2(x)} =$$

$$= 1 - coth^2(x)$$

Beispiel 9.6.1

Die Produktfunktion

$$f(x) = sinh(2x) \cdot cosh(2x)$$

hat die Ableitung

$$f'(x) = 2\ cosh^2(2x) + 2\ sinh^2(x) = 2cosh(4x)$$

9.7 Areafunktionen

Die Hyperbelfunktionen sind umkehrbar und ihre Umkehrfunktionen heißen Areafunktionen[1]

Satz 9.18

$$\frac{d}{dx}arcsinh(x) = \frac{1}{\sqrt{x^2+1}}$$

Beweis: Es sei

$$y = arsinh(x)$$

dann ergibt sich durch beidseitige Anwendung der Sinushyperbolicus-Funktion

$$sinh(y) = sinh(arsinh(x)) = x$$

Die Ableitung auf beiden Seiten liefert

$$y'\,cosh(y) = 1 \;\Rightarrow\; y' = \frac{1}{cosh(y)} = \frac{1}{\sqrt{x^2+1}}$$

Mit $cosh(y) \geq 1 > 0$ ergibt sich

$$cosh(y) = \sqrt{sinh^2(y)+1} = \sqrt{x^2+1}$$

Satz 9.19

$$\frac{d}{dx}arccosh(x) = \frac{1}{\sqrt{x^2-1}}$$

Beweis: Auf die Funktion

$$y = arcosh(x)$$

wird beidseitig die Kosinushyperbolicus-Funktion angewandt und anschließend abgeleitet

$$cosh(y) = x \;\Rightarrow\; y'\,sinh(y) = 1 \;\Rightarrow\; y' = \frac{1}{sinh(y)}$$

Wegen $y \geq 0$ gilt $sinh(y) \geq 0$, also

$$y' = \frac{1}{\sqrt{cosh^2(y)-1}} = \frac{1}{\sqrt{x^2-1}}$$

[1] area (lat.)= Fläche

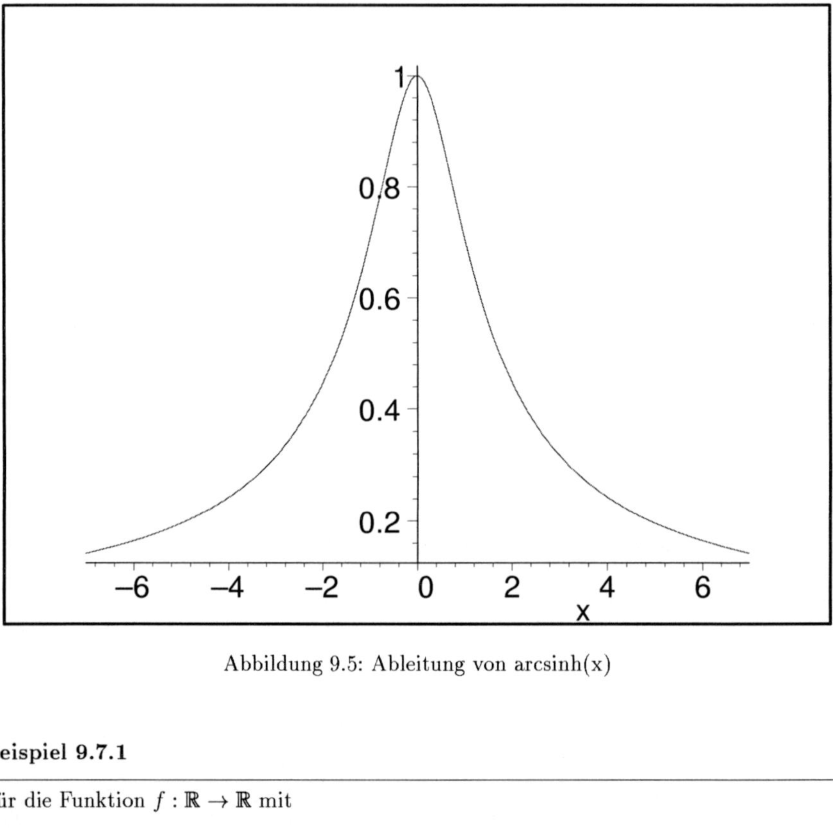

Abbildung 9.5: Ableitung von arcsinh(x)

Beispiel 9.7.1

Für die Funktion $f : \mathbb{R} \to \mathbb{R}$ mit

$$f : x \mapsto f(x) = arcosh\left(\sqrt{x^2+1}\right)$$

ergibt sich für die Ableitung

$$f'(x) = \frac{2x}{\sqrt{x^2}\,2\sqrt{x^2+1}} = \frac{x}{\mid x \mid \sqrt{x^2+1}} =$$

$$= \begin{cases} \frac{1}{\sqrt{x^2+1}} & \text{für } \; x > 0, \text{ da } \mid x \mid = x \text{ für } x > 0 \\ & \text{für } x = 0 \text{ nicht differenzierbar} \\ -\frac{1}{\sqrt{x^2+1}} & \text{für } \; x < 0 \text{ da } \mid x \mid = -x \text{ für } x < 0 \end{cases}$$

Satz 9.20

$$\frac{d}{dx} arctanh(x) = \frac{1}{x^2-1} \quad \textit{für} \quad \mid x \mid < 1$$

Beweis: Die beidseitige Anwendung der Tangenshyperbolicus-Funktion auf

$$y = artanh(x)$$

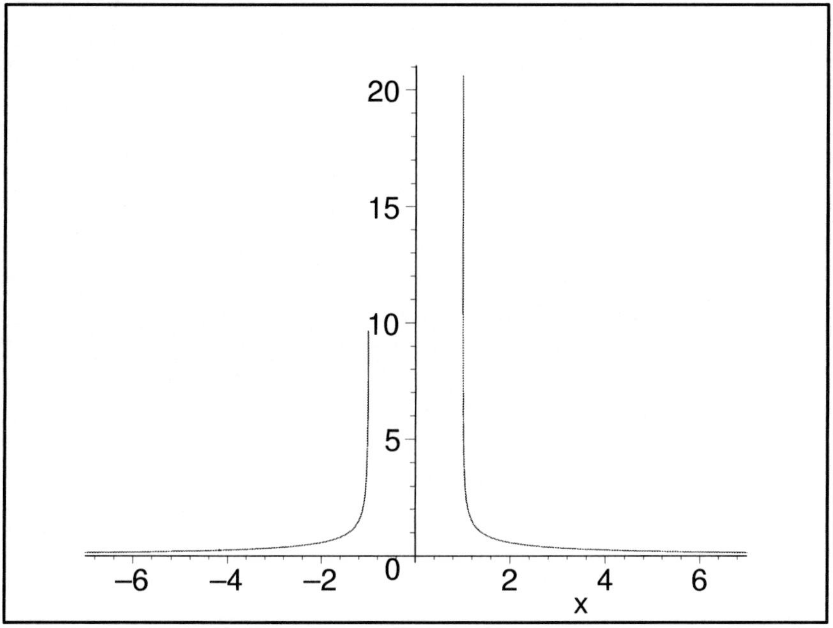

Abbildung 9.6: Ableitung von arccosh(x)

und die anschließende Ableitung liefert

$$tanh(y) = x \;\Rightarrow\; y'(1 - tanh^2(y)) = 1 \;\Rightarrow\; y' = \frac{1}{1 - tanh^2(y)} = \frac{1}{1 - x^2}$$

Beispiel 9.7.2

Für die Funktion $f : \mathbb{R} \to \mathbb{R}$ mit

$$f : x \mapsto f(x) = artanh\left(\frac{x}{3}\right)$$

ergibt sich die Ableitung zu

$$f'(x) = \frac{1}{9 - x^2}$$

Satz 9.21

$$\frac{d}{dx} arccoth(x) = \frac{1}{x^2 - 1} \quad für \quad |\, x \,| > 1$$

Beweis: In vollständiger Analogie zu den obigen Beweisen ergibt sich

$$y = arcoth(x) \;\Rightarrow\; coth(y) = x \;\Rightarrow\; y'(1 - coth^2(y)) = 1 \;\Rightarrow\; y' = \frac{1}{1 - coth^2(y)} = \frac{1}{1 - x^2}$$

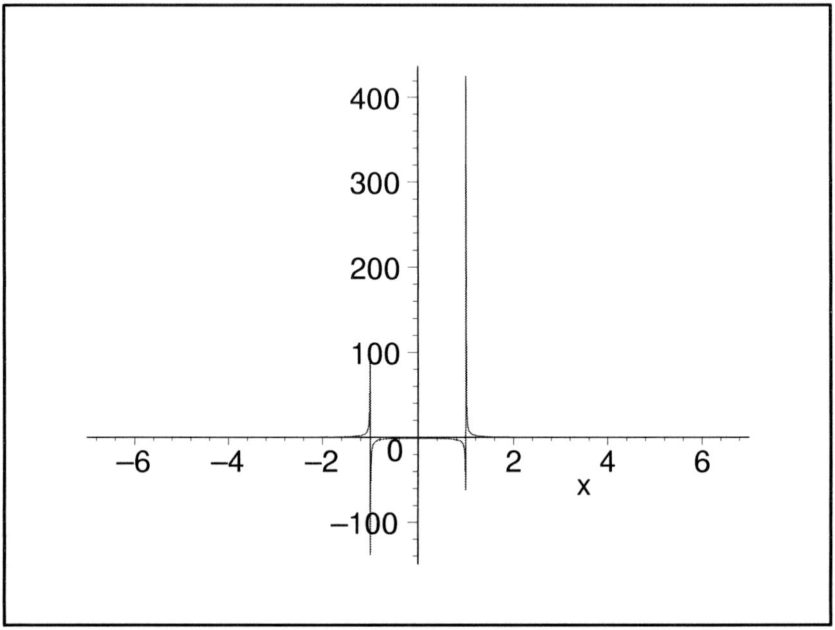

Abbildung 9.7: Ableitung von arctanh(x)

9.8 Logarithmische Ableitung

Bei der Methode der logarithmischen Ableitung geht man zunächst von der folgenden Funktion

$$y = f(x) = a^x \quad (a > 0)$$

aus, wobei es sich bei a um die Basis und bei x um die Variable handelt. Letztere steht hier im Exponenten, wo sich vorher nur rationale Zahlen $n \in \mathbb{Q}$ befunden haben. Eine analoge Vorgehensweise gelingt nicht, so daß auf eine andere Methode zurückgegriffen werden muß. Es bietet sich an, beide Seiten der Gleichung

$$y = a^x \quad (a > 0)$$

zur Basis e zu logarithmieren und danach abzuleiten. Damit erhält man

$$ln(y) = ln(a^x) = x \cdot ln(a)$$

wobei zu berücksichtigen ist, daß y eigentlich eine Funktion von x ist, also y(x) und somit über die Kettenregel eine Nachdifferentiation erforderlich macht.

$$\frac{y'}{y} = 1 \cdot ln(a) = ln(a)$$

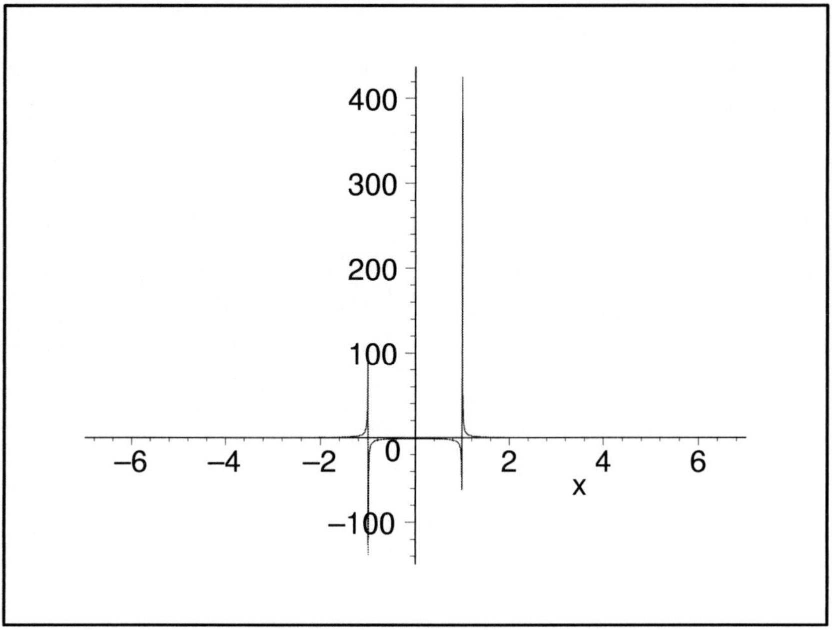

Abbildung 9.8: Ableitung von arccoth(x)

Dies führt zu

$$y' = y \cdot ln(a) = a^x \cdot ln(a)$$

Für die Verallgemeinerung werde die differenzierbare Funktion

$$y = f(x) = u^v$$

mit $u = \varphi(x)$ und $v = \psi(x)$ betrachtet. Dabei handelt es sich um die Basis u, welche eine Funktion von x darstellt und den Exponenten v, welcher auch eine Funktion von x ist. Analog wird die allgemeine Vorgehensweise in zwei Schritten durchgeführt, d.h.

1. Schritt: Die Funktion

$$y = f(x) = u^v$$

wird zur Basis e logarithmiert, d.h.

$$ln(y) = v \cdot ln(u)$$

2. Schritt: Die Differentiation dieser Gleichung liefert

$$\frac{y'}{y} = v' \cdot ln(u) + v \cdot \frac{1}{u}u' \Rightarrow y' = y\left[v' \cdot ln(u) + \frac{u'v}{u}\right] = u^v\left[v' \cdot ln(u) + \frac{u'v}{u}\right] =$$

$$= u^{v-1}\left[uv'ln(u) + u'v\right]$$

Damit ist eine Methode aufgezeigt, welche es erlaubt, diesen unterschiedlichen Funktionstyp zu differenzieren. Am folgenden Beispiel wird das Vorgehen vertieft und es zeigt sich, daß die abgeleitete Funktion in der Ableitung nochmals vorkommt.

Beispiel 9.8.1

$$y = f(x) = x^{x\cos(x)} \Rightarrow \ln(y) = x\,\cos(x)\,\ln(x) \Rightarrow$$

$$\Rightarrow y' = y\left[1 \cdot \cos(x)\ln(x) + x(-\sin(x))\ln(x) + x\cos(x)\,\frac{1}{x}\right] =$$

$$= x^{x\cos(x)}\left[\cos(x)\ln(x) - x\sin(x)\ln(x) + \cos(x)\right]$$

9.9 Implizite Funktionen und ihre Ableitung

Betrachtet wird die Funktion

$$f : x \mapsto f(x) = \sqrt[4]{\frac{x^2 + 2x}{2\pi - x}}$$

mit der Umformung

$$f : x \mapsto f(x) = \sqrt[4]{\frac{x^2 + 2x}{2\pi - x}} \quad \wedge \quad (2\pi - x)^2 y^4 - (x^2 + 2x) = 0$$

Bemerkung 9.3 *Zu beachten ist, daß es sich um Folgeumformungen handelt, welche jedoch keine Äquivalenzumformungen sind.*

Bemerkung 9.4

(1) *Durch die obige Gleichung wird in $\mathbb{R} \times \mathbb{R}$ eine Relation (keine Funktion) festgelegt.*

(2) *Die Gleichung ist eine* ***algebraische Gleichung*** *in zwei Variablen, d.h. $F(x, y) = 0$*

(3) *Funktionen, die durch Wurzelterme festgelegt werden, heißen* ***algebraische Funktionen****.*

Beispiel 9.9.1

Betrachtet werde die Relation $\mathbb{R} \times \mathbb{R}$ mit

$$(x^2 + 1)y^2 - (x - 1) = 0 = F(x, y)$$

Die Zusatzbedingung $y \geq 0$ liefert eine Funktion, d.h.

$$y^2 = \frac{x - 1}{x^2 + 1} \wedge y \geq 0 \Leftrightarrow y = \sqrt{\frac{x - 1}{x^2 + 1}}$$

Unter Heranziehen von Kenntnissen aus der Theorie mehrerer Variabler ergibt sich mit partiellen Ableitungen der folgende Zusammenhang:

Satz 9.22 *Ist die Funktion F(x,y) in einem Gebiet $E \subseteq \mathbb{R}$ stetig differenzierbar und existiert eine in (a,b) definierte Funktion y=f(x), so daß für alle $x \in (a, b)$ die Gleichung F(x,f(x))=0 erfüllt ist*[2]*, dann ist f in (a,b) differenzierbar, und es gilt:*

$$\forall\, x \in (a, b) : \ \frac{\partial}{\partial x} F(x, f(x)) + \frac{\partial}{\partial y} F(x, f(x)) \frac{d}{dx} f(x) = 0$$

Ist darüber hinaus noch

$$\frac{\partial}{\partial y} F(x, f(x)) \neq 0$$

so folgt:

$$\frac{d}{dx} f(x) = -\frac{\frac{\partial}{\partial x} F(x, f(x))}{\frac{\partial}{\partial y} F(x, f(x)}$$

---

[2]Man sagt in diesem Fall, daß f implizit durch F(x,y) gegeben ist.

Definition 9.2 *(Algebraische Funktion)*
Eine Funktion f heißt eine algebraische Funktion oder implizite Funktion genau dann, wenn sie durch eine Gleichung der Form

$$f_n(x)y^n + f_{n-1}(x)y^{n-1} + \ldots + f_1(x)y + f_0(x) = 0 = F(x,y)$$

mit geeigneten Zusatzbedingungen festgelegt ist. Hierbei bezeichnen $f_k(x)$ für $k=0,1,\ldots,n$ Polynome beliebigen Grades.

Beispiel 9.9.2

Betrachtet werde die Kreisgleichung

$$x^2 + y^2 = 1$$

welche sich in impliziter Form, wie folgt, darstellen läßt

$$F(x,y) = x^2 + y^2 - 1 = 0$$

Hieraus ergibt sich mittels Auflösen nach y

$$y = \pm\sqrt{1-x^2} \text{ für } -1 \leq x \leq 1$$

Die Differentiation über die Kettenregel liefert

$$y' = \frac{d}{dx}\left(\pm\sqrt{1-x^2}\right) = \mp\frac{x}{\sqrt{1-x^2}}$$

Es kann der Fall auftreten, was an sich sehr häufig vorkommt, daß das Auflösen der Funktionsgleichung F(x,y)=0 nicht möglich ist, oder nur mit sehr großem Aufwand bewerkstelligt werden kann, und dennoch soll die Ableitung der Funktion bestimmt werden. Dies erfordert eine neue Methode, die implizite Differentiation, welche im Weiteren vorgestellt werden soll. Der nächste Satz gibt hierüber Auskunft.

Satz 9.23 *Der Anstieg einer in **impliziter Form** F(x,y)=0 dargestellten Funktionskurve läßt sich folgendermaßen bestimmen:*

(1) $\frac{d}{dx}F(x,y)$, *wobei der Funktionszusammenhang y(x) zu beachten ist. Die Kettenregel kommt zur Anwendung, d.h. Nachdifferentiation.*

(2) $y' = \frac{dy}{dx}$ *führt zur gesuchten Ableitung, d.h. Steigung der Tangente.*

Beispiel 9.9.3

Für die implizite Funktion

$$F(x,y) = 2y^3 + 6x^3 - 24x + 6y = 0$$

welche offensichtlich keine Auflösung nach $y = f(x)$ zuläßt, wird die Steigung der Tangente in den Schnittpunkten der Kurve mit der x-Achse bestimmt. Die Vorgehensweise geschieht auf dem folgenden Wege: Schnittpunkt, implizite Differentiation und Steigungen.

1. Schnittpunkte: Die Schnittpunkte mit der x-Achse ergeben sich für $y = 0$

$$F(x,0) = 6x^3 - 24x = 0 \;\Rightarrow\; 6x(x^2-4) = 0 \;\Rightarrow\; x_1 = 0,\;\; x_2 = +2\;{}_3 = -2$$

$$\Rightarrow\; S_1(0 \mid 0);\;\; S_2(2 \mid 0);\;\; s_3(-2 \mid 0)$$

2. Implizite Differentiation:

$$\frac{d}{dx}F(x,y) = \frac{d}{dx}(2y^3 + 6x^3 - 24x + 6y) = 6y^2y' + 18x^2 - 24 + 6y' = 0$$

$$\Rightarrow (6y^2+6)y' = 24 - 18x^2) \Rightarrow y' = \frac{24-18x^2}{6y^2+6} = \frac{4-3x^2}{y^2+1}$$

3. Steigungen:

$$m_1 = y'(S_1(0 \mid 0)) = \frac{4-3\cdot 0}{0+1} = 4 \Rightarrow m_1 = 4$$

$$m_2 = y'(S_2(2 \mid 0)) = \frac{4-3\cdot 4}{0+1} = -8 \Rightarrow m_2 = -8$$

$$m_3 = y'(S_1(-2 \mid 0)) = \frac{4-3\cdot 0}{0+1} = -8 \Rightarrow m_2 = -8$$

Beispiel 9.9.4

Durch die implizite Funktion

$$F(x,y) = x^2 + y^2 - 1 = 0$$

werde der Einheitskreis dargestellt. Es soll im Folgenden die Steigung im Punkt $P_0(x_0 \mid y_0)$ bestimmt werden, wozu zunächst die implizite Differentiation ausgeführt wird

$$\frac{d}{dx}F(x,y) = \frac{d}{dx}(x^2 + y^2 - 1) = 2x + 2yy' = 0 \Rightarrow y' = -\frac{x}{y}$$

Hieraus kann die Steigung gewonnen werden

$$m = y'(P(x_0 \mid y_0)) = -\frac{x_0}{y_0}$$

Es ergibt sich eine spezielle Steigung für den Punkt P_0 mit

$$P_0\left(\frac{1}{2}\sqrt{2} \mid 12\sqrt{2}\right) \Rightarrow y'(P_0) = -1 = m_0$$

Bemerkung 9.5 *Bei der Betrachtung von Funktionen mit mehreren Variablen wird das Thema nochmals, allerdings unter einem anderen Aspekt, angesprochen werden.*

9.10 Ableitungsfunktionen

Zur Vertiefung und auch zur Wiederholung werden im Folgenden die Ableitungen einiger Funktionen ausführlich dargestellt, da die Technik des Differenzierens, auch wenn dies vom Prinzip her einfach zu sein scheint, nur durch ein gewisses Maß an Übung vertieft werden kann.

(1) Die Funktion $f : \mathbb{R} \to \mathbb{R}$

$$f : x \mapsto f(x) = \frac{sin(x^2)}{2x+1}$$

hat die Ableitungsfunktion $f' : \mathbb{R} \to \mathbb{R}$ mit

$$\begin{aligned} f' : x \mapsto f'(x) &= \frac{(2x+1)[sin(x^2)]' - sin(x^2) \cdot (2x+1)'}{(2x+1)'} = \\ &= \frac{(2x+1)cos(x^2) \cdot 2x - sin(x^29 \cdot 2}{(2x+1)^2} = \\ &= \frac{4x^2cos(x^2) + 2xcos(x^2) - 2sin(x^2)}{(2x+1)^2} \end{aligned}$$

(2) Die Funktion $f : \mathbb{R} \to \mathbb{R}$

$$f : x \mapsto f(x) = cot(x) + \frac{1}{x}$$

hat die Ableitungsfunktion $f' : \mathbb{R} \to \mathbb{R}$ mit

$$f' : x \mapsto f'(x) = -\frac{1}{sin^2(x)} + (-1)x^{-1-1} = -\frac{1}{sin^2(x)} - \frac{1}{x^2} = \frac{-x^2 - sin^2(x)}{x^2sin^2(x)}$$

(3) Die Funktion $f : \mathbb{R} \to \mathbb{R}$

$$f : x \mapsto f(x) = sin(3x-1)\sqrt{x^2+1}$$

hat die Ableitungsfunktion $f' : \mathbb{R} \to \mathbb{R}$ mit

$$\begin{aligned} f' : x \mapsto f'(x) &= cos(3x-1) \cdot 3 \cdot \sqrt{x^2+1} + sin(3x-1) \cdot \frac{1}{2\sqrt{x^2+1}} \cdot 2x = \\ &= 3\,cos(3x-1)\sqrt{x^2+1} + \frac{xsin(3x-1)}{\sqrt{x^2+1}} \end{aligned}$$

(4) Die Funktion $f : \mathbb{R} \to \mathbb{R}$

$$f : x \mapsto f(x) = \sqrt{x^3 + \frac{2x^2}{\sqrt{x}}}$$

hat die Ableitungsfunktion $f' : \mathbb{R} \to \mathbb{R}$ mit

$$
\begin{aligned}
f' : x \mapsto f'(x) &= \frac{1}{2\sqrt{x^3 + \frac{2x^2}{\sqrt{x}}}} \left[3x^2 + \frac{\sqrt{x}\cdot 4x - 2x^2 \cdot \frac{1}{2\sqrt{x}}}{x}\right] = \\
&= \frac{1}{2\sqrt{x^3 + \frac{2x^2}{\sqrt{x}}}} \left[3x^2 + \frac{4x\sqrt{x} - \frac{x^2}{\sqrt{x}}}{x}\right] = \\
&= \frac{1}{2\sqrt{x^3 + \frac{2x^2}{\sqrt{x}}}} \left[3x^2 + 4\sqrt{x} - \frac{x}{\sqrt{x}}\right] = \\
&= \frac{1}{2\sqrt{x^3 + \frac{2x^2}{\sqrt{x}}}} \left[\frac{3x^2\sqrt{x} + 4x - x}{\sqrt{x}}\right] = \\
&= \frac{3x^2\sqrt{x} + 3x}{2\cdot\sqrt{x^3x + \frac{2x^3}{\sqrt{x}}}} = \frac{3x^2\sqrt{x} + 3x}{2\cdot\sqrt{\frac{x^4\sqrt{x}+2x^3}{\sqrt{x}}}} = \\
&= \left[3x^2\sqrt{x} + 3x\right]\cdot\sqrt{\frac{\sqrt{x}}{x^2(x^2\sqrt{x} + 2x)}}\cdot\frac{1}{2} = \\
&= 3x(x\sqrt{x} + 1)\cdot\frac{1}{2}\cdot\frac{1}{x}\cdot\sqrt{\frac{\sqrt{x}}{x^2(x^2\sqrt{x} + 2x)}} = \\
&= \frac{3}{2}\left(x\sqrt{x} + 1\right)\sqrt{\frac{\sqrt{x}}{x^2\sqrt{x} + 2x}}
\end{aligned}
$$

(5) Die Funktion $f : \mathbb{R} \to \mathbb{R}$

$$f : x \mapsto f(x) = \frac{sin(x)}{1 + cos(x)}$$

hat die Ableitungsfunktion $f' : \mathbb{R} \to \mathbb{R}$ mit

$$
\begin{aligned}
f' : x \mapsto f'(x) &= \frac{[1 + cos(x)]cos(x) - sin(x)[-sin(x)]}{[1 + cos(x)]^2} = \frac{cos(x) + cos^2(x) + sin^2(x)}{[1 + cos(x)]^2} = \\
&= \frac{1 + cs(x)}{[1 + cos(x)]^2} = \\
&= \frac{1}{cos(x) + 1}
\end{aligned}
$$

Es kann noch

$$f(0) = \frac{sin(0)}{1 + cos(0)} = \frac{0}{2} = 0$$

und

$$f'(0) = \frac{1}{2}$$

bestimmt werden.

(6) Die Funktion $f : \mathbb{R} \to \mathbb{R}$

$$f : x \mapsto f(x) = \frac{x + x^2 + x^3}{1 + x + x^2}$$

hat die Ableitungsfunktion $f' : \mathbb{R} \to \mathbb{R}$ mit

$$\begin{aligned}
f'(x) &= \frac{(1 + x + x^2)(1 + 2x + 3x^2) - (x + x^2 + x^3)(1 + 2x)}{(1 + x + x^2)^2} = \\
&= \frac{1 + x + x^2 + 2x + 2x^2 + 2x^3 + 3x^2 + 3x^3 + 3x^4 - (x + x^2 + x^3 + 2x^2 + 2x^3 + 2x^4)}{(1 + x + x^2)^2} \\
&= \frac{1 + 3x + 6x^2 + 5x^3 + 3x^4 - x - 3x^2 - 3x^3 - 2x^4}{(1 + x + x^2)^2} = \\
&= \frac{1 + 2x + 3x^2 + 2x^3 + x^4}{(1 + x + x^2)^2} = \\
&= \frac{1 + 2x + 3x^2 + 2x^3 + x^4}{(1 + x + x^2)^2}
\end{aligned}$$

Jetzt $f(0) = 0$ und f'(0)=1

(7) Die Funktion $f : \mathbb{R} \to \mathbb{R}$

$$f : x \mapsto f(x) = \sqrt{x^3}\, cos(x) + 3\, sin(x) + 3$$

hat die Ableitungsfunktion $f' : \mathbb{R} \to \mathbb{R}$ mit

$$\begin{aligned}
f' : x \mapsto f'(x) &= \frac{1}{2\sqrt{x}} \cdot 3x^2 \cdot cos(x) - sin(x) \cdot x\sqrt{x} + 3 = \\
&= \frac{3x^2}{2x\sqrt{x}} cos(x) - x\sqrt{x} sin(x) + 3cos(x) = \\
&= \frac{3x}{2\sqrt{x}} cos(x) - x\sqrt{x} sin(x) + 3cos(x) = \\
&= \frac{3x\sqrt{x}}{2x} cos(x) - x\sqrt{x} sin(x) + 3cos(x) = \\
&= \frac{3}{2}\, x\sqrt{x}\, cos(x) - x\sqrt{x}\, sin(x) + 3\, cos(x)
\end{aligned}$$

(8) Die Funktion $f : \mathbb{R} \to \mathbb{R}$

$$f : x \mapsto f(x) = \frac{tan(x)}{\sqrt{x}\, sin(x)}$$

hat die Ableitungsfunktion $f' : \mathbb{R} \to \mathbb{R}$ mit

$$\begin{aligned}
f' : x \mapsto f'(x) &= \frac{\sqrt{x} sin(x) \cdot \frac{1}{cos^2(x)} - tan(x) \cdot \left[\frac{1}{2\sqrt{x}} sin(x) + \sqrt{x} cos(x)\right]}{x \cdot sin^2(x)} = \\
&= \frac{1}{x \cdot sin^2(x)} \left[\frac{\sqrt{x} tan(x)}{cos(x)} - \frac{tan(x) sin(x)}{2\sqrt{x}} - \sqrt{x} sin(x)\right] = \\
&= \frac{\sqrt{x} tan(x)}{x sin^2(x) cos(x)} - \frac{tan(x)}{2x\sqrt{x} sin(x)} - \frac{\sqrt{x}}{x sin(x)} = \\
&= \frac{\sqrt{x} \frac{sin(x)}{cos(x)}}{x sin^2(x) cos(x)} - \frac{\frac{sin(x)}{cos(x)}}{2x\sqrt{x} sin(x)} - \frac{\sqrt{x}}{x sin(x)} = \\
&= \frac{\sqrt{x} sin(x)}{cos(x) x sin^2(x) cos(x)} - \frac{sin(x)}{cos(x) 2x\sqrt{x} sin(x)} - \frac{\sqrt{x}}{x sin(x)} = \\
&= \frac{\sqrt{x}}{cos^2(x) sin(x)} - \frac{1}{2x\sqrt{x} cos(x)} - \frac{\sqrt{x}}{x sin(x)} = \\
&= \frac{\sqrt{x}}{cos^2(x) sin(x)} - \frac{\sqrt{x}}{2x^2 cos(x)} - \frac{\sqrt{x}}{x sin(x)} = \\
&= \frac{2x^2\sqrt{x} - \sqrt{x}\, cos(x) sin(x) - \sqrt{x}\, 2cos^2(x)}{2x^2 cos^2(x) sin(x)}
\end{aligned}$$

Kapitel 10

Mittelwertsatz der Differentialrechnung

10.1 Der Satz von Rolle

Betrachtet werde eine Funktion $f : \mathbb{R} \to \mathbb{R}$ mit den Eigenschaften des Funktionsgraphen

$$f(a) = f(b) = 0 \quad f'(x_0) = 0$$

d.h. an beiden Rändern des Definitionsbereiches hat die Funktion eine Nullstelle und an der Stelle x_0, wo ein Extremum (Maximum) vorliegt, ist die Ableitung gleich Null.

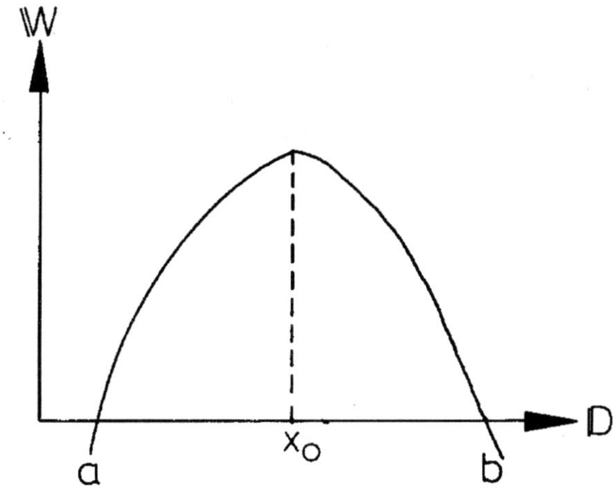

Abbildung 10.1: Funktionsgraph f(a)=f(b)=0

Für die Randstellen a und b gilt: $f(a) = f(b) = c$ mit $c \in \mathbb{R}$. Es gibt zwei Stellen x_1, x_2 mit: $f'(x_1) = f'(x_2) = 0$

Satz 10.1 *(Satz von Rolle[1])*
Ist eine Funktion f differenzierbar in einem Intervall [a,b] und gilt f(a)=f(b)=c mit $c \in \mathbb{R}$, so gibt es wenigstens eine Stelle $x_0 \in (a,b)$, so daß gilt: $f'(x_0) = 0$

Beweis: Zunächst sind zwei Fälle zu unterscheiden, nämlich $f(x) = c$ und $f(x) \neq c$, d.h.

1. Fall: $\forall\, x \in [a,b] : f(x) = c$ liefert für jedes $x \in]a,b[$ gilt: $f'(x) = 0$ und

2. Fall: $x \in [a,b]$ mit $f(x) \neq c$ liefert für f in $[a,b]$ ein Maximum M als auch ein Minimum m. Für $M \neq c$ oder $m \neq c$ gibt es wenigstens eine Zahl und daher nur eine Stelle $x_0 \in [a,b]$, woraus folgt, daß f an x_0 ein lokales Extremum hat, woraus wiederum folgt, daß $f'(x_0) = 0$ q.e.d.

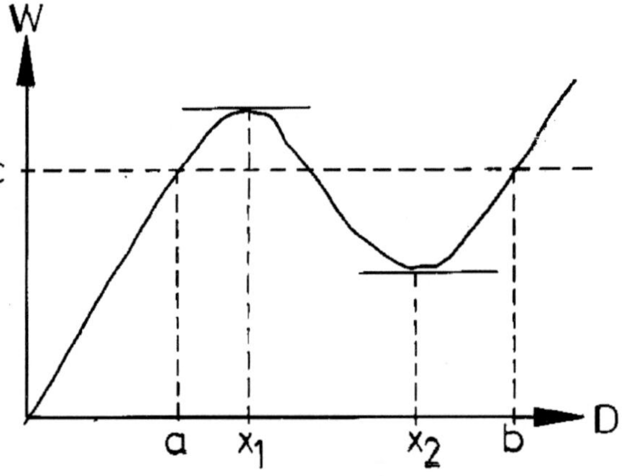

Abbildung 10.2: Satz von Rolle

[1]Michel Rolle (21.04.1652 - 08.11.1719)

10.2 Mittelwertsatz der Differentialrechnung

Im Weiteren wird der Mittelwertsatz der Differentialrechnung, wobei anzumerken ist, daß es auch einen Mittelwertsatz der Integralrechnung gibt, welcher später angesprochen wird, betrachtet.

Die Funktion f habe im abgeschlossenen Intervall [a,b] die Sekantensteigung

$$m_S = \frac{f(b) - f(a)}{b - a}$$

Es liegt die Differenzierbarkeit von f in [a,b] vor, woraus folgt, daß ein $x_0 \in (a, b)$ existiert, daß die Tangente in $P(x_0, f(x_0))$ parallel zur Sekante durch $P_a(a, f(a))$ und $P_b(b, f(b))$ verläuft und es eine Stelle $x_0 \in (a, b)$ gibt mit:

$$f'(x_0) = \frac{f(b) - f(a)}{b - a}$$

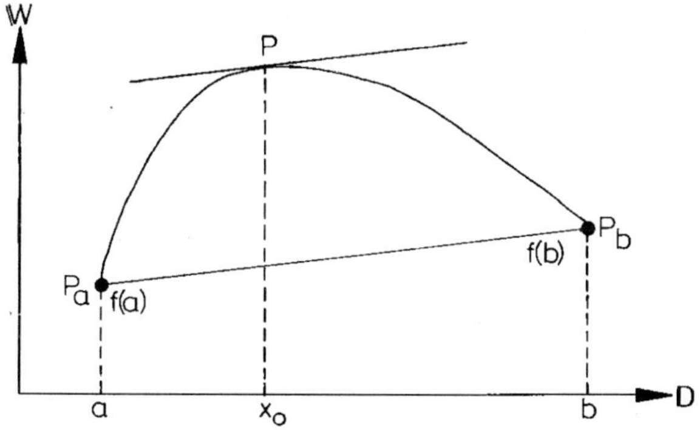

Abbildung 10.3: Sekantensteigung im Punkt P

Satz 10.2 *(Mittelwertsatz der Differentialrechnung)*
Ist eine Funktion f differenzierbar in [a,b], so gibt es wenigstens eine Stelle $x_0 \in (a, b)$ mit

$$f'(x_0) = \frac{f(b) - f(a)}{b - a}$$

Beweis: Der Ansatz $g(x) = f(x) + \lambda x$ liefert eine Hilfsfunktion. Nach Voraussetzung ist f differenzierbar im Intervall $[a, b]$, woraus folgt, daß g in $[a, b]$ für jedes $\lambda \in \mathbb{R}$ differenzierbar ist. Betrachtet werde die Funktion g an den Randstellen des Intervall, d.h.

$$g(a) = f(a) + \lambda \cdot d \quad \text{und} \quad g(b) = f(b) + \lambda \cdot b$$

Aus $g(a) = g(b)$ kann durch Äquivalenzumformung λ gewonnen werden

$$g(a) = g(b) \Leftrightarrow f(a) + \lambda \cdot a = f(b) + \lambda \cdot b \Leftrightarrow \lambda(a - b) = f(b) - f(a) \Leftrightarrow \lambda = -\frac{f(b) - f(a)}{b - a}$$

Also erfüllt

$$g(x) = f(x) - \frac{f(b) - f(a)}{b - a} \cdot x$$

die Voraussetzungen des Satzes von Rolle. Es gibt ein $x_0 \in]a, b[$ mit $g'(x_0) = 0$, daher gilt

$$g'(x_0) = f'(x_0) - \frac{f(b) - f(a)}{b - a} = 0 \quad \Rightarrow \quad f'(x_0) = \frac{f(b) - f(a)}{b - a}$$

q.e.d.

Bei der Betrachtung von zwei Stellen x_1, x_2 ergibt sich

$$f'(x_1) = f'(x_2) = \frac{f(b) - f(a)}{b - a}$$

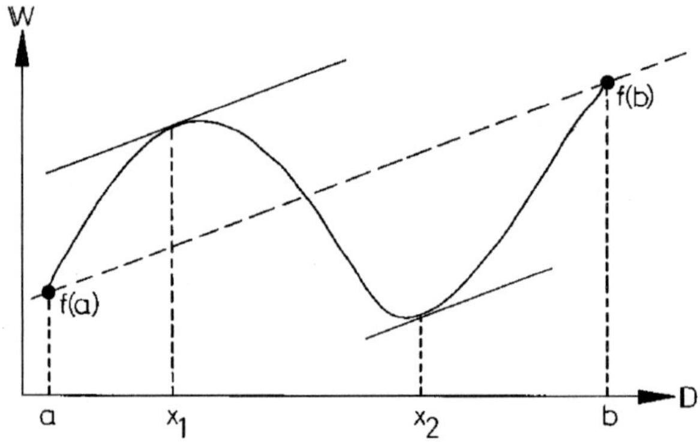

Abbildung 10.4: Mittelwertsatz der Differentialrechnung

Bemerkung 10.1 *Im Spezialfall f(a)=f(b)=c mit $c \in \mathbb{R}$ folgt aus dem Mittelwertsatz als Spezialfall der Satz von Rolle.*

10.3 Anwendungen des Mittelwertsatzes

Aus dem Mittelwertsatz lassen sich sofort einige Anwendungen gewinnen, welche auch leicht nachgewiesen werden können.

Satz 10.3 *Ist eine Funktion f differenzierbar in [a,b] und gilt* $\forall\ x \in [a,b] :\ f'(x) = 0$, *so ist f in [a,b] konstant.*

Beweis: Es sei $x_1 \neq x_2$ mit $x_1, x_2 \in [a,b]$ beliebig. Dann gibt es nach dem Mittelwertsatz eine Stelle $x_0 \in]x_1, x_2[$ mit

$$f'(x_0) = \frac{f(x_2) - f(x_1}{x_2 - x_1}$$

Nach Voraussetzung folgt $f'(x_0) = 0$ und hieraus $f(x_2) - f(x_1) = 0$, d.h. $f(x_2) = f(x_1)$. Es werde x_1, x_2 beliebig aus dem Intervall $[a,b]$ gewählt, dann folgt $\forall\ x \in [a,b] f(x) = c$ mit $c \in \mathbb{R}$. Hieraus folgt die Behauptung f konstant in $[a,b]$. q.e.d.

Satz 10.4 *Sind zwei Funktionen* f_1 *und* f_2 *in [a,b] differenzierbar und gilt* $\forall\ x \in [a,b]$: $f_1'(x) = f_2'(x)$, *so gilt* $\forall\ x \in [a,b] :\ f_1(x) = f_2(x) + c$ *mit* $c \in \mathbb{R}$

Beweis: $f(x) = f_1(x) - f_2(x)$ differenzierbar in $[a,b]$: $f'(x) = f_1'(x) - f_2'(x)$. Nach Voraussetzung folgt $\forall\ x \in [a,b]$: $f'(x) = f_1'(x) - f_2'(x) = 0$. Und nach obigem Satz folgt $f(x) = f_1(x) - f_2(x) = c$ mit $c \in \mathbb{R}$. Hieraus ergibt sich die Behauptung $f_1(x) = f_2(x) + c$. q.e.d.

Ein weitere Anwendung stellt der folgende erweiterte Mittelwertsatz dar, dessen Gültigkeit ebenfalls nachgewiesen wird.

Satz 10.5 *(Erweiterter Mittelwertsatz)*
Wenn für die Funktionen f und g gilt:

(1) *im offenen Intervall (a,b) differenzierbar*

(2) *im abgeschlossenen Intervall [a,b] stetig*

(3) $g'(x) \neq 0 \quad \forall\ x \in (a,b)$

Dann existiert mindestens ein c zwischen a und b, so daß

$$\frac{f(b) - f(a)}{g(b) - g(a)} = \frac{f'(c)}{g'(c)} \quad \text{für} \quad c \in (a,b)$$

Beweis: Es wird eine Funktion f_1 mit folgenden Eigenschaften konstruiert:

- in (a,b) differenzierbar
- in [a,b] stetig
- $f_1(a) = f_1(b)$ Voraussetzungen des Satzes von Rolle.

Damit ergibt sich für f_1:

$$f_1(x) = f(x) - f(a) - \frac{f(b) - f(a)}{g(b) - g(a)} [g(x) - g(a)] \qquad (*)$$

Die Funktionen f und g erfüllen die Voraussetzungen 1 und 2, d.h. f_1 erfüllt sie auch. Wegen $f_1(a) = 0$ und$f_1(b) = 0$ dann auch die Voraussetzung 3. Die Differentiation von $(*)$ liefert

$$f_1'(x) = f'(x) - \frac{f(b) - f(a)}{g(b) - g(a)} g'(x)$$

und folglich

$$f_1'(c) = f'(c) - \frac{f(b) - f(a)}{g(b) - g(a)} g'(c)$$

Nach dem Satz von Rolle gilt $f'(c) = 0$ für $c \in (a, b)$ und damit $f_1'(c) = 0$. Also

$$0 = f'(c) - \frac{f(b) - f(a)}{g(b) - g(a)} g'(c)$$

Hieraus ergibt sich

$$\frac{f(b) - f(a)}{g(b) - g(a)} = \frac{f'(c)}{g'(c)}$$

Womit der Satz bewiesen ist.

Bemerkung 10.2 *Im Spezialfall für g(x)=x ergibt sich*

$$\frac{f(b) - f(a)}{b - a} = f'(c)$$

der Mittelwertsatz der Differentialrechnung

Kapitel 11

Die Regeln von Bernoulli-Hospital

Nach den grundlegenden Kenntnissen der Differentialrechnung können die für Grenzwerte wichtigen Regeln von Bernoulli[1]-Hosptital [2] betrachtet werden. Hierzu werde zunächst der Grenzwert

$$\lim_{x \to 0} \frac{x^2}{1 - cos(x)} = 2$$

mit den Zähler- und Nennergrenzwerten

$$\lim_{x \to 0} x^2 = 0 \qquad \lim_{x \to 0} 1 - cos(x) = 0$$

betrachtet, was zu einem scheinbaren Widerspruch beim Grenzübergang zu führen scheint, da sich nach den bisherigen Methoden ein Ausdruck "Null durch Null" ergibt, aber dennoch ergibt der Grenzwert den Wert 2. Es liegen ähnliche Fälle dieser Art vor und man spricht von sogenannten "unbestimmten Ausdrücke", welche einen "konventionellen" Grenzübergang verhindern.

$$\lim_{x \to \infty} \frac{x^3}{e^x} \qquad \frac{\infty}{\infty}$$

$$\lim_{x \to \infty} e^{-x} \cdot x \qquad 0 \cdot \infty$$

$$\lim_{x \to 0} x^{sin(x)} \qquad 0^0$$

Liegen diese Voraussetzungen vor, so sind die Sätze von Bernoulli-Hospital anzuwenden, die betrachtet werden sollen.

Satz 11.1 *Sind f und g zwei in einer Umgebung einer Stelle x_0 differenzierbare Funktionen und gilt*

$$\lim_{x \to x_0} f(x) = \lim_{x \to x_0} g(x) = 0$$

$$g'(x) \neq 0 \quad in \quad U_\epsilon(x_0) \quad und \quad \exists \lim_{x \to x_0} \frac{f'(x)}{g'(x)}$$

so gilt:

$$\lim_{x \to x_0} \frac{f(x)}{g(x)} = \lim_{x \to x_0} \frac{f'(x)}{g'(x)}$$

[1] Johann Bernoulli (27.07.1667 - 01.01.1748)

[2] Guillaume Francois Antoine Marquis de L' Hospital (1661 - 02.02.1704)

Unter Anwendung dieses Satzes kann das einführend angegebene Beispiel problemlos nachvollzogen werden und es zeigt sich, warum sich der Grenzwert 2 ergibt.

Beispiel 11.0.1

Die Grenzbetrachtung für die Funktion

$$f(x) = \frac{x^2}{1 - cos(x)}$$

liefert für den Zähler- und Nennergrenzwert

$$\lim_{x \to 0} x^2 = 0 \qquad \lim_{x \to 0} 1 - cos(x) = 0$$

was sofort zur Betrachtung des Grenzwertes

$$\lim_{x \to 0} \frac{2x}{sin(x)}$$

führt, was wiederum für den Zähler- und Nennergrenzwert

$$\lim_{x \to 0} 2x = 0 \qquad \lim_{x \to 0} sin(x) = 0$$

einen unbestimmten Ausdruck liefert. Eine erneute Anwendung des Satzes ergibt

$$\lim_{x \to 0} \frac{2}{cos(x)} = 2$$

Damit ist der gesuchte Grenzwert bestimmt

$$\lim_{x \to 0} \frac{x^2}{1 - cos(x)} = 2$$

Satz 11.2 *Sind f und g zwei in einer Umgebung $U_\epsilon(x_0)$ wenigstens n-mal differenzierbare Funktionen und gilt*

$$\lim_{x \to x_0} f(x) = \lim_{x \to x_0} f'(x)(x) = ... = \lim_{x \to x_0} f^{(n-1)}(x) = 0$$

$$\lim_{x \to x_0} g(x) = \lim_{x \to x_0} g'(x)(x) = ... = \lim_{x \to x_0} g^{(n-1)}(x) = 0$$

$$g'(x) \neq 0 \quad in \quad U_\epsilon(x_0) \quad und \quad \exists \lim_{x \to x_0} \frac{f^{(n)}(x)}{g^{(n)}(x)}$$

so gilt:

$$\lim_{x \to x_0} \frac{f(x)}{g(x)} = \lim_{x \to x_0} \frac{f^{(n)}(x)}{g^{(n)}(x)}$$

Beispiel 11.0.2

Betrachtet werde der Grenzwert

$$\lim_{x \to 2} \frac{\sqrt{x} - \sqrt{2}}{\sqrt{x - 2}}$$

welcher die Voraussetzungen des Satzes erfüllt

$$\lim_{x \to 2} \sqrt{x} - \sqrt{2} = 0 = \lim_{x \to 2} \sqrt{x - 2}$$

weshalb der Grenzwert aus dem Quotienten der Ableitung der Zählerfunktion und der Nennerfunktion betrachtet wird

$$\lim_{x \to 2} \frac{\frac{1}{2\sqrt{x}}}{\frac{1}{2\sqrt{x-2}}} = \lim_{x \to 0} \frac{\sqrt{x - 2}}{\sqrt{x}} = \frac{0}{\sqrt{2}} = 0$$

Damit gilt für den gesuchten Grenzwert

$$\lim_{x \to 2} \frac{\sqrt{x} - \sqrt{2}}{\sqrt{x - 2}} = 0$$

Da es nicht immer problemlos gelingt, einen Grenzübergang auszuführen, wird eine Umformungsmöglichkeit angegeben, welche, wie bei den weiteren Beispielen zu sehen sein wird, sich als nützlich erweist. Dies soll an zwei Beispielen verdeutlicht werden.

Bemerkung 11.1

(1) *Betrachtet werde die Gleichheit*

$$ln(x) = ln(x)$$

welche mit $ln(e) = 1$ sofort ergibt

$$ln(x) = ln(x) \cdot 1 = ln(x) \cdot ln(e) = ln\left(e^{ln(x)}\right) \Rightarrow x = e^{ln(x)}$$

(2) *Ausgehend von der Gleichheit*

$$ln(sin(x)) = ln(sin(x)$$

ergibt sich

$$ln(sin(x)) = ln(sin(x)) \cdot ln(e) = ln\left(e^{ln(sin(x))}\right) \Rightarrow sin(x) = e^{ln(sin(x)}$$

(3) *Es zeigt sich, daß eine Variable oder Funktion sich allgemein, wie folgt, darstellen läßt*

$$f(x) = e^{ln(f(x))}$$

was bei einigen der folgenden Grenzwertbestimmungen von erheblichem Vorteil sein wird.

Beispiel 11.0.3

Der folgende Grenzwert

$$\lim_{x\to 0}(cot(x))^{tan(x)}$$

scheint mit den bisherigen Umformungen nicht lösbar zu sein, weshalb eine weitere Umformung vorgenommen wird

$$\lim_{x\to 0}(cot(x))^{tan(x)} = \lim_{x\to 0} e^{tan(x)\cdot ln(cot(x))}$$

wobei nun der Grenzwert im Exponenten betrachtet werden kann

$$\lim_{x\to 0}[tan(x)\cdot ln(cot(x))] = \lim_{x\to 0}\frac{ln(cot(x))}{cot(x)} = \lim_{x\to 0}\frac{1}{cot(x)} = \lim_{x\to 0} tan(x) = 0$$

Damit ergibt sich dann

$$\lim_{x\to 0}(cot(x))^{tan(x)} = \lim_{x\to 0} e^{tan(x)\cdot ln(cot(x))} = e^0 = 1$$

Satz 11.3 *Sind zwei Funktionen f und g für alle x mit $x > a$ $(a \in \mathbb{R}^+)$ definiert und differenzierbar, gilt ferner:*

$$\lim_{x\to\infty} f(x) = \lim_{x\to\infty} g(x) = 0$$

$$g'(x) \neq 0 \quad \forall\, x \text{ mit } x > a \text{ und } \quad \exists \lim_{x\to\infty}\frac{f'(x)}{g'(x)}$$

so gilt:

$$\lim_{x\to\infty}\frac{f(x)}{g(x)} = \lim_{x\to\infty}\frac{f'(x)}{g'(x)}$$

Satz 11.4 *(Uneigentliche Grenzwerte)*

(1) *f,g seien in $U_\epsilon(x_0)$ differenzierbar und*

$$\lim_{x\to x_0} f(x) = \lim_{x\to x_0} g(x) = \pm\infty$$

und $g'(x) \neq 0\; \forall x$ mit $x \in U_\epsilon(x_0)$ und es existiert

$$\lim_{x\to x_0}\frac{f'(x)}{g'(x)}$$

so gilt:

$$\lim_{x\to x_0}\frac{f(x)}{g(x)} = \lim_{x\to x_0}\frac{f'(x)}{g'(x)}$$

(2) *f,g seien für alle $x > a$, $a \in \mathbb{R}^+$ differenzierbar und*

$$\lim_{x\to\pm\infty} f(x) = \lim_{x\to\pm\infty} g(x) = \pm\infty$$

und

$$g'(x) \neq 0 \quad \forall\, x \text{ mit } x > a\ (a \in \mathbb{R}^+ \text{und} \quad \exists \lim_{x\to\pm\infty}\frac{f'(x)}{g'(x)}$$

so gilt:

$$\lim_{x\to\pm\infty}\frac{f(x)}{g(x)} = \lim_{x\to\pm\infty}\frac{f'(x)}{g'(x)}$$

Beispiel 11.0.4

Es gilt mit einer etwas lockeren Handhabung des Satzes von Bernoulli-Hospital und schnellerer Überprüfung der jeweiligen Voraussetzungen

$$\lim_{x\to\infty}\frac{ln(x)}{x^\alpha}=\lim_{x\to\infty}\frac{\frac{1}{x}}{\alpha x^{\alpha-1}}=\lim_{x\to\infty}\frac{1}{\alpha x^\alpha}=0\ \ (\text{für }\alpha>0)$$

Von besonderer Bedeutung seien noch unbestimmte Ausdrücke der Form "$\infty-\infty$" deren Behandlung anhand von zwei Beispielen betrachtet wird.

Für den Grenzwert

$$\lim_{x\to 0}\left(\frac{1}{sin(x)}-\frac{1}{x}\right)$$

ist zunächst die folgende Umformung der Funktion notwendig

$$\frac{1}{sin(x)}-\frac{1}{x}=\frac{x-sin(x)}{x\cdot sin(x)}$$

Dies ergibt dann für den Grenzwert

$$\lim_{x\to 0}\left(\frac{1}{sin(x)}-\frac{1}{x}\right)=\lim_{x\to 0}\frac{x-sin(x)}{x\cdot sin(x)}$$

welcher nach

$$\lim_{x\to 0}x-sin(x)=0=\lim_{x\to 0}x\cdot sin(x)$$

die Voraussetzungen des Satzes erfüllt, also ist

$$\lim_{x\to 0}\frac{1-cos(x)}{sin(x)+x\cdot sin(x)}$$

zu betrachten, was ebenfalls die Voraussetzungen erfüllt. Die letzte Ableitung von Zähler- und Nennerfunktion liefert

$$\lim_{x\to 0}\frac{sin(x)}{2cos(x)-xsin(x)}=$$

womit dann gilt

$$\lim_{x\to 0}\left(\frac{1}{sin(x)}-\frac{1}{x}\right)=0$$

Weiter werde der Grenzwert

$$\lim_{x\to\infty}\left(\sqrt{x+1}-\sqrt{x}\right)$$

betrachtet, dessen Grenzübergang in der vorliegenden Form nicht gelingt, weshalb der in der Klammer stehende Ausdruck erweitert wird, d.h.

$$\left(\sqrt{x+1}-\sqrt{x}\right)\cdot\frac{\sqrt{x+1}+\sqrt{x}}{\sqrt{x+1}+\sqrt{x}}=\frac{x+1-x}{\sqrt{x+1}+\sqrt{x}}=\frac{1}{\sqrt{x+1}+\sqrt{x}}$$

Anschließend kann der Grenzübergang problemlos durchgeführt werden

$$\lim_{x\to\infty}\frac{1}{\sqrt{x+1}+\sqrt{x}}=0$$

Teil V

Integralrechnung einer reellen Veränderlichen

Kapitel 12

Integralrechnung

Betrachtet wird die Integralrechnung einer reellen Veränderlichen nach dem von Riemann[1] eingeführten Integralbegriff.

12.1 Das Riemannsche Integral

Wird eine Fläche im $\mathbb{R}^2$, d.h. der xy-Ebene an einer Seite durch eine gekrümmte Kurve, d.h. einen Funktionsgraphen begrenzt, so versagen die bisherigen Methoden zur Flächenberechnung, da diese von Begrenzungsgeraden ausgehen. Der bekannte Fall der Flächenberechnung des Kreises ist ein Spezialfall der Integralrechnung und erlaubt daher den Einblick in die sich anschließende Vorgehensweise. Die folgende Vorgehensweise geht auf Riemann zurück.

Die folgende Fläche wird vom Graphen der Funktion $f : [a,b] \to \mathbb{R}^+$ mit $x \mapsto f(x)$, der x-Achse, der Geraden x=a und x=b begrenzt. Diese Fläche nennt man Fläche unter dem Graphen von f.

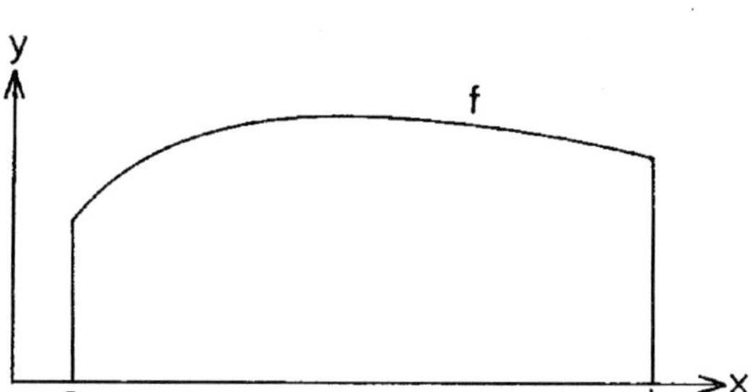

Abbildung 12.1: Funktionsgraph zwischen a und b

Der Funktionsgraph von f wird durch einen Streckenzug ersetzt, indem beliebige Punkte des Graphen geradlinig verbunden werden. Die Fläche unter dem Streckenzug besteht nun aus Trapezen, deren Flächeninhalte elementar berechenbar sind. Je feiner die Unterteilung der Abszisse vorgenommen wird, desto genauer wird der Näherungswert für die Fläche.

[1]Bernhard Riemann (11.09.1826 - 20.07.1866)

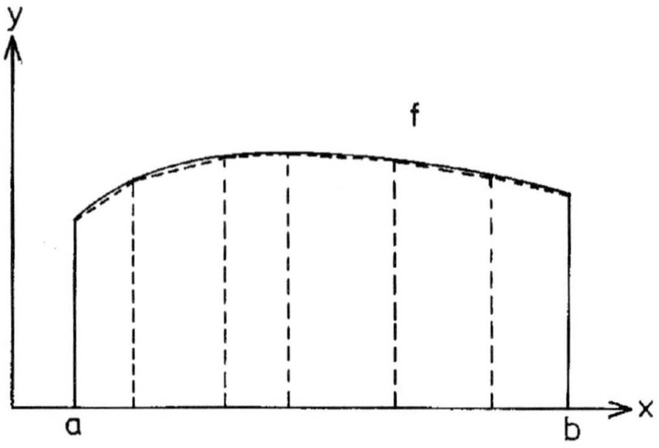

Abbildung 12.2: Einbeschriebene Trapeze

12.2 Das bestimmte Integral als Flächeninhalt

Untersucht werden soll der Flächeninhalt beispielsweise zwischen der Parabel $y = f(x) = x^2$ und der x-Achse im Intervall $1 \leq x \leq 2$. Die sich so ergebende Fläche wird an drei Stellen durch Geraden begrenzt und an einer Stelle durch den Funktionsgraphen einer Parabel, welche in gröbster Näherung durch eine Gerade angenähert werden könnte, was jedoch nicht zweckmäßig ist. Es zeigt sich, daß hier die bisherigen Methoden der Flächenbestimmung versagen, so daß eine andere Verfahrensweise gewählt werden muß.

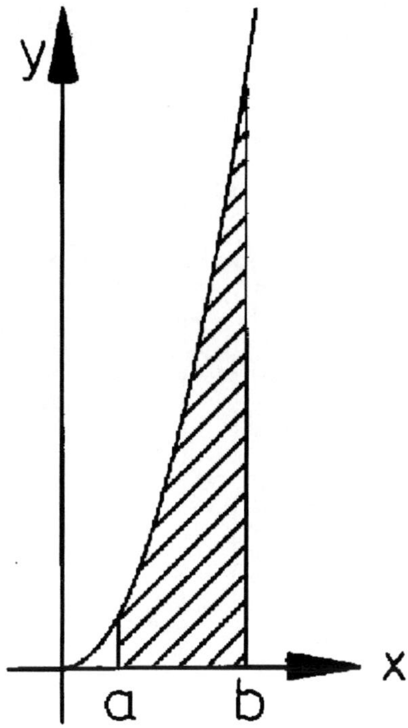

Abbildung 12.3: Flächeninhalt unter $y = x^2$

Dies führt zur folgenden **Verfahrensweise:**

1. Zerlegung des Flächenstücks in eine Anzahl n von Streifen gleicher Breite Δx
2. Jeder Streifen wird durch ein Rechteck ersetzt
3. Flächeninhalt A ist näherungsweise gleich der Summe der Rechtecksflächen
4. Es gilt:
   (a) Je größer die Anzahl der Streifen, umso besser die Näherung!
   (b) Grenzübergang $n \to \infty$: Summe der Rechtecksflächen strebt gegen den Flächeninhalt A

Bemerkung 12.1 *(Untersumme)*
Jeder Streifen wird durch ein zu klein ausfallendes Rechteck ersetzt. Die Höhe entspricht dem Ordinatenwert im jeweils linken Randpunkt.

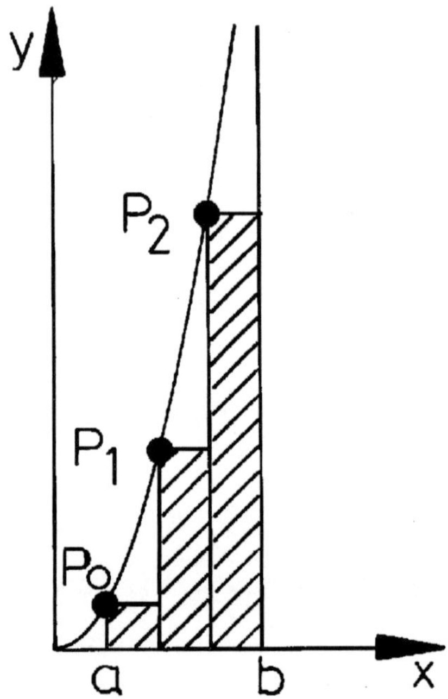

Abbildung 12.4: Untersumme bei $y = x^2$

Bemerkung 12.2 *(Obersumme)*
Jeder Streifen wird durch ein zu groß ausfallendes Rechteck ersetzt. Die Höhe entspricht dem Ordinatenwert im jeweils rechten Randpunkt.

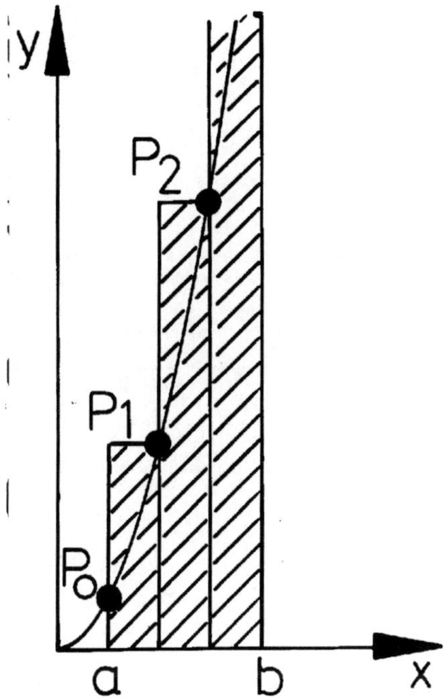

Abbildung 12.5: Obersumme bei $y = x^2$

12.3 Das bestimmte Integral

Bei einer allgemeinen Betrachtung, abgeleitet aus der Motivation des Speziellen, wird von der folgenden Voraussetzung ausgegangen. Die Funktion y=f(x) sei im Intervall $a \leq x \leq b$ stetig, monoton wachsend und oberhalb der x-Achse.
Aus der obigen Zeichnung kann die folgende Vorgehensweise gewonnen werden:

1. Zerlegung in n Streifen der Breite $\Delta x_1, \Delta x_2, ..., \Delta x_n$

2. Rechtecke der Untersumme:

   $\underline{A_1} = f(x_0) \cdot \Delta x_1,\ \underline{A_2} = f(x_1) \cdot \Delta x_2, ..., \underline{A_k} = f(x_{k-1}) \cdot \Delta x_k, ..., \underline{A_n} = f(x_{n-1}) \cdot \Delta x_n$

   Für die Untersumme U_n gilt:

   $$U_n = \underline{A_1} + ... + A_n = f(x_0)\Delta x_1 + ... + f(x_{n-1})\Delta x_n = \sum_{k=1}^{n} f(x_{k-1})\Delta x_k \leq A$$

3. Rechtecke der Obersumme:

   $\overline{A_1} = f(x_1) \cdot \Delta x_1,\ \overline{A_2} = f(x_2) \cdot \Delta x_2, ..., \overline{A_k} = f(x_k) \cdot \Delta x_k, ..., \overline{A_n} = f(x_n) \cdot \Delta x_n$

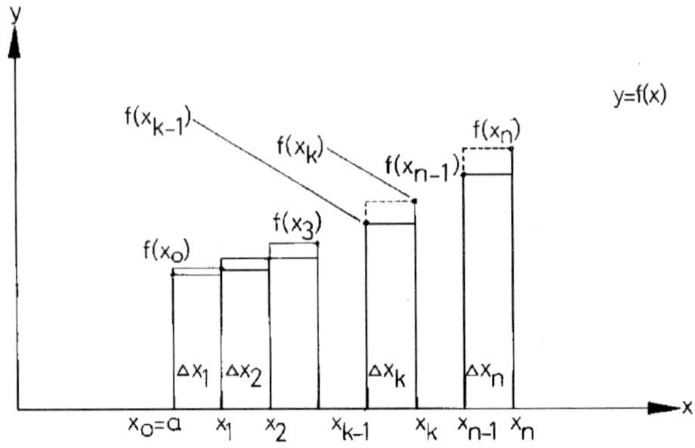

Abbildung 12.6: Ober- und Untersumme in allgemeiner Form

Für die Obersumme O_n gilt:

$$O_n = \overline{A_1} + ... + A_n = f(x_1)\Delta x_1 + ... + f(x_n)\Delta x_n = \sum_{k=1}^{n} f(x_k)\Delta x_k \geq A$$

4. Für die Fläche A gilt: $U_n \leq A \leq O_n$

5. Für $n \to \infty$ streben Ober- und Untersumme gegen einen gemeinsamen Grenzwert, wenn zugleich $\Delta x_k \to 0$

Bemerkung 12.3 *Dieser Grenzwert heißt das* ***unbestimmte Integral der Funktion f(x) in den Grenzen*** *x=a bis x=b.*

$$\lim_{n\to\infty} U_n = \lim_{n\to\infty} O_n = \int\limits_a^b f(x)dx$$

Geometrisch handelt es sich um den Flächeninhalt A zwischen der Kurve mit der Funktionsgleichung y=f(x) und der x-Achse im Intervall $a \leq x \leq b$. Es gilt:

$$A = \lim_{n\to\infty} \sum_{k=1}^{n} f(x_k)\Delta x_k = \int_a^b f(x)dx$$

Bemerkung 12.4 *Für die Integration werden die Bezeichnungen verwendet*

x	:	*Integrationsvariable*
$f(x)$	:	*Integrand (Integrandenfunktion)*
a	:	*Untere Grenze*
b	:	*Obere Grenze*

Über die nachfolgende Definition wird das bestimmte Intgeral eingeführt. Es handelt sich dabei noch nicht um den Flächeninhalt und ist mit diesem nicht zu verwechseln.

Definition 12.1 *(Grenzwert)*
Der Grenzwert

$$\lim_{n\to\infty} \sum_{k=1}^{n} f(x_k)\Delta x_k$$

heißt, falls vorhanden, das ***bestimmte Integral der Funktion f(x) in den Grenzen*** *von $x{=}a$ bis $x{=}b$ und wird durch das Symbol*

$$\int_a^b f(x)dx$$

gekennzeichnet.

Über die nächste Definition wird der **Flächeninhalt** angegeben, welcher daraus gewonnen wird, daß zunächst das bestimmte Integral bestimmt wird und vom Ergebnis der Betrag genommen wird.

Definition 12.2 *(Flächeninhalt)*
Es sei f eine auf dem Intervall [a,b] stetige Funktion und es gelte $f(x) \geq 0$ für alle $x \in [a,b]$. Dann heißt

$$A = \left| \int_a^b f(x)dx \right| = | \, J \, |$$

der ***Inhalt der Fläche*** *unter dem Graphen von f.*

Es ist zu beachten, daß bei der Integration der Sinusfunktion im Intervall $[0, 2\pi]$ das bestimmte Integral den Wert Null ergibt, jedoch der Flächeninhalt einen von Null verschiedenen Wert darstellt.

Beispiel 12.3.1

Betrachtet werde die Funktion

$$f : x \mapsto f(x) = \frac{1}{2}x^2 + 2$$

mit den Grenzen a=-1 und b=5, dann ergibt sich das Integral

$$\int_{-1}^{5} \left(\frac{1}{2}x^2 + 2\right) dx = \frac{1}{2}\int_{-1}^{5} x^2\, dx + 2\int_{-1}^{5} dx = \frac{1}{2}\left[\frac{x^3}{3}\right]_{-1}^{5} + 2\,[x]_{-1}^{5} = \frac{201}{6}$$

Da es sich in diesem Fall um einen positiven Integralwert handelt, muß zur Bestimmung des gesuchten Flächeninhalts kein Betrag gebildet werden. Sollte, was auch möglich ist, ein negativer Wert auftreten, so ist es bei der Bestimmung des Flächeninhalts notwendig, den Betrag zu bilden.

Es ist weiterhin möglich, auch eine **Fläche zwischen einer Kurve und der x-Achse** zu betrachten.

Satz 12.1 *Es gilt*

$$A = J = \int_a^b f(x)dx = F(b) - F(a)$$

falls $f(x) \geq 0$ in [a,b] gilt.

Bemerkung 12.5 *Es tritt ein Sonderfall ein, wenn Teile der Kurve unterhalb der x-Achse liegen. Fläche links der Richtung $a \to b \wedge J > 0$. Fläche rechts der Richtung $a \to b \wedge J < 0$*

Bemerkung 12.6 *Die Fläche befindet sich teils oberhalb, teils unterhalb der x-Achse. Bestimmung der Nullstellen der Begrenzungsfunktionen; diese sind die Integrationsgrenzen der Teilintegrale. Für eine Nullstelle in [a,b] ergibt sich:*

$$A = \mid J_1 \mid + \mid J_2 \mid = \left|\int_a^{x_N} f(x)dx\right| + \left|\int_{x_N}^{b} f(x)dx\right|$$

Es kann ebenso der Fall auftreten, daß eine **Fläche zwischen zwei Kurven** liegt.

Bemerkung 12.7 *Es sollen Flächen bestimmt werden, die von zwei Kurven begrenzt werden. Hierzu ist die Differenz der Flächeninhalte zu bilden.*

Hierbei ist

- A_1 : Flächeninhalt unter der Kurve f(x)
- A_2 : Flächeninhalt unter der Kurve g(x)

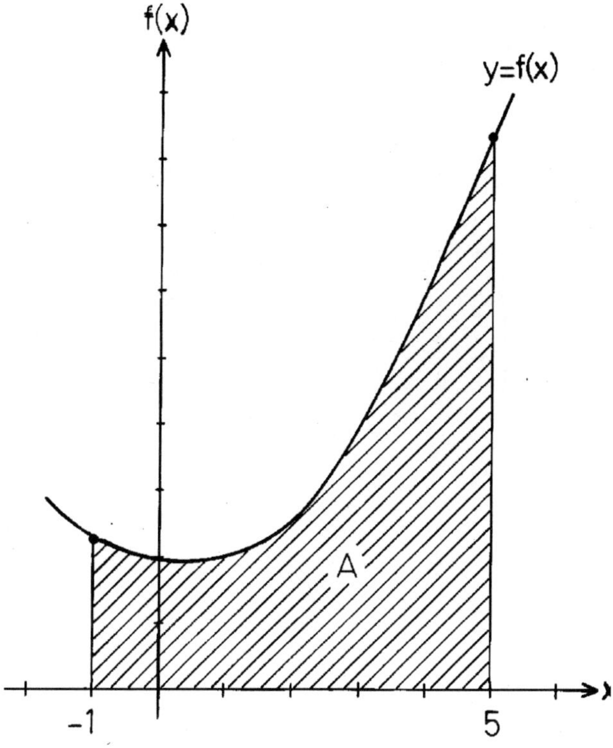

Abbildung 12.7: Beispiel für eine Fläche unter einem Funktionsgraphen

$$A = A_1 - A_2 = \int_{x_1}^{x_2} f(x)dx - \int_{x_1}^{x_2} g(x)dx$$

Satz 12.2

$$A = \int_{x_1}^{x_2} [f(x) - g(x)]dx, \quad f(x) \geq g(x) \quad \forall\, x \in [x_1, x_2]$$

Es ergibt sich noch der folgende **Spezialfall:** Ist in [a,b] teils $f(x) > g(x)$ teils $f(x) < g(x)$, so gibt es in [a,b] einen Schnittpunkt der Kurven und die Integrandenfunktion hat eine Nullstelle. x_N ist Schnittstelle beider Kurven bzw. Nullstelle der Integrandenfunktion

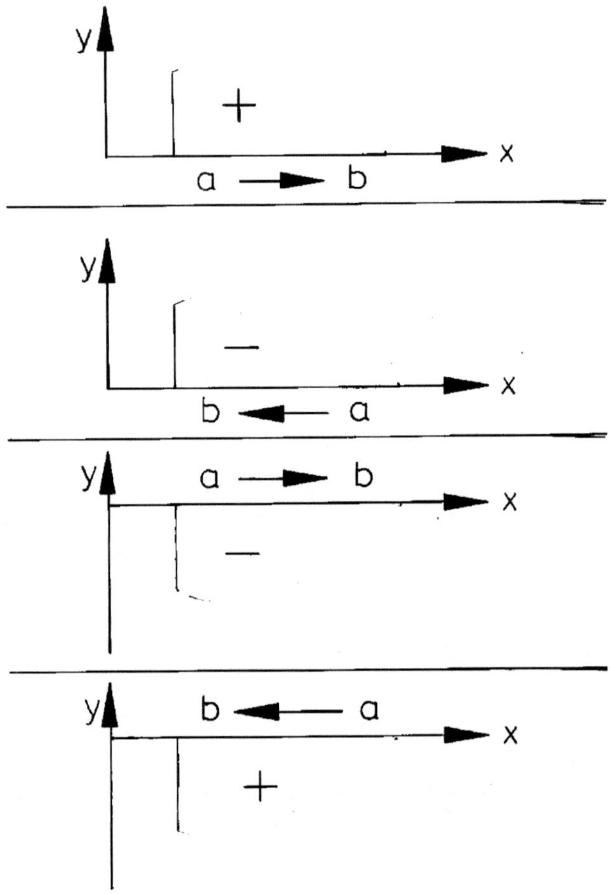

Abbildung 12.8: Sonderfall

$f(x) - g(x)$.

$$A = | J_1 | +_2 | = \left| \int_{x_1}^{x_N} [f(x) - g(x)] \right| + \left| \int_{x_N}^{x_2} [f(x) - g(x)] \right|$$

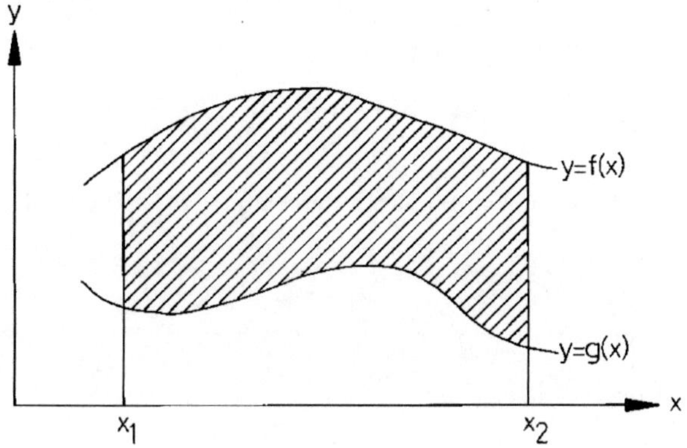

Abbildung 12.9: Fläche zwischen zwei Kurven

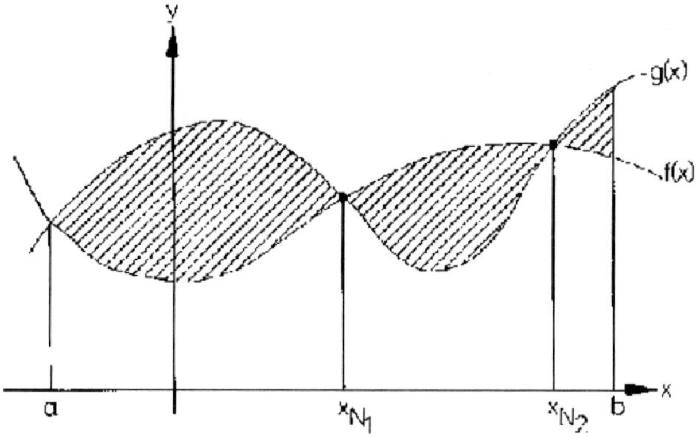

Abbildung 12.10: Spezialfall: Fläche zwischen zwei sich schneidenen Kurven

Beispiel 12.3.2

Für das Integral

$$\int_0^1 e^{x^2}\,dx$$

soll eine obere und eine untere Schranke angegeben werden. Der Graph von

$$s : x \mapsto s(x) = (e-1)x + 1 \text{ für } x \in [0,1]$$

ist Sehne des Graphen von $f : x \mapsto f(x) = e^{x^2}$ für $x \in [0,1]$ durch die Punkte A(0/1) und B(1/e). Die Funktion f ist konvex, woraus $f(x) \leq g(x)$ für alle $x \in [0,1]$ folgt.

Über die Tabelle der Funktionswerte

e^{x^2}	1	1,06	1,28	1,75	2,71
x	0	0,25	0,5	0,75	1

kann eine anschauliche Zeichnung gewonnen werden. und so kann über die Sehnenfunktion

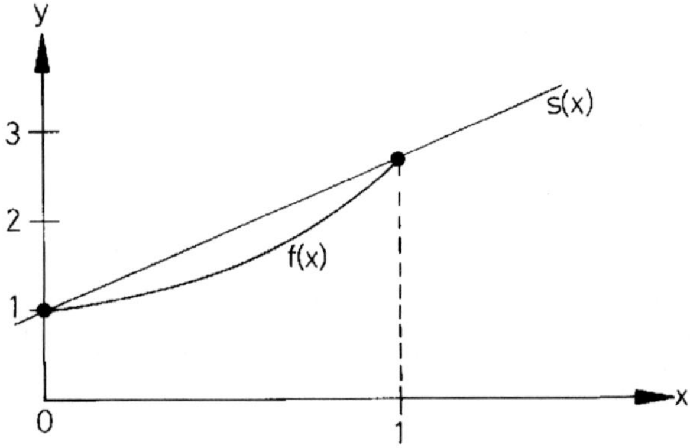

Abbildung 12.11: Obere- und untere Schranke

integriert werden

$$\begin{aligned}
\int_0^1 s(x)dx &= \int_0^1 [(e-1)x+1]\,dx = \\
&= e\int_0^1 xdx - \int_0^1 xdx + \int_0^1 1dx = \\
&= e\left[\frac{x^2}{2}\right]_0^1 - \left[\frac{x^2}{2}\right]_0^1 + [x]_0^1 = \\
&= \frac{1}{2}(e-1)+1 = \\
&= \frac{1}{2}(e+1) = 1,859...
\end{aligned}$$

Für $f(x) = e^{x^2}$ gilt die Abschätzung

$$1 + x^2 \leq e^{x^2} \leq (e-1)x + 1$$

Weiter gilt

$$\int_0^1 (1+x^2)dx = \frac{4}{3} = 1,333...$$

Damit ergibt sich für die Integrale

$$\frac{4}{3} = \int_0^1 (1+x^2)dx \leq \int_0^1 e^{x^2} dx \int_0^1 [(e-1)x+1]\, dx = 1,859...$$

und folglich

$$1,333... \leq \int_0^1 e^{x^2} dx \leq 1,859...$$

12.4 Integrierbare Funktionen

Für die Integration sind bestimmte Voraussetzungen an die zu integrierende Funktion zu stellen, wozu die Stetigkeit gehört.

Definition 12.3

(1) *Es sei $a > b$. Wenn $\int_a^b f(x)dx$ existiert, dann setzen wir*

$$\int_a^b f(x)dx = -\int_b^a f(x)dx$$

(2) *Wenn f an der Stelle a erklärt ist, dann setzen wir*

$$\int_a^b f(x)dx = 0$$

Satz 12.3 *Ist $[\alpha, \beta] \subset [a, b]$ und existiert $\int_a^b f(x)dx$, dann existiert auch*

$$\int_\alpha^\beta f(x)dx$$

Satz 12.4 *(Intervalladditivität des Integrals)*
Es seien $a, b, c \in \mathbb{R}$. Existieren die Integrale

$$\int_a^b f(x)dx, \quad \int_b^c f(x)dx, \quad \int_a^c f(x)dx$$

dann ist

$$\int_a^b f(x)dx + \int_b^c f(x)dx = \int_a^c f(x)dx$$

Bemerkung 12.8 *Mit obigem Satz kann das Integral $\int_a^c f(x)dx$ für jede beliebige Zwischenstelle b mit $a < b < c$ in zwei Teilintegrale zerlegt werden. Ebenso können zwei Teilintegrale zusammengefaßt werden.*

Satz 12.5 *(Linearität des Integrals)*
Die Funktionen f_1 und f_2 seien über dem Intervall [a,b] integrierbar und es sei $c_1, c_2 \in \mathbb{R}$. Dann ist auch die Funktion $c_1 f_1 + c_2 f_2$ über [a,b] integrierbar und es gilt:

$$\int_a^b [c_1 f_1(x) + c_2 f_2(x)]dx = c_1 \int_a^b f_1(x)dx + c_2 \int_a^b f_2(x)dx$$

Bemerkung 12.9 *Eine Verallgemeinerung auf n Summanden ist möglich.*

Satz 12.6 *(Monotonie des Integrals)*
Die Funktionen f_1 und f_2 seien über [a,b] integrierbar, und es sei $f_1(x) \leq f_2(x)$ für alle $x \in [a,b]$. Dann ist

$$\int_a^b f_1(x)dx \leq \int_a^b f_2(x)dx$$

Hinsichtlich der Integrationsgrenzen kann noch der Fall $a > b$ auftreten, d.h. es gilt für

$$\int_a^b f_1(x)dx \leq \int_a^b f_2(x)dx$$

sofort

$$-\int_a^b f_1(x)dx \leq -\int_a^b f_2(x)dx \quad |\cdot(-1)$$

$$\int_a^b f_1(x)dx \geq \int_a^b f_2(x)dx$$

Ist $f(x) \geq 0 \;\forall\, x \in [a,b]$, dann ist

$$\int_a^b f(x)dx \geq 0$$

Kapitel 13

Der Hauptsatz der Differential- und Integralrechnung

Die folgenden Sätze stellen einen Zusammenhang zwischen den beiden Begriffen "Ableitung" und "Integral" her und ermöglichen es, eine differenzierbare Funktion bis auf eine Konstante aus ihrer Ableitung zu rekonstruieren. Es bietet sich weiterhin eine bequeme Möglichkeit zur Berechnung einer Vielzahl von Riemann-Integralen.

13.1 Haupsatz

Satz 13.1 *(Hauptsatz)*
Ist eine Funktion f stetig im Intervall $[a, b]$, so ist jede zugehörige Integralfunktion

$$F : x \mapsto F(x) := \int_a^x f(t)dt, \quad x \in [a, b]$$

und es gilt für alle $x \in [a, b]$:

$$\frac{d}{dx}F(x) = f(x) \text{ bzw. } \frac{d}{dx}\int_a^x f(t)dt = f(x)$$

Für den anschließenden Beweis ist der folgende Hilfssatz von Wichtigkeit.

Satz 13.2 *Jede über einem Intervall $[a, b]$ stetige Funktion ist über $[a, b]$ auch integrierbar.*

Beweis: Nach Voraussetzung ist f stetig in $[a, b]$, also ist die Integralfunktion F mit

$$F(x) = \int_a^x f(t)dt$$

definiert. Es gilt

$$F(x_0 + h) = \int_a^{x_0+h} f(t)dt$$

$$F(x_0) = \int_a^{x_0} f(t)dt$$

und hieraus

$$F(x_0 + h) - F(x_0) \quad \text{mit} \quad x_0 + h \in [a, b]$$

Die Funtion f ist im Intervall $[a, b]$ nach Voraussetzung stetig, also hat f in $[x_0, x_0 + h]$ ein Minimum m_h und ein Maximum M_h. Das Abschätzen der Differenz $F(x_0+h) - F(x_0)$ durch die beiden Flächen

$$m_h \cdot h \quad \text{und} \quad M_h \cdot h$$

ergibt o.B.d.A. für $h > 0,\ f(x) > 0$ (siehe hierzu die anschließende Fallunterscheidung)

$$m_h \cdot h \leq F(x_0 + h) - F(x_0) \leq M_h \cdot h$$

Die Division durch $h \neq 0$ liefert

$$m_h \leq \frac{F(x_0 + h) - F(x_0}{h} \leq M_h$$

Da f für alle $x \in [a, b]$ stetig, gilt für den Grenzübergang $h \to 0$

$$\lim_{h \to 0} m_h = \lim_{h \to 0} M_h = f(x_0)$$

und damit

$$\lim_{h \to 0} m_h \leq \lim \frac{F(x_0 + h) - F(x_0)}{h} \leq \lim_{h \to 0} M_h$$

Hieraus ergibt sich

$$f(x_0) \leq F'(x_0) \leq f(x_0) \;\Rightarrow\; F'(x_0) = f(x_0)$$

Damit wäre der Beweis abgeschlossen, wenn nicht noch die oben angesprochene Fallunterscheidung zu vervollständigen wäre, deren Struktur sich folgendermaßen ergibt:

1. Für $h < 0$ gilt:
   (a) $f(x) > 0$
   (b) $f(x) < 0$
2. Für $h > 0$ gilt:
   (a) $f(x) < 0$
   (b) $f(x) > 0$

Damit bleiben noch 3 Fälle zu betrachten offen, welche aufgrund der Vollständigkeit angeführt werden.

1. Es gilt $h < 0,\ f(x) > 0$

   Mit

   $$h \cdot m_h < 0, \quad h \cdot M_h < 0, \quad h < 0$$

   folgt mit $m_h < M_h$ durch Multiplikation mit $h < 0$:

   $$h \cdot M_h < h \cdot m_h, \quad \text{also} \quad h \cdot M_h \leq F(x_0 + h) - F(x_0) < h \cdot m_h$$

2. Es gilt $h < 0$ $f(x) < 0$
Unter Beachtung von

$$M_h > m_h,\ h < 0, \quad \text{sowie} \quad M_h > m_h \ | \cdot h \ \Rightarrow \ h \cdot M_h \leq h \cdot m_h$$

ergibt sich

$$h \cdot M_h \leq F(x_0 + h) - F(x_0) \leq h \cdot m_h$$

3. Es gilt $h > 0,\ f(x) < 0$
Unter Beachtung von

$$M_h > m_h,\ h < 0, \quad \text{sowie} \quad M_h < m_h \ | \cdot h \ \Rightarrow \ h \cdot M_h \geq h \cdot m_h$$

ergibt sich

$$h \cdot M_h \geq F(x_0 + h) - F(x_0) \geq h \cdot m_h$$

Bemerkung 13.1 *Die bedeutet, daß die Differentiation die Umkehrung der Integration ist.*

Satz 13.3 *Ist f auf [a,b] stetig differenzierbar, dann gilt:*

$$\int_a^b f'(t)dt = f(b) - f(a)$$

Beweis: Die Funktion f' ist auf dem Intervall $[a, b]$ stetig, dann folgt daraus, daß f' über dem Intervall $[a, b]$ integrierbar ist. Betrachtet werde eine weitere Funktion

$$h : x \mapsto h(x) = \int_a^x f'(t)dt - f(x) + f(a)$$

welche auf dem Intervall $[a, b]$ stetig ist. Über den Hauptsatz der Differential-Integralrechnung ergibt sich

$$h'(x) = f'(x) - f'(x) = 0 \ \Rightarrow \ h(x) = c \text{ mit } c \in \mathbb{R}$$

d.h. h ist eine konstante Funktion und damit

$$h(a) = \int_a^a f'(t)dt - f(a) + f(a) = 0 \ \Rightarrow \ c = 0$$

d.h. h ist Nullfunktion auf dem Intervall $[a, b]$. Damit gilt

$$h(b) = \int_a^b f'(t)dt - f(b) + f(a) = 0$$

da Nullfunktion $h(x) = c = 0 \ \forall \ x \in [a, b]$. Hieraus folgt

$$\int_a^b f'(t)dt = f(b) - f(a)$$

womit der Satz bewiesen ist.

Beispiel 13.1.1

Betrachtet werde

$$\frac{d}{dx}\int_1^x \frac{cos(t)}{t}\,dt \text{ mit } x \in \mathbb{R}^+$$

wobei zunächst die sich als problematisch anzusehende Integration durchzuführen wäre, um dann die Ableitung zu bestimmen. Durch die Anwendung des Hauptsatzes gelingt die Ableitung jedoch, wie zu sehen ist, problemlos

$$\frac{d}{dx}\int_1^x \frac{cos(t)}{t}\,dt = \frac{cos(x)}{x}$$

Analog kann beim folgenden Beispiel vorgegangen werden, dessen Integration ebenfalls nur mit erheblichem Aufwand durchgeführt werden kann.

Beispiel 13.1.2

$$\frac{d}{dx}\int_0^x \frac{4t^7+2t^2+t}{7t^2-t^5}\,dt = \frac{4x^7+2x^2+x}{7x^2x^5}$$

13.2 Stammfunktion und unbestimmtes Integral

Es hat sich gezeigt, daß Differentiation und Integration zueinander invers sind, d.h. das eine ist die Umkehrung des anderen. Damit lassen sich durch Ableiten von Funktionen Integrale gewinnen.

Definition 13.1 *(Stammfunktion)*
Die Funktion f sei auf [a,b] definiert. Man nennt jede auf [a,b] differenzierbare Funktion F eine ***Stammfunktion*** *von f, wenn F'=f ist.*

Beispiel 13.2.1

Betrachtet werde eine Funktion $f : \mathbb{R} \to \mathbb{R}$ mit

$$f : x \mapsto f(x) = \frac{sin(x)}{x} \quad \text{mit} \quad x \in [a, b]$$

Es ergibt sich für f die Stammfunktion

$$F : x \mapsto F(x) = \int_1^x \frac{sin(t)}{t}\, dt$$

denn es gilt $F' = f$

Satz 13.4 *Ist f auf [a,b] stetig, dann existiert auf [a,b] eine Stammfunktion F von f, und jede Integralfunktion von f ist Stammfunktion von f.*

Beweis: Die Funktion f ist stetig, dann folgt hieraus, daß f integrierbar ist und hat Integralfunktionen. J sei Integralfunktion von f, dann folgt daraus

$$J' = f$$

und nach dem Hauptsatz der Differential-Integralrechnung ist der Satz bewiesen.

Satz 13.5 *F sei eine Stammfunktion von $f : [a, b] \to \mathbb{R}$. Dann hat jede Stammfunktion von f die Form F+C, wobei C eine auf [a,b] konstante Funktion ist.*

Beweis: Die Funktionen F,G sind Stammfunktionen der Funktion f. Dann gilt

$$H = G - F \;\Rightarrow\; H' = G' - F'$$

ist Nullfunktion, denn

$$G' = f \quad \text{und} \quad F' = f$$

Damit ist

$$H' = 0 \;\Rightarrow\; H = \text{konstant}$$

Hieraus folgt

$$G(x) = F(x) + C \text{ mit } C \in \mathbb{R}$$

womit der Satz bewiesen ist.

Bemerkung 13.2 *Die Menge aller Integralfunktionen ist eine Teilmenge der Menge aller Stammfunktionen.*

Beispiel 13.2.2

Betrachtet werde die Funktion

$$f : x \mapsto f(x) = 2x \text{ für } x \in [0, 5]$$

deren Menge von Stammfunktionen sich durch Integration sofort zu

$$F : x \mapsto F(x) = x^2 + c \text{ mit } c \in \mathbb{R}$$

angeben lassen, denn es gilt, wie zu sehen ist

$$F'(x) = f(x)$$

Betrachtet werde die Integralfunktion

$$J : x \mapsto J(x) = \int_c^x 2t dt = x^2 - c^2 \text{ mit } x, c \in [0, 5]$$

Damit ist zu sehen, daß Stammfunktionen mit $c \in [-25, 0]$ Integralfunktionen sind.

Definition 13.2 *(Unbestimmtes Integral)*
J sei eine Integralfunktion von $f : [a, b] \to \mathbb{R}$. Dann nennt man J+C ein ***unbestimmtes Integral*** *von f, wobei C eine auf [a,b] konstante Funktion ist. Es ergibt sich die Schreibweise:*

$$x \mapsto J(x) + C = \int f(x) dx$$

Satz 13.6 *(Fundamentalsatz der Integralrechnung)*
Die Funktion f sei auf [a,b] stetig. Dann ist jedes unbestimmte Integral von f auch Stammfunktion von f und umgekehrt, d.h. ist F Stammfunktion von f, so gilt

$$\int f(x) dx = F(x) + C$$

und umgekehrt.

Beweis: Der Beweis wird in zwei Teilen ausgeführt.

1.) Die Funktion F ist Stammfunktion von f, dann folgt daraus

$$F' = f \quad \text{und} \quad \int_c^x F'(t) dt = \int_c^x f(t) dt \quad \forall\, x, c \in [a, b]$$

Hieraus folgt

$$F(x) - F(c) = \int_c^x f(t) dt \quad \text{oder} \quad F(x) = \int_c^x f(t) dt + F(c)$$

Hieraus folgt, daß F unbestimmtes Integral von f ist.

2.) Es gilt

$$G(x) = \int_c^x f(t) dt + C \Rightarrow G' = f \Rightarrow G \text{ Stammfunktion von } f$$

Beispiel 13.2.3

Die Funktion $f : \mathbb{R} \to \mathbb{R}$ mit

$$f : x \mapsto f(x) = x^2$$

ist auf $\mathbb{R}$ stetig. Hieraus ergibt sich durch Integration

$$F : x \mapsto F(x) = \frac{x^3}{3}$$

denn es gilt

$$F' = f$$

Jede Stammfunktion von f hat die Form

$$F^* : x \mapsto F^*(x) = \frac{x^3}{3} + C$$

und es ist

$$\int x^2 dx = \frac{x^3}{3} + C$$

Satz 13.7 *F sei eine Stammfunktion der auf [a,b] stetigen Funktion f. Dann ist*

$$\int_a^b f(x)dx = F(b) - F(a)$$

Bemerkung 13.3

$$\int_a^b f(x)dx = F(b) - F(a)$$

In den folgenden Beispielen werden an einfachen Zusammenhängen die bisherigen Erkenntnisse vertieft.

Beispiel 13.2.4

Es gilt

$$\int_1^2 \frac{1}{x} dx = [ln(x)]_1^2 = ln(2) - ln(1) = ln(2)$$

Und ebenso kann im nächsten Beispiel verfahren werden.

Beispiel 13.2.5

Es gilt

$$\int_1^x \frac{1}{t} dt = [ln(t)]_1^x = ln(x) \text{ für } x \in \mathbb{R}^+$$

13.3 Integralfunktion

Durch das bestimmte Integral kann eine besondere Funktion definiert werden, deren Variable die obere Integrationsgrenze eines Integrals darstellt. Es sei $c \in [a, b]$ und $x \in [a, b]$, so ergibt sich zu jedem Wert der Variablen x ein Integralwert J(x). Diese so gewonnene Funktion heißt , wobei die Integrationsvariable aus Gründen der besseren Unterscheidbarkeit mit t bezeichnet wird. Manchmal wird auch für die Variable und die obere Integrationsgrenze derselbe Buchstaben, nämlich x, verwendet, was ansich zu keinem Fehler führt; es handelt sich hierbei lediglich um eine mathematische "Unsauberkeit", die bei einer exakten Vorgehensweise vermieden werden sollte.

Definition 13.3 *(Integralfunktion)*
Ist die Funktion f über [a,b] integrierbar und $c \in [a, b]$, so nennt man

$$J : x \mapsto J(x) = \int_c^x f(t)dt$$

*mit $x \in [a, b]$ eine **Integralfunktion** der Funktion f.*

Bemerkung 13.4 *Verschiedene c liefern verschiedene Integralfunktionen der Funktion f.*

Beispiel 13.3.1

Betrachtet werde die Funktion $f : \mathbb{R} \to \mathbb{R}$ mit

$$f : x \mapsto f(x) = \frac{x}{2} \text{ für } x \in [0, 5]$$

Die zur Funktion f gehörige Integralfunktion J läßt sich, wie folgt, bestimmen

$$J : x \mapsto J(x) = \int_0^x f(t)dt = \int_0^x \frac{t}{2}dt = \frac{x^2}{4}$$

Satz 13.8 *Die Funktion f sei über [a,b] integrierbar. Sind J_1 und J_2 Integralfunktionen von f, so ist $J_1 - J_2$ eine auf [a,b] konstante Funktion.*

Beweis: Betrachtet werden die beiden Integralfunktionen

$$J_1 : x \mapsto J_1(x) = \int_{c_1}^x f(t)dt, \quad J_2 : x \mapsto J_2(x) = \int_{c_2}^x f(t)dt \text{ mit } x, c_1, c_2 \in [a, b]$$

Die Bestimmung der Differenz $J_1(x) - J_2(x)$ liefert die Behauptung

$$J_1(x) - J_2(x) = \int_{c_1}^x f(t)dt - \int_{c_2}^x f(t)dt = \int_{c_1}^x f(t)dt + \int_x^{c_2} f(t)dt = \int_{c_1}^{c_2} f(t)dt = F(c_2) - F(c_1) = konstant$$

13.4 Mittelwertsatz der Integralrechnung

Neben dem bekannten Mittelwertsatz der Differentialrechnung gibt es auch einen Mittelwertsatz der Integralrechnung.

Satz 13.9 *Die Funktion f sei über [a,b] integrierbar. Dann ist auch | f | über [a,b] integrierbar und es gilt:*

$$\left|\int_a^b f(x)dx\right| \leq \int_a^b |\, f(x) \,|\, dx$$

Bemerkung 13.5 *Ist $a > b$, so gilt:*

$$\left|\int_a^b f(x)dx\right| \leq \left|\int_a^b |\, f(x) \,|\, dx\right|$$

In der folgenden Abbildung ist zum Graphen einer auf [a,b] stetigen Funktion f eine Gerade y=h so gezeichnet, daß der Flächeninhalt $(b-a)\cdot h$ des entstehenden Rechtecks denselben Wert wie der der Fläche unter dem Graphen von f hat, also

$$\int_a^b f(x)dx$$

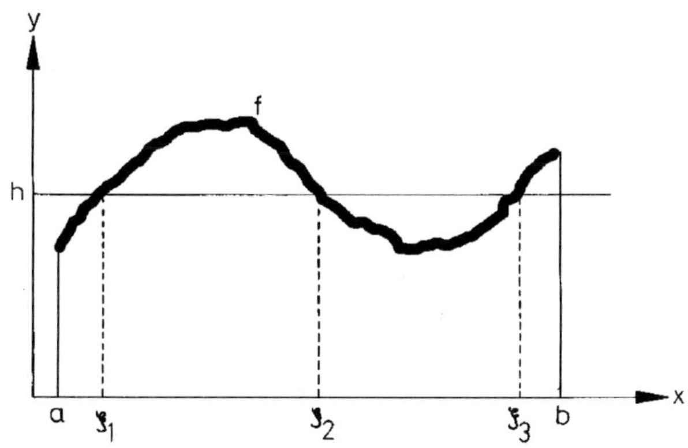

Abbildung 13.1: Mittelwertsatz der Integralrechnung

Satz 13.10 *(Mittelwertsatz der Integralrechnung)*
Ist die Funktion f auf [a,b] stetig, so gibt es mindestens eine Stelle $\xi \in (a,b)$ mit

$$\int_a^b f(x)dx = (b-a)\cdot f(\xi)$$

Beweis: Die Funktion f ist auf dem Intervall $[a, b]$ stetigt, dann folgt hieraus, daß die Funktion f auf dem Intervall $[a, b]$ integrierbar ist und es exisitiert ein absolutes Minimum m und ein absolutes Maximum M, d.h. es gilt:

$$m \leq f(x) \leq M \quad \forall\, x \in [a, b]$$

Die Monotonie des Integrals liefert:

$$\int_a^b m dx \leq \int_a^b f(x)dx \leq \int_a^b M dx$$

$$m(b-a) \leq \int_a^b f(x)dx \leq M(b-a)$$

Und durch beidseitige Division durch die Intervallänge $(b-a) > 0$ ergibt sich dann

$$m \leq \frac{1}{b-a} \int_a^b f(x)dx \leq M$$

Nach dem Zwischenwertsatz (f stetige Funktion) gilt: Es existiert mindestens ein $\xi \in (a, b)$ so, daß

$$f(\xi) = \frac{1}{b-a} \int_a^b f(x)dx$$

gilt, womit der Satz bewiesen ist.

Bemerkung 13.6

$$\frac{1}{b-a} \int_a^b f(x)dx$$

heißt ***Mittelwert der Funktion*** *f auf [a,b]. Im Unterschied zum* ***linearen Mittelwert*** *kann ein* ***quadratischer Mittelwert*** *definiert werden. Der Ausdruck*

$$\sqrt{\frac{1}{b-a} \int_a^b [f(x)]^2\, dx}$$

heißt ***quadratischer Mittelwert***

Bemerkung 13.7 *Der Ausdruck*

$$\frac{1}{b-a} \int_a^b f(x)dx$$

heißt ***Mittelwert der Funktion*** *f auf [a,b]*

Beispiel 13.4.1

Für die Funktion $f : \mathbb{R} \to \mathbb{R}$ mit $f : x \mapsto f(x) = sin(x)$ läßt sich im Intervall $[0, \pi]$ wie folgt der Mittelwert bestimmen

$$f(\xi) = \frac{1}{\pi - 0} \int_0^\pi sin(x)dx = \frac{1}{\pi}(-cos(x)) \Big|_0^\pi = \frac{1}{\pi}(1+1) = \frac{2}{\pi} = 0.636$$

Beispiel 13.4.2

Zu bestimmen ist für die Funktion $f(x) = x^2$ im Intervall $[1, 3]$ den Mittelwert und die Stelle, wo dieser angenommen wird.

$$f(\xi) = \frac{1}{3-1}\int_1^3 x^2 dx = 4.33$$

Damit gilt weiter

$$f(\xi) = \xi^2 = \frac{13}{3} \text{ ergibt sich } \xi = \sqrt{\frac{13}{3}} = 2.08$$

Kapitel 14

Integrationsregeln

14.1 Grundintegrale

Unter Heranziehen der Kenntnisse der Differentiation und der Anwendung des Hauptsatzes lassen sich die folgenden Grundintegrale leicht gewinnen.

$$\int cos(x)dx = sin(x) + C$$

$$\int \frac{1}{cos^2(x)}dx = \frac{sin(x)}{cos(x)} + C = tan(x) + C \quad \text{mit} \quad x \neq \frac{\pi}{2} + k\pi \quad k \in \mathbb{Z}$$

$$\int e^x dx = e^x + C$$

$$\int a^x dx = \frac{a^x}{ln(a)} + C \quad \text{mit} \quad a \in \mathbb{R}^+ \setminus \{1\}$$

$$\int dx = x + C$$

$$\int x dx = \frac{x^2}{2} + C$$

Beispiel 14.1.1

Das Integral

$$\int \frac{1}{x} dx$$

liefert mit der Fallunterscheidung

- $x \in \mathbb{R}^+$

$$\int \frac{1}{x}\, dx = ln(x) + C \text{ da } \frac{d}{dx} ln(x) = \frac{1}{x}$$

- $x \in \mathbb{R}^-$

$$\int \frac{1}{x}\, dx = ln(-x) + C \text{ da } \frac{d}{dx} ln(-x) = \frac{1}{(-x)} \cdot (-1) = \frac{1}{x}$$

das folgende Ergebnis

$$\int \frac{1}{x} dx = ln \mid x \mid + C$$

Die folgende, für die Integration von ganzrationalen Funktionen wichtige, Formel soll hervorgehoben betrachtet werden, da sie sehr häufig benötigt wird.

$$\int x^\alpha dx = \frac{x^{\alpha+1}}{\alpha+1} + C \quad \text{für} \quad \alpha \in \mathbb{R} \setminus \{-1\}$$

Beispiel 14.1.2

Unter Anwendung der letzten Integrationsregel gilt

$$\int x^3 dx = \frac{x^{3+1}}{3+1} + C = \frac{1}{4} x^4 + C$$

Durch Anwendung des Hauptsatzes kann die Gültigkeit nachgewiesen werden.

Satz 14.1 *(Linearität)*
u und v seien auf [a,b] stetige Funktionen und $c_1, c_2 \in \mathbb{R}$. *Dann gilt für alle* $x \in [a, b]$

$$\int [c_1 u(x) + c_2 v(x)] dx = c_1 \int u(x) dx + c_2 \int v(x) dx$$

Beweis: Es habe u die Stammfunktion U und es habe v die Stammfunktion V, dann folgt hieraus

$$U' = u \quad \text{und} \quad V' = v$$

Es habe $c_1 u + c_2 v$ die Stammfunktion $c_1 U + c_2 V$, dann gilt

$$(c_1 U + c_2 V)' = c_1 u + c_2 v$$

womit der Satz bewiesen ist.

Bemerkung 14.1

(1) *Verallgemeinerung auf n Summanden*

(2) *Es gilt:*

$$\int [c_1 u(x) + c_2 v(x)] dx = c_1 U(x) + c_2 V(x) + C$$

Satz 14.2 *f sei auf [a,b] stetig und* $\int f(t) dt = F(t) + C$. *Ferner seien* $\alpha \in \mathbb{R} \setminus \{0\}$ *und* $\beta \in \mathbb{R}$. *Dann ist für alle x mit* $\alpha x + \beta \in [a, b]$

$$\int f(\alpha x + \beta) dx = \frac{1}{\alpha} F(\alpha x + \beta) + C$$

Beweis: Es gilt

$$\frac{d}{dx} F(t) = \frac{d}{dt} \int f(t) dt = f(t)$$

$$\frac{d}{dx} \left[\frac{1}{\alpha} F(\alpha x + \beta) \right] = \frac{1}{\alpha} f(\alpha x + \beta) \cdot \alpha = f(\alpha x + \beta)$$

Satz 14.3

(1) *f sei auf [a,b] stetig differenzierbar.* $\alpha \in \mathbb{R} \setminus \{-1\}$ *und* f^α *sei auf [a,b] definiert. Dann ist*

$$\int f'(x)[f(x)]^\alpha dx = \frac{1}{\alpha}[f(x)]^{\alpha+1} + C$$

(2) *f sei auf [a,b] stetig differenzierbar und* $f'(x) \neq 0$ *für alle* $x \in [a,b]$. *Dann ist*

$$\int \frac{f'(x)}{f(x)} dx = ln \mid f(x) \mid + C$$

Beweis:
Zu (1): Es gilt

$$\frac{d}{dx}\left\{\frac{1}{\alpha+1}[f(x)]^{\alpha+1}\right\} = \frac{1}{\alpha+1}(\alpha+1) \cdot [f(x)]^\alpha \cdot f'(x) = f'(x)\,[f(x)]^\alpha$$

Zu (2): Es gilt

$$\frac{d}{dx}\{ln \mid f(x) \mid\} = \frac{1}{f(x)} \cdot f'(x) = \frac{f'(x)}{f(x)}$$

Beispiel 14.1.3

Betrachtet werde das Integral

$$\int_2^3 \frac{dx}{x \cdot ln(x)}$$

welches durch die folgende Umformung mit direktem Bezug auf den obigen Satz bestimmt werden kann.

$$\int_2^3 \frac{dx}{x \cdot ln(x)} = \int_2^3 \frac{\frac{1}{x}}{ln(x)} dx = [ln \mid ln(x) \mid]_2^3 = 0.460$$

14.2 Partielle Integration

Es hat sich gezeigt, daß die Integration bei vielen Funktionen nicht einfach nach einem sogenannten "Kochrezept", wie dies vielleicht bei der Differentiation gegeben ist, ausgeführt werden kann, sondern, daß hierzu eine Vielzahl von "Tricks" notwendig erscheint.

Satz 14.4 *Sind die Funktionen u(x) und v(x) auf [a,b] stetig differenzierbar, so gilt auf [a,b]:*

$$\int u'(x)v'(x)dx = u(x)v(x) - \int u(x)v'(x)dx$$

Beweis: Betrachtet wird die Funktion

$$f(x) = u(x)v(x)$$

und ihre Ableitung

$$[u(x)v(x)]' = u'(x)v(x) + u(x)v'(x) \quad \Big| \int$$

Also gilt

$$\int [u(x)v(x)]'\,dx \underbrace{=}_{H.S.} u(x)v(x) = \int [u'(x)v(x) + u(x)v'(x)]\,dx$$

Damit

$$u(x)v(x) = \int u'(x)v(x)dx + \int u(x)v'(x)dx$$

Hieraus folgt die Behauptung

$$\int u'(x)v(x)dx = u(x)v(x) - \int u(x)v'(x)dx$$

Es gibt noch eine andere Möglichkeit der Beweisführung, auf die jedoch nicht eingegangen werden soll.

Anhand der folgenden Beispiele wird die Methode der partiellen Integration vertiefend betrachtet, wobei es von Wichtigkeit ist, die "richtige" Wahl bei der Betrachtung und Zerlegung der Integrandenfunktion zu treffen. Hierfür gibt es keine allgemeine Methode, was dahingehend erhebliche Schwierigkeiten bringen kann, daß es möglich ist, auch mit der falschen Reihenfolge zu beginnen.

Beispiel 14.2.1

Betrachtet werde das folgende Integral

$$\int xsin(x)dx$$

welches über die Methode der partiellen Integration gelöst wird. Zunächst ergibt die Betrachtung der Integrandenfunktion

$$u'(x) = sin(x),\ v(x) = x \ \Rightarrow\ u(x) = -cos(x),\ v'(x) = 1$$

Damit ergibt für die Integration

$$\int xsin(x)dx = -xcos(x) + \int cos(x)dx = -xcos(x) + sin(x) + C$$

Im nächsten Beispiel wird zur Vervollständigung ein bestimmtes Integral betrachtet, wobei es sich dabei vollständig analog verhält. Hier ist auch zunächst die Betrachtung der Integrandenfunktion im Vordergrund.

Beispiel 14.2.2

Über die die Integrandenbetrachtung

$$u'(x) = e^x,\ v(x) = sin(x),\ \Rightarrow\ u(x) = e^x,\ v'(x) = cos(x)$$

ergibt sich die folgende partielle Integration

$$\begin{aligned}\int_0^1 e^x sin(x)dx &= [e^x sin(x)]_0^1 - \int_0^1 e^x cos(x)dx = \\ &= [e^x sin(x)]_0^1 - \left\{[e^x cos(x)]_0^1 + \int_0^1 e^x sin(x)dx\right\} = \\ &= [e^x sin(x) - e^x cos(x)]_0^1 - \int_0^1 e^x sin(x)dx\end{aligned}$$

Hieraus ergibt sich durch elementare Umformung

$$2\int_0^1 e^x sin(x)dx = e^x\,[sin(x) - cos(x)]_0^1$$

woraus sich das Integral ergibt

$$\int_0^1 e^x sin(x)dx = \frac{1}{2}e^x\,[sin(x) - cos(x)]_0^1 = \frac{1}{2}\left(e(sin(1) - cos(1))\right) = 0,909...$$

Satz 14.5 *Es gilt für $n \in \mathbb{N}$ und $\alpha \in \mathbb{R} \setminus \{0\}$ die Rekursion:*

$$\int x^n e^{ax}dx = \frac{1}{a}x^n e^{ax} - \frac{n}{a}\int x^{n-1}e^{ax}dx$$

Beweis: Es sei

$$u'(x) = e^{ax},\ v(x) = x^n\ \Rightarrow\ u(x) = \frac{1}{a}e^{ax},\ v'(x) = nx^{n-1}$$

Damit liefert die partielle Integration

$$\int x^n e^{ax}dx = \frac{1}{a}x^n e^{ax} - \int \frac{1}{a}e^{ax}nx^{n-1}dx = \frac{1}{a}x^n e^{ax} - \frac{n}{a}\int x^{n-1}e^{ax}dx$$

Beispiel 14.2.3

Nach Anwendung der Rekursion oder wahlweise einer mehrfachen partiellen Integration ergibt sich

$$\int x^4 e^{-x}dx = -e^{-x}\left(x^4 + 4x^3 + 12x^2 + 24x + 24\right) + C$$

14.3 Integration durch Substitution

Eine ähnliche Methode stelle die "Integration durch Substitution" dar, welche neben der partiellen Integration zu den Grundmethoden zu zählen ist.
Berechnet werden soll das Integral

$$\int sin\left(\sqrt{x}\right) dx \quad \text{mit} \quad x \in \mathbb{R}_0^+$$

Die Einführung einer Substitution $t = \sqrt{x}$ liefert, wie in der Vorlesung gezeigt wird, nach einer Rücksubstitution das Integral.

Satz 14.6 *(Substitutionsmethode)*
Die Funktion $f : x \mapsto f(x)$ sei auf dem abgeschlossenen Intervall J stetig. Die Funktion $g : t \mapsto x = g(t)$ sei auf dem Intervall J stetig differenzierbar und umkehrbar. Es sei $W_g \subset J$. Dann ist $h : t \mapsto f(g(t))g'(t)$ über J integrierbar und es gilt für alle $x \in W_g$:

$$\int f(x)dx = \int f(g(t))g'(t)dt \quad mit \quad t = g^{-1}(x)$$

Beweis: Es ist zu zeigen, daß

$$\int f(x)dx = \int f(g(t)) \cdot g'(t)dt$$

mit $t = g^{-1}(x)$ gilt.

Es sei F Stammfunktion von f, d.h.

$$\frac{d}{dx}F(x) = f(x) \quad \forall\, x \in J$$

Mit $g : t \mapsto x = g(t)$ gilt nach der Kettenregel

$$\begin{aligned} \frac{d}{dx}F(g(t)) &= \frac{d}{dx}F(x) \cdot \frac{d}{dt}g(t) = F'(x) \cdot g'(t) \underbrace{=}_{x=g(t)} F'(g(t))g'(t) = \\ &\underbrace{=}_{H.S.\ F'(x)=f(x)} f(x)g'(t) = f(g(t))g'(t) \end{aligned}$$

Es ist die Funktion

$$F(g(t))$$

Stammfunktion der Funktion

$$f(g(t))g'(t)$$

und damit ist $F \circ g$ Stammfunktion von $(f \circ g) \cdot g'$. Es existiert die Umkehrfunktion g^{-1} zu g, d.h. es ist

$$t = g^{-1}(x)$$

die Umkehrfunktion zur Funktion

$$x = g(t)$$

Hieraus folgt

$$F(g(t)) = F(g(t = g^{-1}(x))) = F(g(g^{-1}(x))) = F(g(t)) \underbrace{=}_{x=g(t)} F(x) \quad \forall\, x \in W_g \subset J$$

Bemerkung 14.2 *Das bestimmte Integral*

$$\int_a^b f(x)dx = F(b) - F(a)$$

liefert mit den substituierten Grenzen $t_u = g^{-1}(a)$ *bzw.* $t_o = g^{-1}(b)$ *sofort:*

$$\int_a^b f(x)dx = \int_{t_u}^{t_o} h(t)dt = [H(t)]_{t_u}^{t_o}$$

Bemerkung 14.3 *Es ergibt sich mit*

$$x = g(t), \quad t = g^{-1}(x), \quad dx = g'(t)dt$$

das folgende Schema

$$\int f(x)dx = \int f(\underbrace{g(t)}_{x=g(t)})\ \underbrace{g'(t)dt}_{dx=g'(t)dt}\ dt = \int h(t)dt = H(t) + C = H(g^{-1}(x)) + C = F(x) + C$$

Etwas abweichend von der allgemeinen Darstellung wird praktisch die Integration durch Substitution anhand der folgenden Beispiele durchgeführt.

Beispiel 14.3.1

Betrachtet wird das folgende Integral

$$\int \frac{cos(ln(x))}{x}\, dx$$

zu welchem eine Stammfunktion anzugeben ist, was durch Integration mit Substitution geschieht

$$t = ln(x) \ \Rightarrow\ x = e^t \ \Rightarrow\ \frac{dx}{dt} = e^t \ \Rightarrow\ dx = e^t dt$$

Damit ergibt sich die Integration

$$\int \frac{cos(ln(x))}{x}\, dx = \int \frac{cos(t)}{e^t}\, e^t dt = \int cos(t)dt = sin(t) + C = sin(ln(x)) + C$$

Ebenso kann die Methode der Integration mittels Substitution auch auf bestimmte Integrale angewandt werden, wobei dann die Grenzen ebenfalls unter die Substitution fallen, was im nächsten Beispiel verdeutlicht wird.

Beispiel 14.3.2

Betrachtet wird das bestimmte Integral

$$\int_3^8 x\sqrt{x+1}dx$$

wobei sich die Substitution

$$t = x + 1,\ x = t - 1,\ dx = dt$$

anbietet. Die Grenzen werden dieser Substitution unterzogen

$$t_u = 3 + 1 = 4,\ t_0 = 8 + 1 = 9$$

Damit ergibt sich für die Integration

$$\int_3^8 x\sqrt{x+1}dx = \int_4^9 (t-1)\sqrt{t}dt = \int_4^9 \left\{t^{\frac{3}{2}} - t^{\frac{1}{2}}\right\} dt = 71,7$$

Kapitel 15

Uneigentliche Integrale

Bei den uneigentlichen Integralen bestehen die Integrationsgrenzen nicht mehr aus Zahlen, wie dies bisher der Fall war, sondern es kann hier auch Unendlich auftreten.

15.1 Integrale über unbeschränkte Intervalle

Definition 15.1 *(Uneigentliches Integral)*
Die Funktion f sei über jedem Intervall [a,t] mit $t \in (a, \infty)$ integrierbar. Existiert der Grenzwert

$$\lim_{t \to \infty} \int_a^t f(x)dx = J,$$

so nennt man J das ***uneigentliche Integral*** *von f über $[a, \infty)$ mit der Schreibweise*

$$J = \int_a^\infty f(x)dx$$

Bemerkung 15.1 *Die betrachtete Schreibweise*

$$\int_a^\infty f(x)dx$$

wird auch dann verwendet, wenn die Existenz von

$$\lim_{t \to \infty} \int_a^\infty f(x)dx$$

nicht sichergestellt ist. Existiert der Grenzwert, so heißt das Integral

$$\int_a^\infty f(x)dx$$

konvergent, andernfalls divergent.

Beispiel 15.1.1

Betrachtet werde

$$\int_1^{\infty} \frac{1}{x^2} dx$$

wobei die Integrandenfunktion die folgende grapische Darstellung hat.

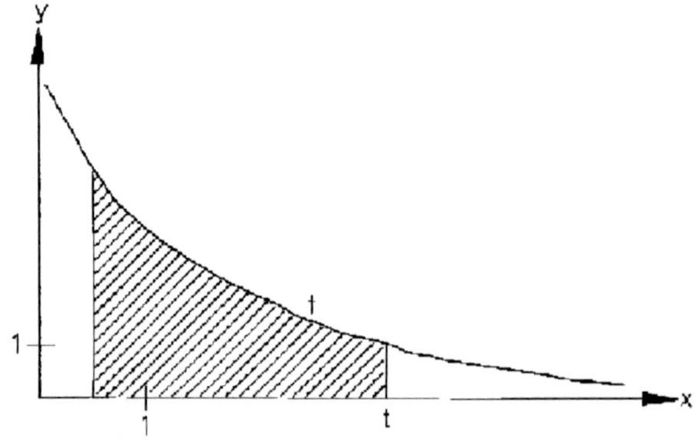

Abbildung 15.1: Funktion $f : x \mapsto f(x) = \frac{1}{x^2}$

Damit ergibt sich für die Integration

$$\int_1^{\infty} \frac{1}{x^2} dx = \lim_{t \to \infty} \int_1^{t} \frac{1}{x^2} dx = \lim_{t \to \infty} \left[-\frac{1}{x} \right]_1^t = \lim_{t \to \infty} \left(-\frac{1}{t} + 1 \right) = 1$$

Geometrisch interpretiert bedeutet dies, daß der Flächeninhalt für $t \to \infty$ gegen 1 strebt, d.h. das Integral konvergiert gegen den Grenzwert 1.

Die im vorangegangenen Beispiel erhaltene Konvergenz eines Integrals ist nicht zwingend und es kann auch Divergenz, wie im nächsten Beispiel zu sehen ist, vorliegen.

Beispiel 15.1.2

Betrachtet werde das uneigentliche Integral

$$\int_1^\infty \frac{1}{x} dx$$

welches, was anfänglich nicht zu sehen ist, keinen Grenzwert hat.

$$\int_1^\infty \frac{1}{x} dx = \lim_{t \to \infty} \int_1^t \frac{1}{x} dx = \lim_{t \to \infty} [ln(x)]_1^t = \lim_{t \to infty} ln(t)$$

Es ist ersichtlich, daß der Grenzwert nicht existiert, also ist das Integral divergent.

Satz 15.1 *Wenn das uneigentliche Integral von $| f |$ konvergiert, dann konvergiert auch das uneigentliche Integral von f.*

Satz 15.2 *(Majorantenkriterium für uneigentliche Integrale)*
Die Funktionen f und g seien über jedes Intervall [a,t] mit $t \in (a, \infty)$ integrierbar. Ferner sei $0 \leq | f(x) | \leq g(x)$ für alle $x \in [a, \infty)$. Dann gilt:

$$\int_a^\infty g(x)dx \quad konvergent \quad \Rightarrow \quad \int_a^\infty | f(x) | dx \quad konvergent$$

Satz 15.3 *(Minorantenkriterium für uneigentliche Integrale)*
Die Funktionen f und g seien über jedes Intervall [a,t] mit $t \in (a, \infty)$ integrierbar. Ferner sei $0 \leq g(x) \leq f(x)$ für alle $x \in [a, \infty)$. Dann gilt:

$$\int_a^\infty g(x)dx \quad divergent \quad \Rightarrow \quad \int_a^\infty f(x)dx \quad divergent$$

Definition 15.2 *f sei über jedes Intervall [t,a] mit $t \in (-\infty, a)$ integrierbar. Existiert der Grenzwert*

$$\lim_{t \to -\infty} \int_t^a f(x)dx = J,$$

so nennt man J das ***uneigentliche Integral von f über (-∞, a]*** *und verwendet die Schreibweise*

$$J = \int_{-\infty}^a f(x)dx$$

Beispiel 15.1.3

Betrachtet werde das Integral

$$\int_{-\infty}^0 e^x dx = \lim_{t \to -\infty} e^x dx = \lim_{t \to -\infty} (1 - e^t) = 1$$

Definition 15.3 *f sei über jedes Intervall $[t_1, t_2]$ mit $t_1, t_2 \in \mathbb{R}$ integrierbar und $\alpha \in \mathbb{R}$. Existieren die beiden Grenzwerte*

$$\lim_{t_1 \to \infty} \int_{t_1}^{a} f(x)dx = J_1 \quad \textit{und} \quad \lim_{t_2 \to \infty} \int_{a}^{t_2} f(x)dx = J_2,$$

so nennt man $J = J_1 + J_2$ das ***uneigentliche Integral*** *von f über $(-\infty, \infty)$. Die Schreibweise ergibt sich zu*

$$\int_{-\infty}^{\infty} f(x)dx$$

Bemerkung 15.2

(1) *J_1 und J_2 müssen unabhängig voneinander existieren.*

(2) *Die Zwischenstelle a kann beliebig gewählt werden.*

Durch weitere Beispiele wird die angesprochene Theorie vertieft, und auch hier kann sowohl Konvergenz, als auch Divergenz vorliegen.

Beispiel 15.1.4

Betrachtet werde die folgende Integration

$$\begin{aligned}\int_{-\infty}^{\infty} \frac{dx}{1+x^2} &= \lim_{t_1 \to -\infty} \int_{t_1}^{0} \frac{dx}{1+x^2} + \lim_{t_1 \to \infty} \int_{0}^{t_2} \frac{dx}{1+x^2} = \\ &= \lim_{t_1 \to -\infty} (-arctan(t_1)) + \lim_{t_2 \to \infty} (arctan(t_2)) = \frac{\pi}{2} + \frac{\pi}{2} = \pi\end{aligned}$$

Beispiel 15.1.5

Betrachtet werde das Integral

$$\begin{aligned}\int_{-\infty}^{\infty} xdx &= \lim_{t_1 \to -\infty} \int_{t_1}^{0} xdx + \lim_{t_2 \to \infty} \int_{0}^{t_2} xdx = \\ &= \lim_{t_1 \to -\infty} \left(-\frac{1}{2}t_1^2\right) + \lim_{t_2 \to \infty} \left(\frac{1}{2}t_2^2\right)\end{aligned}$$

welches nicht existiert, d.h. das Integral ist divergent.

Es gilt noch anzumerken, daß

$$\begin{aligned}\int_{-\infty}^{\infty} xdx &= \lim_{t \to \infty} \left[\int_{-t}^{0} xdx + \int_{0}^{t} xdx\right] = \\ &= \lim_{t \to \infty} \left[\frac{1}{2}t^2 - \frac{1}{2}t^2\right] = 0\end{aligned}$$

einen Widerspruch liefert.

Beispiel 15.1.6

Das Integral

$$\int_0^\infty \frac{dx}{x^2 + e^x}$$

ist konvergent, was über die Anwendung des Majorantenkriteriums nachgewiesen werden kann. Hierzu geht man vom Integral

$$\int_0^\infty e^{-x} dx = \lim_{t \to \infty} (-e^{-t} + 1) = 1$$

aus, welches konvergent ist. Es gilt die Abschätzung

$$0 < e^x \leq x^2 + e^x$$

welche die Invertierung

$$\frac{1}{e^x} \geq \frac{1}{x^2 + e^x}$$

zuläßt. Diese kann umgeformt werden zu

$$e^{-x} \geq \frac{1}{x^2 + e^x} \;\forall\quad x \in \mathbb{R}_0^+$$

Damit erhält man mit

$$\int_0^\infty e^{-x} dx = 1$$

eine konvergente Majorante und nach dem Majorantenkriterium ist das betrachtete Integral konvergent.

Im nächsten Beispiel wird, wenn das betrachtete Intgeral auch nicht problemlos gelöst werden kann, unter Heranziehen des Minorantenkriteriums die Divergenz nachgewiesen.

Beispiel 15.1.7

Das Integral

$$\int_2^\infty \sqrt{\frac{x+1}{x^2+1}} dx$$

ist divergent, was über das Minorantenkriterium nachgewiesen wird. Es gilt für $x \geq 2$

$$\frac{x+1}{x^2+1} > \frac{1}{x}$$

denn

$$x^2 + x > x^2 + 1 \;\Rightarrow\; \frac{x^2+x}{x(x^2+1)} > \frac{x^2+1}{x(x^2+1)} \;\Rightarrow\; \frac{x+1}{x^2+1} > \frac{1}{x} \;\Rightarrow\; \sqrt{\frac{x+1}{x^2+1}} > \sqrt{\frac{1}{x}}$$

Das Integral

$$\int_2^\infty \sqrt{\frac{1}{x}}$$

ist divergent, wobei auf

$$x^{-\frac{1}{2}}, \quad \alpha = -\frac{1}{2}$$

verwiesen wird. Es liegt mit dem letzten Integral eine divergente Minorante vor, d.h. das oben betrachtete Integral ist nach dem Minorantenkriterium divergent.

15.2 Integrale von nicht beschränkten Funktionen

Bei Funktionen können u.a. die folgenden Eigenschaften auftreten:

(1) auf abgeschlossenem Intervall definiert, aber nicht beschränkt.

(2) auf abgeschlossenem Intervall mit Ausnahme eines Punktes definiert.

Unendlichkeitsstelle liegt vor.

Definition 15.4 *f sei in $D = [a,b] \setminus \{x_0\}$ definiert und über jedes abgeschlossene Teilintervall $J \subset D$ integrierbar. Dann definiert man als uneigentliches Integral von f über [a,b]*

(1) $x_0 = b$:

$$\int_a^b f(x)dx = \lim_{t \to b^-} \int_a^t f(x)dx$$

falls der Grenzwert existiert

(2) $x_0 = a$:

$$\int_a^b f(x)dx = \lim_{t \to a^+} \int_t^b f(x)dx$$

falls der Grenzwert existiert

(3) $x_0 \in (a,b)$:

$$\int_a^b f(x)dx = \int_a^{x_0} f(x)dx + int_{x_0}^b f(x)dx$$

falls beide uneigentlichen Integrale existieren

Beispiel 15.2.1

$$\int_{-1}^{0} \frac{dx}{\sqrt[3]{x}}$$

Der Integrand ist für x=0 nicht definiert, d.h. das Integral ist uneigentlich und es gilt

$$\int_{-1}^{0} \frac{dx}{\sqrt[3]{x}} = \lim_{t \to 0^-} \int_{-1}^{t} \frac{dx}{\sqrt[3]{x}} = \lim_{t \to 0^-} \left[\frac{3}{2}\sqrt[3]{x^2}\right]_{-1}^{t} = \lim_{t \to 0^-} \left(\frac{3}{2}\sqrt[3]{t^2} - \frac{3}{2}\right) = -\frac{3}{2}$$

Beispiel 15.2.2

Beim Integral mit

$$\int_2^3 \frac{dx}{x-3} = \lim_{t \to 3^-} \int_2^t \frac{dx}{x-3} = \lim_{t \to 3^-} [ln \mid x-3 \mid]_2^t = \lim_{t \to 3^-} ln \mid t-3 \mid = -\infty$$

zeigt sich, daß kein Grenzwert existiert, d.h. das Integral ist divergent.

Beispiel 15.2.3

Beim Integral

$$\int_0^1 \frac{dx}{\sqrt{x}} = \lim_{t \to 0^+} \int_t^1 \frac{dx}{\sqrt{x}} = \lim_{t \to 0^+} \left[2\sqrt{x}\right]_t^1 = \lim_{t \to 0^+} (2 - 2\sqrt{t}) = 2$$

zeigt sich durch die ausgeführte Betrachtung, daß es konvergiert.

Beispiel 15.2.4

Beim Integral

$$\int_{-1}^1 \frac{dx}{x^2}$$

ist der Integrand bei x=0 nicht definiert. Die Divergenz wird wie folgt nachgewiesen.

$$\begin{aligned}
\int_{-1}^1 \frac{dx}{x^2} &= \int_{-1}^0 \frac{dx}{x^2} + \int_0^1 \frac{dx}{x^2} = \\
&= \lim_{t_1 \to 0^-} \int_{-1}^{t_1} \frac{dx}{x^2} + \lim_{t_2 \to 0^+} \int_{t_2}^1 \frac{dx}{x^2} = \\
&= \lim_{t_1 \to 0^-} \left(-\frac{1}{t_1} - 1\right) + \lim_{t_2 \to 0^+} \left(-1 + \frac{1}{t_2}\right)
\end{aligned}$$

Beispiel 15.2.5

Betrachtet werde das Integral

$$\int_a^\infty \frac{dx}{x^\alpha} \quad \text{mit} \quad a \in \mathbb{R}^+,\ \alpha \in \mathbb{R}$$

wobei die Fälle $\alpha = 2,\ \alpha = 1$ bekannt ist. Damit gilt für $\alpha \neq 1$ für das Integral

$$\int_a^\infty \frac{dx}{x^\alpha} = \lim_{t \to \infty} \int_a^t x^{-\alpha} dx = \lim_{t \to \infty} \left[\frac{x^{1-\alpha}}{1-\alpha}\right]_a^t = \lim_{t \to \infty} \left[\frac{1}{1-\alpha}\left(t^{1-\alpha} - a^{1-\alpha}\right)\right]$$

Falls $\alpha > 1$ dann existiert der Grenzwert und es gilt

$$\int_a^\infty \frac{dx}{x^{alpha}} = \frac{a^{1-\alpha}}{\alpha - 1} \quad \text{für} \quad \alpha \in (1, \infty) \quad \text{konvergent}$$

$$\int_a^\infty \frac{dx}{x^\alpha} \quad \text{für} \quad \alpha \in (-\infty, 1) \quad \text{divergent}$$

Für den Grenzübergang gilt

$$\alpha > 1 \Rightarrow 1 - \alpha < 0 \Rightarrow \lim_{t \to \infty} \frac{t^{1-\alpha}}{1-\alpha} = 0$$

Kapitel 16

Partialbruchzerlegung

Die Integration gestaltet sich nicht so einfach und es bestehen hierfür auch keinerlei universell anzuwendende "Kochrezepte", was sich insbesondere bei den gebrochen-rationalen Funktionen bemerkbar macht, für welche ein besonderes Verfahren zur Integration betrachtet werden soll. Herangezogen werden ausschließlich echt-gebrochen-rationale Funktionen, die integriert werden. Hierfür lassen sich mit den bisherigen Methoden keine Stammfunktionen angeben und es ist noch zu beachten, daß die Integrandenfunktionen grundsätzlich echt-gebrochen-rationale Funktionen sein müssen. Sollte dies nicht der Fall sein, so kann zunächst durch eine Aufspaltung in eine rationale Funktion und eine echt-gebrochen-rationale Fuktion vorgenommen werden.

16.1 Allgemeine Betrachtungen

Betrachtet wird eine gebrochen-rationale Funktion

$$f(x) = \frac{P(x)}{Q(x)} = \frac{a_n x^n + a_{n-1}x^{n-1} + ... + a_1 x + a_0}{b_m x^m + b_{m-1}x^{m-1} + ... + b_1 x + b_0}$$

mit einem **Zählerpolynom**

$$P : x \mapsto P(x) = \sum_{i=0}^{n} a_i x^i$$

und einem **Nennerpolynom**

$$Q : x \mapsto Q(x) = \sum_{i=0}^{m} b_i x^i$$

Allgemein wird von einem **Polynombruch** gesprochen, da der Quotient zweier Polynome unterschiedlichen Grades vorliegt.

Es stellt sich die Frage nach der Integration derart beschaffener Funktionen, für die sich nicht sofort, oder durch eine vielleicht geeignete "trickreiche Substitution" sofort eine Stammfunktion angeben läßt.

Ziel: Die echt-gebrochen-rationale Funktion $f : x \mapsto f(x)$ soll als Summe von Teilbrüchen (Partialbrüche) dargestellt werden, die sich mit Einschränkungen leicht integrieren lassen.

Dies führt zur folgenden **Fallunterscheidung:**

1. f(x) echt gebrochen-rational

   (a) grad P(x) $<$ grad Q(x)

   (b) Q(x) läßt sich in m voneinander verschiedene Linearfaktoren zerlegen. (Fundamentalsatz der Algebra)

2. f(x) unecht gebrochen-rational

   (a) grad $P(x) \geq gradQ(x)$

   (b) Zerlegung von

   $$f(x) = \frac{P(x)}{Q(x)} = S(x) + \frac{R(x)}{Q(x)}$$

   in ein Polynom S(x) und eine echt gebrochen-rationale Funktion

   $$\frac{R(x)}{Q(x)},$$

   d.h. grad R(x) $<$ grad Q(x)

Im Fall der unecht gebrochen-rationalen Funktion wird der vorliegende Polynombruch mittels Polynomdivision in ein Polynom S(x) und eine echt gebrochen-rationale Funktion

$$\frac{R(x)}{Q(x)}$$

zerlegt, d.h.

$$f(x) = \frac{P(x)}{Q(x)} = S(x) + \frac{R(x)}{Q(x)}$$

worin S(x) und R(x) Polynome sind. Jetzt gilt grad R(x)$<$ grad Q(x), d.h. der bei der Polynomdivision entstandene Rest stellt eine echt gebrochen-rationale Funktion dar, auf welche die noch anzusprechenden Zerlegungsverfahren angewandt werden können.

Prinzip: Der echte Polynombruch (echt gebrochen-rationale Funktion) wird in eine Summe von Partialbrüchen (Teilbrüche) zerlegt. Jeder Partialbruch kann getrennt behandelt werden, d.h. integriert.

Anwendungsgebiete

1. Integration der Partialbrüche auf einfache Art, was bei der Ausgangsfunktion nicht sofort möglich ist.

2. Anwendung der inversen Laplace-Transformation [1] L^{-1} auf Partialbruchdarstellungen von Übertragungsfunktionen im Bildbereich, um Funktionen im Zeit-Bereich zu erhalten. (Anwendung in der Regelungstechnik und der Signal- und Systemtheorie)

[1] Pierre Simon Laplace (23.03.1749 - 05.03.1827)

Die Zerlegung in Partialbrüche ist dann erforderlich, wenn eine direkte Behandlung der gebrochen-rationalen Funktion nicht möglich ist. Für die Durchführung der Partialbruchzerlegung ist das Nennerpolynom Q(x) auf Nullstellen zu untersuchen. Nach der besonderen Beschaffenheit dieser richtet sich der Ansatz für die vorzunehmende Partialbruchzerlegung. Damit gelangt man zur folgenden Klassifikation des Nennerpolynoms:

(1) Reelle einfache voneinander verschiedene Nullstellen: Das Nennerpolynom Q(x) hat nur einfache Nullstellen, d.h.

$$Q(x) = (x - x_1)(x - x_2) \cdot \ldots\ldots\ldots \cdot (x - x_m)$$

(2) Mehrfache reelle Nullstellen: Das Nennerpolynom Q(x) hat reelle Nullstellen, die auch mehrfach auftreten, d.h.

$$Q(x) = (x - x_1)^{k_1} \cdot (x - x_2)^{k_2} \cdot \ldots\ldots\ldots \cdot (x - x_r)^{k_r}$$

mit $k_1 + k_2 + \ldots + k_r = gradQ(x)$. Die $k_i (i = 1, \ldots, r)$ sind die Vielfachheiten der Nullstellen $x_i (i = 1, \ldots, r)$

(3) Einfache komplexe Nullstellen: Das Nennerpolynom Q(x) besitzt einfache komplexe Nullstellen, d.h.

$$Q(x) = \left[(x - \alpha_1)^2 + \beta_1^2\right] \cdot \left[(x - \alpha_2)^2 + \beta_2^2\right] \cdot \ldots \cdot \left[(x - \alpha_p)^2 + \beta_p^2\right]$$

(4) Mehrfache komplexe Nullstellen: Das Nennerpolynom Q(x) hat mehrfache komplexe Nullstellen, d.h.

$$Q(x) = \left[(x - \alpha)^2 + \beta^2\right]^k$$

Dies Fälle werden im Weiteren detailiert betrachtet und darüber hinausgehende Überlegungen müssen nicht angestellt werden.

16.2 Einfache reelle Nullstellen

Das Nennerpolynom Q(x) hat nur einfache voneinander verschiedene Nullstellen, d.h.

$$Q(x) = b_m x^m + b_{m-1}x^{m-1} + ... + b_1 x + b_0 = (x - x_1)(x - x_2) \cdot ... \cdot (x - x_m)$$

mit $x_1, ..., x_m \in \mathbb{R}$ und $x_I \neq x_k$ für alle $i \neq k$. Mit $f(x) = \frac{P(x)}{Q(x)}$ und $grad P(x) < grad Q(x)$ ergibt sich für die Partialbruchzerlegung der folgende Ansatz:

$$f(x) = \frac{P(x)}{Q(x)} = \frac{A_1}{x - x_1} + \frac{A_2}{x - x_2} + ... + \frac{A_m}{x - x_m}$$

mit $A_1, ..., A_m \in \mathbb{R}$

Beispiel 16.2.1

Betrachtet wird eine echt-gebrochen-rationale Funktion

$$f : x \mapsto f(x) = \frac{4x - 9}{x^2 - 8x^2 + 15}$$

welche sich in das Zählerpolynom $P(x) = 4x-9$ und das Nennerpolynom $Q(x) = x^2-8x^2+15$ aufspalten läßt. Es gilt

$$grad\ (4x - 9) < grad\ (x^2 - 8x + 15)$$

also handelt es sich um eine echt-gebrochen-rationale Funktion. Das Nennerpolynom Q(x) erlaubt die folgende Zerlegung

$$Q(x) = x^2 - 8x + 15 = (x - 5)(x - 3) = 0 \Leftrightarrow x_1 = 5,\ x_2 = 3$$

Damit ergibt sich für die Partialbruchzerlegung der Ansatz

$$\frac{4x - 9}{x^2 - 8x + 15} = \frac{A_1}{x - 5} + \frac{A_2}{x - 3}$$

dessen beidseitige Multiplikation mit $(x - 5)(x - 3)$ ergibt dann

$$4x - 9 = A_1(x - 3) + A_2(x - 5)$$

woraus auf zwei Methoden die beiden Koeffizienten A_1, A_2 bestimmt werden können.

1. Methode

   $$4x - 9 = A_1 x - 3A_1 + A_2 x - 5A_2 = x(A_1 + A_2) - 3A_1 - 5A_2$$

   Der Koeffizientenvergleich liefert das Gleichungssystem

   $$\begin{array}{ll} (1) & A_1 + A_2 = 4 \\ (2) & -3A_1 - 5A_2 = -9 \end{array}$$

   dessen Lösung sich zu

   $$A_1 = \frac{11}{2} \quad A_2 = -\frac{3}{2}$$

   ergibt.

2. Methode

In die Gleichung

$$4x - 9 = A_1(x-3) + A_2(x-5)$$

werden die beiden Nullstellen $x = 5$ und $x = 3$ eingesetzt:

$$x = 5: \quad 11 = 2A_1 \;\Rightarrow\; A_1 = \tfrac{11}{2}$$

$$x = 3: \quad 3 = -2A_2 \;\Rightarrow\; A_2 = -\tfrac{3}{2}$$

Bei einer exakten Darstellung muß der Grenzübergang $x \to 5$ und $x \to 3$ betrachtet werden. Dieser kann jedoch nach der gewählten Umformung weggelassen werden.

Mit den so gewonnenen Koeffizienten ergibt sich die Partialbruchzerlegung

$$\frac{4x-9}{x^2-8x+15} = \frac{11}{5} \cdot \frac{1}{x-5} - \frac{3}{2} \cdot \frac{1}{x-3}$$

welche eine problemlose Integration der einzelnen Teilbrüche zuläßt.

Im obigen Beispiel hat es sich um eine echt-gebrochen-rationale Funktion gehandelt, wobei jedoch nicht sichergestellt ist, daß eine solche immer vorliegt, wie dies im folgenden weiteren Beispiel der Fall ist. Daher muß auf eine Polynomdivision zurückgegriffen werden.

Beispiel 16.2.2

Betrachtet werde eine unecht-gebrochen-rationale Funktion

$$f : x \mapsto f(x) = \frac{2x^4 - x^2 - 5x + 1}{x^3 - x^2 - x + 1}$$

mit dem Zählerpolynom $P(x) = 2x^4 - x^2 - 5x + 1$ und dem Nennerpolynom $Q(x) = x^3 - x^2 - 2x$, woraus zu ersehen ist, daß

$$grad\,(2x^4 - x^2 - 5x + 1) > grad\,(x^3 - x^2 - 2x)$$

gilt, d.h. es liegt eine unecht-gebrochen-rationale Funktion vor. Auch wenn sich aufgrund der Faktorisierbarkeit der Nennerfunktion es naheliegend wäre, sofort eine Partialbruchzerlegung vorzunehmen, so würde aufgrund der Mißachtung der notwendigen Voraussetzung das gesamte Vorhaben scheitern. Über eine Polynomdivision ergibt sich

$$(2x^4 - x^2 - 5x + 1) : (x^3 - x^2 - 2x) = 2x + 2 + \frac{5x^2 - x + 1}{x^3 - x^2 - 2x}$$

Also

$$s(x) = 2x + 2 \quad \text{und} \quad \frac{R(x)}{Q(x)} = \frac{5x^2 - x + 1}{x^3 - x^2 - 2x} \text{ mit } R(x) = 5x^2 - x + 1,\; Q(x) = x^3 - x^2 - 2x$$

Es ergeben sich die Nullstellen des Nennerpolynoms aus der Faktorisierung

$$Q(x) = x^3 - x^2 - 2x = x(x^2 - x - 2) = x(x-2)(x+1) \;\Rightarrow\; x_1 = 0,\; x_2 = 2,\; x_3 = -1$$

Damit kann für die Partialbruchzerlegung der Ansatz gewonnen werden

$$\frac{5x^2 - x + 1}{x^3 - x^2 - 2x} = \frac{A_1}{x} + \frac{A_2}{x-2} + \frac{A_3}{x+1}$$

welcher nach der Multiplikation mit $x(x-2)(x+1)$ übergeht in

$$5x^2 - x + 1 = A_1(x-2)(x+1) + A_2x(x+1) + A_3x(x-2) = A_1(x^2-2x+x-2) + A_2x^2 + A_2x + A_3x^2 - 2A_3x =$$

$$= A_1x^2 - A_1x - 2A_1 + A_2x^2 + A_2x + A_3x^2 - 2A_3x = x^2(A_1+A_2+A_3) + x(-A_1+A_2-2A_3) - 2A_1$$

An dieser Stelle bestehen ebenfalls zwei Möglichkeiten der Koeffizientenbestimmung, nämlich

1. Methode

$$5x^2 - x + 1 = x^2(A_1 + A_2 + A_3) + x(-A_1 + A_2 - 2A_3) - 2A_1$$

Koeffizientenvergleich ergibt

$$\begin{aligned} (1) \quad 5 \quad &= A_1 + A_2 + A_3 \\ (2) \quad -1 \quad &= -A_1 + A_2 - 2A_3 \\ (3) \quad 1 \quad &= -2A_1 \end{aligned}$$

woraus sich durch Lösen der drei Gleichungssysteme mit drei Variablen die Koeffizienten ergeben

$$A_1 = -\frac{1}{2} \qquad A_2 = \frac{19}{6} \qquad A_3 = \frac{7}{3}$$

2. Methode

$$5x^2 - x + 1 = A_1(x-2)(x+1) + A_2x(x+1) + A_3x(x-2)$$

liefert mittels Einsetzen der beiden Nullstellen $x = 0, x = -1$, sowie eines weiteren beliebig gewählten Wertes $x = 0$ die gesuchten Koeffizienten

$$\begin{aligned} x = 0: &\quad 1 = -2A_1 \Rightarrow A_1 = -\tfrac{1}{2} \\ x = -1: &\quad 7 = 3A_3 \Rightarrow A_3 = \tfrac{7}{3} \\ x = 2: &\quad 19 = 6A_2 \Rightarrow A_2 = \tfrac{19}{6} \end{aligned}$$

Damit ergibt sich, aus welcher Methode die Koeffizienten auch stammen, für die Partialbruchzerlegung

$$\frac{5x^2 - x + 1}{x^3 - x^2 - 2x} = -\frac{1}{2x} + \frac{19}{6(x-2)} + \frac{7}{3(x+1)}$$

auf deren Grundlage die Integration ausgeführt werden kann.

16.3 Mehrfache reelle Nullstellen

Bei den mehrfachen reellen Nullstellen hat das Nennerpolynom Q(x) nur reelle Nullstellen, die, im Unterschied zur obigen Betrachtung, auch mehrfach auftreten können, was zunächst die folgende Faktorisierung zuläßt.

$$Q(x) = (x - x_1)^{k_1}(x - x_2)^{k_2} \cdot ... \cdot (x - x_r)^{k_r}$$

mit

$$k_1 + k_2 + ... + k_r = gradQ(x)$$

Die k_i $(i = 1, ..., r)$ sind die Vielfachheiten der Nullstellen x_i $(i = 1, ..., r)$, d.h. wie oft eine Nullstelle vorkommt.

Um auf der rechten und linken Seite im Nenner Ausdrücke des gleichen Grades zu erhalten, muß der folgende Ansatz für $grad\ P(x) < grad\ Q(x)$ gewählt werden.

$$\frac{P(x)}{Q(x)} = \frac{A_{11}}{x - x_1} + \frac{A_{12}}{(x - x_1)^2} + ... + \frac{A_{1k_1}}{(x - x_1)^{k_1}} + \frac{A_{21}}{x - x_2} + \frac{A_{22}}{(x - x_2)^2} + ... + \frac{A_{2k_2}}{(x - x_2)^{k_2}} + ...$$

$$... + \frac{A_{r1}}{x - x_r} + \frac{A_{r2}}{(x - x_r)^2} + ... + \frac{A_{rk_r}}{(x - x_r)^{k_r}}$$

Bemerkung 16.1 *Bei den Koeffizienten A_{ik} gibt der erste Index i die Nullstelle des Nennerbinoms an. Der zweite Index k gibt den Exponenten des Nennerbinoms an.*

Die Mißachtung dieses Ansatzes liefert evidente Widersprüche, welche sich darin äußern, daß beispielsweise "gezeigt" werden kann, daß $2 = 3$ ist. Die Partialbruchzerlegung mißlingt und damit ist dann auch keine Integration möglich.

Beispiel 16.3.1

Betrachtet werde die Funktion $f : \mathbb{R} \to \mathbb{R}$ mit

$$f : x \mapsto f(x) = \frac{2x + 3}{(x - 1)^2(x + 1)}$$

und dem Zählerpolynom $P(x) = 2x + 3$ und dem Nennerpolynom $Q(x) = (x - 1)^2(x + 1)$. Es ist zu ersehen, daß bei $x_1 = 1$ eine doppelte Nullstelle vorliegt und bei $x_2 = -1$ eine einfache Nullstelle. Damit ergibt sich für die Partialbruchzerlegung der folgende Ansatz

$$\frac{2x + 3}{(x - 1)^2(x + 1)} = \frac{A_{11}}{x - 1} + \frac{A_12}{(x - 1)^2} + \frac{A_{21}}{x + 1}$$

was durch Multiplikation mit $(x - 1)^2(x + 1)$ übergeht in

$$2x + 3 = A_{11}(x - 1)(x + 1) + A_{12}(x + 1) + A_{21}(x - 1)^2$$

Über den folgenden bekannten Ansatz können die Koeffizienten gewonnen werden

$$x = 1: \quad 5 = 2A_{12} \Rightarrow A_{12} = \tfrac{5}{2}$$

$$x = -1: \quad 1 = 4A_{21} \Rightarrow A_{21} = \tfrac{1}{4}$$

$$x = 0: \quad 3 = -A_{11} + A_{12} + A_{21} = -A_{11} + \tfrac{5}{2} + \tfrac{1}{4} \Rightarrow A_{11} = -\tfrac{1}{4}$$

Zu beachten ist, daß es sich bei $x = 1, x = -1$ um Nullstellen gehandelt hat, während $x = 0$ beliebig gewählt wurde, wobei diese Wahl unter der Rücksicht einer einfachen Bestimmung des Koeffizienten geschieht. Für die Partialbruchzerlegung ergibt sich dann

$$\frac{2x+3}{(x-1)^2(x+1)} = -\frac{1}{4}\frac{1}{x-1} + \frac{5}{2}\frac{1}{(x-1)^2} + \frac{1}{4}\frac{1}{x+1}$$

An einem weiteren Beispiel soll die Thematik der mehrfachen Nullstellen weiter vertieft werden.

Beispiel 16.3.2

Betrachtet werde die Funktion $f : \mathbb{R} \to \mathbb{R}$ mit

$$f : x \mapsto f(x) = \frac{x^3 - 2x^2 + x - 4}{x^4 - 8x^3 + 24x^2 - 32x + 16}$$

mit der Zählerfunktion $P(x) = x^3 - 2x^2 + x - 4$ und der Nennerfunktion $Q(x) = x^4 - 8x^3 + 24x^2 - 32x + 16 = (x-2)^4$ Die Faktorisierung zeigt, daß bei $x = 2$ eine vierfache Nullstelle vorliegt. Der Ansatz liefert die angegebenen Koeffizienten

$$\frac{x^3 - 2x^2 + x - 4}{x^4 - 8x^3 + 24x^2 - 32x + 16} = \frac{A_{11}}{x-2} + \frac{A_{12}}{(x-2)^2} + \frac{A_{13}}{(x-2)^3} + \frac{A_{14}}{(x-2)^4}$$

Die beidseitige Multiplikation mit $(x-2)^4$ liefert

$$x^3 - 2x^2 + x - 4 = A_{11}(x-2)^3 + A_{12}(x-2)^2 + A_{13}(x-2) + A_{14}$$

und mit der Sortierung nach Potenzen von x erhält man

$$x^3-2x^2+x-4 = A_{11}x^3+(-6A_{11}+A_{12})x^2+(12A_{11}-4A_{12}+A_{13})x+(-8A_{11}+4A_{12}-2A_{13}+A_{14})$$

und daraus den Koeffizientenvergleich

$$\begin{aligned} A_{11} &= 1 \\ -6A_{11} + A_{12} &= -2 \\ 12A_{11} - 4A_{12} + A_{13} &= 1 \\ -8A_{11} + 4A_{12} - 2A_{13} + A_{14} &= -4 \end{aligned}$$

Hieraus ergeben sich die Koeffizienten

$$A_{11} = 1 \quad A_{12} = 4 \quad A_{13} = 5 \quad A_{14} = -2$$

und damit erhält man die Partialbruchzerlegung

$$\frac{x^3 - 2x^2 + x - 4}{x^4 - 8x^3 + 24x^2 - 32x + 16} = \frac{1}{x-2} + 4\frac{1}{(x-2)^2} + 5\frac{1}{(x-2)^3} - 2\frac{1}{(x-2)^4}$$

was die einfachere Integration erlaubt.

Bemerkung 16.2

Verwiesen wird auf den folgenden Widerspruch, womit gezeigt werden kann, daß 2=3 gilt, was ausgeführt wird.

$$\frac{2x+3}{(x-1)^2(x+1)} = \frac{A}{x+1} + \frac{B}{(x-1)^2} \;\Big|\cdot(x-1)^2(x+1)$$

Damit ergibt sich

$$\begin{aligned} 2x+3 &= A(x-1)^2 + B(x+1) \\ &= A(x^2-2x+1) + Bx + B \\ &= Ax^2 - 2Ax + A + Bx + B \\ &= x^2A + x(-2A+B) + A + B \end{aligned}$$

Der Koeffizientenvergleich ergibt sofort

$$\begin{aligned} A &= 0 \\ 2 &= -2A + B \Rightarrow 2 = B \\ 3 &= A + B \Rightarrow 3 = B \end{aligned}$$

16.4 Einfache komplexe Nullstellen

Das Nennerpolynom Q(x) besitzt nur einfache komplexe Nullstellen,wobei zwei zueinander konjugiert komplexe Nullstellen zu einem quadratischen Faktor zusammengefaßt werden, d.h.

$$x_1 = \alpha_1 + i\beta_1, \quad x_2 = \alpha_1 - i\beta_1 := \overline{x_1} \quad \alpha_1,\ \beta_1 \in \mathbb{R},\ i^2 = -1, x_1, x_2 \in \mathbb{C}$$

damit ergibt sich

$$(x - x_1)(x - x_2) = [(x - \alpha_1) - i\beta_1]\,[(x - \alpha_1) + i\beta_1] = (x - \alpha_1)^2 + \beta_1^2$$

Jetzt können Teilbrüche mit solchen quadratischen Nennerpolynomen dargestellt werden. Dies liefert für das Nennerpolynom Q(x) sofort

$$Q(x) = \left[(x - \alpha_1)^2 + \beta_1^2\right]\left[(x - \alpha_2)^2 + \beta_2^2\right] \cdot \ldots \cdot \left[(x - \alpha_p)^2 + \beta_p^2\right]$$

und damit ergibt sich für f(x) mit $grad\ P(x) < grad\ Q(x)$ der Ansatz für die Partialbruchzerlegung

$$\frac{A_1x + B_1}{(x - \alpha_1)^2 + \beta_1^2} + \frac{A_2x + B_2}{(x - \alpha_2)^2 + \beta_2^2} + \ldots + \frac{A_px + B_p}{(x - \alpha_p)^2 + \beta_p^2}$$

Es ist zu sehen, daß jeder Partialbruch die gleiche Struktur aufzuweisen hat.

Beispiel 16.4.1

Betrachtet werde die Funktion $f : \mathbb{R} \to \mathbb{R}$ mit

$$f : x \mapsto f(x) = \frac{6x - 11}{x^2 - 8x + 25}$$

mit dem Zählerpolynom $P(x) = 6x - 11$ und dem Nennerpolynom $Q(x) = x^2 - 8x + 25$, welches durch die quadratische Ergänzung

$$x^2-8x+25 = x^2-8x+\left(\frac{8}{2}\right)^2-\left(\frac{8}{2}\right)^2+25 = x^2-8x+16+25-16 = x^2-8x-(4)^2+25-16 = (x-4)^2+9$$

dann in der Form

$$Q(x) = (x - 4)^2 + 3^2$$

also die Summe von zwei Quadraten dargestellt werden kann, was gleichbedeutend ist mit konjugiert komplexen Nullstellen. Damit kann die vereinfachte Zerlegung

$$\frac{6x - 11}{x^2 - 8x + 25} = 3\ \frac{2(x - 4)}{(x - 4)^2 + 9} + \frac{13}{(x - 4)^2 + 9}$$

gewonnen werden, deren Integration im Weiteren zunächst allgemein angegeben wird.

Beispiel 16.4.2

Betrachtet werde die Funktion $f : \mathbb{R} \to \mathbb{R}$ mit

$$f : x \mapsto f(x) = \frac{2x - 7}{(x^2 + 1)(x^2 - 2x + 4)}$$

mit dem Zählerpolynom

$$P(x) = 2x - 7$$

und dem Nennerpolynom

$$Q(x) = (x^2 + 1)(x^2 - 2x + 4) = (x^2 + 1)\left[(x - 1)^2 + 3\right]$$

welches ausschließlich die einfachen komplexen Nullstellen

$$x_1 = +i,\ x_2 = -i,\ x_3 = 1 + i\sqrt{3},\ x_4 = 1 - i\sqrt{3}$$

aufzuweisen hat. Mit dem Partialbruchansatz

$$\frac{2x - 7}{(x^2 + 1)(x^2 - 2x + 4)} = \frac{A_1 x + B_1}{x^2 + 1} + \frac{A_2 x + B_2}{(x - 1)^2 + 3}$$

ergeben sich die Koeffizienten

$$A_1 = -\frac{8}{13} \quad A_2 = \frac{8}{13} \quad B_1 = -\frac{25}{13} \quad B_2 = \frac{9}{13}$$

womit sich die Partialbruchzerlegung zu

$$\frac{2x - 7}{(x^2 + 1)(x^2 - 2x + 4)} = \frac{-\frac{8}{13}x - \frac{25}{13}}{x^2 + 1} + \frac{\frac{8}{13}x + \frac{9}{13}}{(x - 1)^2 + 3}$$

ergibt, welcher damit in einer integrierbaren Form vorliegt.

Betrachtet werde die allgemeine Struktur

$$\frac{Ax + B}{(x - \alpha)^2 + \beta^2}$$

der Integrandenfunktion, welche die Umformung zuläßt

$$\frac{Ax + B}{(x - \alpha)^2 + \beta^2} = \frac{2C(x - \alpha) + D}{(x - \alpha)^2 + \beta^2} = C\ \frac{2(x - \alpha)}{(x - \alpha)^2 + \beta^2} + \frac{D}{(x - \alpha)^2 + \beta^2}$$

Es ist zu ersehen, daß der erste Bruch sofort integriert werden kann und nur noch der zweite Bruch eine Umformung erforderlich macht. Damit gilt

$$Ax + B = 2C(x - \alpha) + D = 2Cx + (-2\alpha C + D)$$

woraus sich durch Koeffizientenvergleich

$$C = \frac{1}{2}A \quad D = \alpha A + B$$

ergibt. Die Umformung des zweiten Bruches in eine integrierbare Form liefert

$$\frac{D}{(x-\alpha)^2+\beta^2} = \frac{D}{\beta^2} \cdot \frac{1}{\left(\frac{x-\alpha}{\beta}\right)^2+1}$$

Die Integration liefert in allgemeiner Vorgehensweise für den ersten Partialbruch

$$C \int \frac{2(x-\alpha)}{(x-\alpha)^2+\beta^2}\, dx = C\, ln\left[(x-\alpha)^2+\beta^2\right] + K_1$$

Beim zweiten Partialbruch ergibt sich

$$\frac{D}{\beta^2} \int \frac{dx}{\left(\frac{x-\alpha}{\beta}\right)^2+1} = \frac{D}{\beta^2} \int \frac{1}{z^2+1} \beta dz = \frac{D}{\beta}\, arctan(z) + K_2 = \frac{D}{\beta}\, arctan\left(\frac{x-\alpha}{\beta}\right) + K_2$$

unter Berücksichtigung der folgenden Substitution

$$z := \frac{x-\alpha}{\beta} \Rightarrow \frac{dz}{dx} = \frac{1}{\beta} \Rightarrow dx = \beta dz$$

Damit kann das Integral allgemein angegeben werden

$$\int \frac{Ax+B}{(x-\alpha)^2+\beta^2}\, dx = \frac{1}{2}\, A\, ln\left[(x-\alpha)^2+\beta^2\right] + \frac{\alpha A+B}{\beta} arctan\left(\frac{x-\alpha}{\beta}\right) + K_2$$

16.5 Mehrfache komplexe Nullstellen

Das Nennerpolynom Q(x) hat mehrfache komplexe Nullstellen. Es wird vorausgesetzt, daß Q(x) lediglich die konjugiert komplexen Nullstellen

$$x = \alpha + i\beta \quad \text{und} \quad \overline{x} = \alpha - i\beta$$

k-fach habe. Ansonsten liegen keine weiteren Nullstellen vor. Damit kann Q(x) in der Form

$$Q(x) = \left[(x-\alpha)^2 + \beta^2\right]^k$$

geschrieben werden.

Mit *grad* $P(x) <$ *grad* $Q(x)$ und obiger Darstellung von Q(x) ergibt sich der Ansatz

$$\frac{A_1 x + b_1}{(x-\alpha)^2 + \beta^2} + \frac{A_2 x + b_2}{[(x-\alpha)^2 + \beta^2]^2} + \ldots\ldots + \frac{A_k x + b_k}{[(x-\alpha)^2 + \beta^2]^k}$$

Beispiel 16.5.1

Betrachtet werde die Funktion $f : \mathbb{R} \to \mathbb{R}$ mit

$$f : x \mapsto f(x) = \frac{x^3 - 2x + 1}{[(x-1)^2 + 5]^2}$$

mit dem Zählerpolynom $P(x) = x^3 - 2x + 1$ und dem Nennerpolynom $Q(x) = [(x-1)^2 + 5]^2$, welches zweifache komplexe Nullstellen hat. Über den Partialbruchansatz

$$\frac{x^3 - 2x + 1}{[(x-1)^2 + 5]^2} = \frac{A_1 x + B_1}{(x-1)^2 + 5} + \frac{A_2 x + B_2}{[(x-1)^2 + 5]^2}$$

ergeben sich die Koeffizienten

$$A_1 = 1 \quad B_1 = 2 \quad A_2 = -4 \quad B_2 = -11$$

Bemerkung 16.3 *Das Nennerpolynom Q(x) hat reelle und komplexe Nullstellen, die teils einfach, teils mehrfach auftreten. Für jede Nullstelle ist jeweils dem Typus entsprechend der Ansatz zu machen. Obwohl dies sehr umfangreich werden kann, führt das beschriebene Verfahren der Partialbruchzerlegung für jede echt gebrochen-rationale Funktion zu einer geschlossenen Lösung. Beim Ansatz ist drauf zu achten, daß es sich bei der Funktion, die zerlegt wird, tatsächlich um eine echt gebrochen-rationale Funktion handelt. Andernfalls führt der Ansatz zu Widersprüchen und die Zerlegung gelingt nicht.*

Für die Bestimmung des Integrals ergibt sich der folgende allgemeine Ansatz zur Zerlegung der Integrandenfunktion

$$\frac{Ax + B}{[(x-\alpha)^2 + \beta^2]^k} = \frac{Ax - \alpha A + B + \alpha A}{[(x-\alpha)^2 + \beta^2]^k} = \frac{A(x-\alpha) + B + \alpha A}{[(x-\alpha)^2 + \beta^2]^k} =$$

$$= \frac{A}{2} \cdot \frac{2(x-\alpha)}{[(x-\alpha)^2 + \beta^2]^k} + (B + \alpha A)\,\frac{1}{[(x-\alpha)^2 + \beta^2]^k}$$

Es sei

$$I_1 := \int \frac{2(x-\alpha)}{[(x-\alpha)^2+\beta^2]^k}\,dx$$

und

$$I_2 := \int \frac{1}{[(x-\alpha)^2+\beta^2]^k}\,dx$$

Zunächst wird das Integral I_1 betrachtet. Aus der Substitution ergibt sich zunächst

$$(x-\alpha)^2+\beta^2 = t \;\Rightarrow\; \frac{dt}{dx} = 2(x-\alpha) \;\Rightarrow\; dt = 2(x-\alpha)\,dx \;\Rightarrow\; dx = \frac{dt}{2(x-\alpha)}$$

und damit für die Integration

$$\int \frac{2(x-\alpha)}{[(x-\alpha)^2+\beta^2]^k}\,dx = \int \frac{2(x-\alpha)}{t^k}\cdot\frac{dt}{2(x-\alpha)} = \int \frac{1}{t^k}\,dt =$$

$$= \int t^{-k}\,dt = \frac{1}{-k+1}\,t^{1-k} = -\frac{1}{k-1}\,t^{1-k} = -\frac{1}{(k-1)\,[(x-\alpha)^2+\beta^2]^{k-1}}$$

Für das Integral I_2 wird zunächst der Nenner der Integrandenfunktion umgeformt

$$\left[(x-\alpha)^2+\beta^2\right]^k = \left[\beta^2\cdot\left\{\frac{(x-\alpha)^2}{\beta^2}+1\right\}\right]^k = \beta^{2k}\cdot\left[\frac{(x-\alpha)^2}{\beta^2}+1\right]^k$$

was dann für das Integral I_2 die Umformung zuläßt

$$\int \frac{dx}{[(x-\alpha)^2+\beta^2]^k} = \frac{1}{\beta^{2k}}\int \frac{dx}{\left[\left(\frac{x-\alpha}{\beta}\right)^2+1\right]^k} = (\star)$$

An der Stelle $(\star)$ liefert die Substitution

$$s := \frac{x-\alpha}{\beta} \;\Rightarrow\; \frac{ds}{dx} = \frac{1}{\beta} \;\Rightarrow\; dx = \beta\,ds$$

$$(\star) = \frac{1}{\beta^{2k}}\int \frac{\beta\,ds}{(1+s^2)^k} = \frac{1}{\beta^{2k-1}}\int \frac{1}{(1+s^2)^k}\,ds = \frac{1}{\beta^{2k-1}}\left\{\int \frac{(1+s^2)}{(1+s^2)^k}\,ds - \int \frac{s^2}{(1+s^2)^k}\,ds\right\} =$$

$$= \frac{1}{\beta^{2k-1}}\left\{\int \frac{1}{(1+s^2)^{k-1}}\,ds - \int \frac{s^2}{(1+s^2)^k\,ds}\right\}$$

Das letzte Integral kann über die Substitution

$$u = \frac{1}{2}s \;\Rightarrow\; \frac{du}{ds} = \frac{1}{2} \;\Rightarrow\; du = \frac{1}{2}\,ds$$

umgeformt werden

$$\int \frac{s^2}{(1+s^2)^k}\,ds = \int \frac{1\cdot s\cdot 2s}{2(1+s^2)^k}\,ds$$

Über

$$\frac{dv}{ds} = \frac{2s}{(1+s^2)^k} \;\Rightarrow\; v = -\frac{1}{(k-1)(1+s^2)^{k-1}}$$

kann die partielle Integration durchgeführt werden, also gilt

$$\int \frac{s^2}{(1+s^2)^k}\,ds = \frac{-s}{2(k-1)(1+s^2)^{k-1}} + \frac{1}{2(k-1)}\int \frac{ds}{(1+s^2)^{k-1}}$$

Und damit ergibt sich weiter

$$(\star) = \frac{1}{\beta^{2k-1}}\left\{\int \frac{1}{(1+s^2)^{k-1}}\,ds + \frac{s}{2(k-1)(1+s^2)^{k-1}} - \frac{1}{2(k-1)}\int \frac{ds}{(1+s^2)^{k-1}}\right\} =$$

$$= \frac{1}{\beta^{2k-1}}\left\{\frac{s}{2(k-1)(1+s^2)^{k-1}} + \frac{2k-3}{2(k-1)}\int \frac{ds}{(1+s^2)^{k-1}}\right\}$$

Damit ist das Integral gelöst und es gilt

$$\int \frac{Ax+B}{[(x-\alpha)^2+\beta^2]^k}\,dx = \frac{A}{2}\,I_1 + (B+\alpha A)I_2$$

mit den Integralen

$$I_1 = -\frac{1}{(k-1)\,[(x-\alpha)^2+\beta^2]^{k-1}}$$

$$I_2 == \frac{1}{\beta^{2k-1}}\left\{\frac{s}{2(k-1)(1+s^2)^{k-1}} + \frac{2k-3}{2(k-1)}\int \frac{ds}{(1+s^2)^{k-1}}\right\} \text{ und } s = \frac{x-\alpha}{\beta}$$

Kapitel 17

Integration transzendenter Funktionen

Bei der Partialbruchzerlegung war es möglich, gebrochen-rationale Funktionen, welche mit den bis dahin bekannten Methoden nicht integriert werden konnten, dennoch zu integrieren. Anschließend daran werden "Bruchfunktionen" mit trigonometrischen Funktionen betrachtet, d.h. zunächst Integrale des Typs

$$\int R(sin(x), cos(x))dx$$

wozu einige Vorüberlegungen notwendig werden.

Es bietet sich die Substitution

$$t := tanh\left(\frac{x}{2}\right)$$

an, welche sofort die folgenden Substitutionen liefert:

$$arctan(t) = \frac{x}{2} \Rightarrow 2arctan(t) = x\ \frac{dx}{dt} = \frac{2}{1+t^2} \Rightarrow dx = \frac{2dt}{1+t^2}$$

Von den beiden Funktionen

$$2sin^2\left(\frac{x}{2}\right) = 1 - cos(x) \quad \text{und} \quad 2cos^2\left(\frac{x}{2}\right) = 1 + cos(x)$$

wird der Quotient

$$\frac{sin^2\left(\frac{x}{2}\right)}{cos^2\left(\frac{x}{2}\right)} = \frac{1-cos(x)}{1+cos(x)} = tan^2\left(\frac{x}{2}\right)$$

gebildet, so daß die Gleichung

$$\frac{1-cos(x)}{1+cos(x)} = tan^2\left(\frac{x}{2}\right)$$

nach cos(x) aufgelöst werden kann

$$1 - cos(x) = [1 + cos(x)]\, tan^2\left(\frac{x}{2}\right) \Rightarrow 1 - cos(x) = tan^2\left(\frac{x}{2}\right) + cos(x) \cdot tan^2\left(\frac{x}{2}\right) \Rightarrow$$

$$\Rightarrow cos(x)\left[tan^2\left(\frac{x}{2}\right) + 1\right] = 1 - tan^2\left(\frac{x}{2}\right) \Rightarrow cos(x) = \frac{1 - tan^2\left(\frac{x}{2}\right)}{1 + tan^2\left(\frac{x}{2}\right)} = \frac{1-t^2}{1+t^2}$$

woraus sich

$$cos(x) = \frac{1-t^2}{1+t^2}$$

ergibt.

Es gilt weiter

$$sin(x) = 2sin\left(\frac{x}{2}\right)cos\left(\frac{x}{2}\right) = 2\,\frac{sin\left(\frac{x}{2}\right)}{cos\left(\frac{x}{2}\right)}cos\left(\frac{x}{2}\right)cos\left(\frac{x}{2}\right) = 2\,tan\left(\frac{x}{2}\right)cos^2\left(\frac{x}{2}\right) =$$

$$= 2\,tan\left(\frac{x}{2}\right)\,\frac{1}{1+tan^2\left(\frac{x}{2}\right)} = \frac{2t}{1+t^2}$$

woraus sich ergibt

$$sin(x) = \frac{2t}{1+t^2}$$

Zu berücksichtigen ist die folgende Umformung

$$cos^2\left(\frac{x}{2}\right) + sin^2\left(\frac{x}{2}\right) = 1 \Rightarrow cos^2\left(\frac{x}{2}\right) + cos^2\left(\frac{x}{2}\right)\,\frac{sin^2\left(\frac{x}{2}\right)}{cos^2\left(\frac{x}{2}\right)} = 1$$

$$\Rightarrow cos^2\left(\frac{x}{2}\right) + cos^2\left(\frac{x}{2}\right)tan^2\left(\frac{x}{2}\right) = 1 \Rightarrow cos^2\left(\frac{x}{2}\right) = \frac{1}{1+tan^2\left(\frac{x}{2}\right)}$$

Für das Integral

$$\int R(sinh(x), cosh(x))dx$$

ergibt sich mit der Substitution

$$t := tanh\left(\frac{x}{2}\right)$$

sofort

$$x = 2arctanh(t) \text{ und } dx = \frac{2dt}{1-t^2}$$

woraus

$$sinh(x) = \frac{2t}{1-t^2}, \quad cosh(x) = \frac{1+t^2}{1-t^2}$$

gewonnen werden kann. Das Vorgehen ist analog und wird nicht mehr detailiert angeführt.

Beispiel 17.0.2

Betrachtet werde

$$\int \frac{1+sin(x)}{sin(x)\left[1+cos(x)\right]}\,dx = \int \frac{\left(1+\frac{2t}{1+t^2}\right)\frac{2\,dt}{1+t^2}}{\frac{2t}{1+t^2}\left(1+\frac{1-t^2}{1+t^2}\right)} = \frac{1}{2}\int\left(t+2+\frac{1}{2}\right)\,dt =$$

$$= \frac{t^2}{4} + t + \frac{1}{2}\,ln(t) + C = \frac{tan^2\left(\frac{x}{2}\right)}{4} + tan\left(\frac{x}{2}\right) + \frac{1}{2}\,ln\left(tan\left(\frac{x}{2}\right)\right) * C$$

Beispiel 17.0.3

Betrachtet werde

$$\int \frac{dx}{cos(x) - cos(\alpha)} \quad \text{mit } x \in]-\alpha, \alpha[\subset]-\pi, \pi[$$

Die Umformung des Integranden geschieht über

$$cos(\alpha) = \frac{1-s^2}{1+s^2} \qquad cos(x) = \frac{1-t^2}{1+t^2}$$

$$tan\left(\frac{x}{2}\right) = t \qquad tan\left(\frac{\alpha}{2}\right) = s$$

$$dx = \frac{2\ dt}{1+t^2}$$

Damit kann die Integrandenfunktion umgeformt werden

$$\frac{1}{cos(x) - cos(\alpha)} = \frac{1}{\frac{1-s^2}{1+s^2} - \frac{1-t^2}{1+t^2}} = \frac{(1+s^2)(1+t^2)}{2t^2 - 2s^2} = (1+s^2)\,\frac{\frac{1}{2}(1+t^2)}{t^2 - s^2}$$

Die Integration liefert

$$\int \frac{dx}{cos(\alpha) - cos(x)} = \frac{1}{2}(1+s^2)\int \frac{1+t^2}{t^2-s^2} \cdot \frac{2\ dt}{1+t^2} = (1+s^2)\int \frac{dt}{t^2-s^2} = (\star)$$

Eingeschoben wird, bevor es bei $(\star)$ weitergeht, eine Partialbruchzerlegung der Integrandenfunktion

$$\frac{1}{t^2-s^2} = \frac{A}{t-s} + \frac{B}{t+s}$$

$$1 = A(t+s) + B(t-s) = At + As + Bt - Bs = t(A+B) + As - Bs$$

Der Koeffizientenvergleich liefert die beiden Gleichungen

$$\begin{array}{lll} (1) & A + B & = 0 \\ (2) & As - Bs & = 1 \end{array}$$

Hieraus ergeben sich die Koeffizienten

$$A = \frac{1}{25} \qquad B = -\frac{1}{25}$$

Damit kann es an der angegebenen Stelle weitergehen

$$(\star) = (1+s^2)\left\{\frac{1}{2s}\int \frac{dt}{t-s} - \frac{1}{2s}\int \frac{dt}{t+s}\right\} = (1+s^2)\left[\frac{1}{2s} ln \mid t-s \mid - \frac{1}{2s} ln \mid t+s \mid\right] = (\star\star)$$

Mit $\mid t-s \mid = \mid s-t \mid$ kann zusammengefaßt werden

$$(\star\star) = \frac{1+s^2}{2s} ln \frac{s-t}{s+t} = \frac{(1+s^2)}{2s} ln \frac{tan\left(\frac{\alpha}{2}\right) - tan\left(\frac{x}{2}\right)}{tan\left(\frac{\alpha}{2} + tan\left(\frac{x}{2}\right)\right)} + C$$

Teil VI

Potenzreihen

Kapitel 18

Potenzreihen

Nach der Betrachtung von Folgen und Reihen bleiben nach der Behandlung der Differential- und Integralrechnung noch die Potenzreihen, bei denen es sich um die Reihenentwicklung von reellen Funktionen handelt. Beispielsweise bei den trigonometrischen Funktionen ist man davon ausgegangen, daß sich die Funktionswerte durch Heranziehen eines Taschenrechners bestimmen lassen, ohne auf die Frage einzugehen, wie diese Werte gewonnen werden. Diese Frage soll im Weiteren geklärt werden, indem beliebige Funktionen in Reihen entwickelt werden.

Zur Realisierung des Vorhabens, d.h. für die Berechnung von Funktionswerten werden zunächst Reihen betrachtet, deren Partialsummen Polynome sind, etwa

$$\begin{aligned} s_0 &= a_0 \\ s_1 &= a_0 a_1 x \\ s_2 &= a_0 + a_1 x + a_2 x^2 \\ \vdots & \vdots \;\vdots \\ s_n &= a_0 + a_1 x + a_2 x^2 + \ldots + a_n x^n = \sum_{k=0}^{n} a_k x^k \end{aligned}$$

Hieraus wird über die folgende Bemerkung die Definition einer Potenzreihe gewonnen.

Bemerkung 18.1 *Die Teilsumme einer Potenzreihe ist*

$$a_0 + a_1 x + a_2 x^2 + \ldots + a_n x^n = P(x)$$

also ein Polynom in x vom Grad der höchsten Potenz.

Definition 18.1 *(Potenzreihe)*
Es sei $a_0, a_1, a_2, \ldots$ eine reelle Folge von $x \in \mathbb{R}$. Dann heißt die Reihe

$$\sum_{k=0}^{\infty} a_k x^k$$

eine (reelle) Potenzreihe.

Definition 18.2 *Unter einer Potenzreihe versteht man eine Reihe mit Partialsummen der Form*

$$s_n(x) = a_0 + a_1 x + a_2 x^2 + ... + a_n x^n = \sum_{k=0}^{n} a_k x^k$$

mit $x \in \mathbb{R}$. *Die* $a_k \in \mathbb{R}$ *sind die Koeffizienten* $a_0, a_1, ...$ *und* x *ist eine stetige Variable.*

Beispiel 18.0.4

Betrachtet werde die Potenzreihe

$$s_n(x) = 1 + x + \frac{x^2}{2} + \frac{x^3}{3} + ... + \frac{x^n}{n} = 1 + \sum_{k=1}^{n} \frac{x^k}{k}$$

Es sei $x' = x - x_0$ mit $x \in \mathbb{R}$ eine Transformation, dann erhält man

$$s_n(x) = \sum_{k=0}^{n} a_k x'^k$$

also

$$s_n(x) = \sum_{k=0}^{n} a_k (x - x_0)^k$$

Definition 18.3 *Unter einer Potenzreihe um die Stelle* x_0 *versteht man eine Reihe mit Partialsummen der Form*

$$s_n(x) = a_0 + a_1(x - x_0) + a_2(x - x_0)^2 + ... + a_n(x - x_0)^n = \sum_{k=0}^{n} a_k (x - x_0)^k$$

Die Stelle x_0 *heißt Entwicklungsstelle der Reihe.*

Satz 18.1 *(Konvergenz)*
Eine Potenzreihe (s_n) *mit*

$$s_n(x) = \sum_{k=0}^{n} a_k x^k$$

die für eine Zahl x_0 *mit* $x_0 \neq 0$ *konvergiert, ist für jede Zahl* x *mit* $\mid x \mid < \mid x_0 \mid$ *absolut konvergent.*

Definition 18.4 *(Konvergenzradius)*
Die Menge B aller derjenigen Werte von x, für welche die Potenzreihe konvergiert, heißt ihr Konvergenzradius.

Satz 18.2 *Eine Potenzreihe*

$$\sum_{n=0}^{\infty} a_n x^n$$

konvergiert $\forall \mid x \mid < r$ *und divergiert* $\forall \mid x \mid > r$ *falls der Konvergenzradius* r *durch den Grenzwert*

$$r = \lim_{n \to \infty} \left| \frac{a_n}{a_{n+1}} \right|$$

ermittelbar ist. Für die Stelle $x = +r$ *und* $x = -r$ *ist das Konvergenzverhalten anders zu ermitteln.*

Bemerkung 18.2

(1) *Im Nullpunkt, d.h. $x = 0$, ist jede Potenzreihe konvergent.*

(2) *Falls die Reihe für alle x konvergiert, handelt es sich um beständige Konvergenz.*

Anhand der folgenden Beispiele sollen die oben angesprochenen Begriffe verdeutlicht werden.

Beispiel 18.0.5

Es sei

$$1 + x + \frac{x^2}{2!} + \frac{x^3}{3!} + ... + \frac{x^n}{n!} + ... = \sum_{n=0}^{\infty} \frac{x^n}{n!}$$

Für den Konvergenzradius ergibt sich

$$r = \lim_{n\to\infty} \left| \frac{a_n}{a_{n+1}} \right| = \lim_{n\to\infty} \frac{(n+1)!}{n!} = \lim_{n\to\infty} (n+1) = \infty$$

Hieraus folgt die Konvergenz für alle $x \in \mathbb{R}$

Im folgenden Beispiel wird das Verhalten am Rand näher betrachtet.

Beispiel 18.0.6

Betrachtet werde die Reihe

$$1 + x + \frac{x^2}{2!} + \frac{x^3}{3!} + ... + \frac{x^n}{n} + ... = 1 + \sum_{n=1}^{\infty} \frac{x^n}{n}$$

Fü den Konvergenzradius ergibt sich

$$r = \lim_{n\to\infty} \left| \frac{a_n}{a_{n+1}} \right| = \lim_{n\to\infty} \frac{n+1}{n} = \lim_{n\to\infty} \left(1 + \frac{1}{n}\right) = 1$$

Für $| x |< 1$ konvergiert die Reihe und für $| x |> 1$ divergiert die Reihe. Für das Verhalten am Rand ergibt sich

$$x = 1: \quad 1 + 1 + \frac{1}{2} + \frac{1}{3} + \frac{1}{4} + ... + \frac{1}{n} + ...$$

um 1 harmonische Reihe, also divergent.

$$x = -1: \quad 1 - 1 + \frac{1}{2} - \frac{1}{3} + \frac{1}{4} - + ...$$

Die Reihe konvergiert nach dem Leibniz[1]-Kriterium.

Definition 18.5 *(Geometrische Reihe)*
Eine Reihe der Form

$$\sum_{k=0}^{\infty} q^k = 1 + q + q^2 + ... + q^n + ...$$

heißt ***geometrische Reihe****. Für q gilt $q \in \mathbb{R}$ bzw. $q \in \mathbb{C}$. Der Fall q=1 wird ausgeschlossen.*

[1]Gottfried Wilhelm Leibniz (21.06.1646 - 14.11.1716)

Satz 18.3 *Die geometrische Reihe ist eine Potenzreihe mit* $a_k = 1$ *für alle k. Es gilt:*

$$\sum_{k=0}^{\infty} x^k = \frac{1}{1-x} \quad \text{für} \quad |x| < 1$$

Bemerkung 18.3 *Die Funktion*

$$f(x) = \frac{1}{1-x}$$

kann in (-1,1) durch die Reihe dargestellt werden.

Bemerkung 18.4

(1) *Definition einer Funktion f durch eine Potenzreihe*

(2) *Konvergenz der Potenzreihe für bestimmte* $x \in \mathbb{R}$

Bemerkung 18.5

(1) *Jede Potenzreihe*

$$\sum_{k=0}^{\infty} a_k x^k$$

konvergiert für x=0

(2) *Für x=0 konvergent, für* $x \neq 0$ *divergent: Diese Potenzreihen sind nirgends konvergent.*

(3) *Potenzreihen, die für alle* $x \in \mathbb{R}$ *konvergieren heißen überall konvergent.*

(4) *Es gibt Potenzreihen, die nur für* $|x| < r$, $r > 0$ *konvergieren. (-r,r) heißt Konvergenzintervall und r Konvergenzradius.*

Satz 18.4 *(Quotientenkriterium)*
Mittels des Quotientenkritriums ergibt sich der Konvergenzradius zu

$$r = \lim_{n\to\infty} \left| \frac{a_n}{a_{n+1}} \right|$$

Gewonnen wird der Konvergenzradius durch

$$\lim_{n\to\infty} \left| \frac{a_{n+1}x^{n+1}}{a_n x^n} \right| = \lim_{n\to\infty} \left| \frac{a_{n+1}}{a_n} \right| |x| < 1 \Rightarrow |x| < \frac{1}{\lim\limits_{n\to\infty} \left| \frac{a_{n+1}}{a_n} \right|} = \lim_{n\to\infty} \left| \frac{a_n}{a_{n+1}} \right| = r$$

Satz 18.5 *(Wurzelkriterium)*
Mittels des Wurzelkriteriums ergibt sich der Konvergenzradius zu

$$r = \frac{1}{\lim\limits_{n\to\infty} \sqrt[n]{|a_n|}}$$

Gewonnen wird der Konvergenzradius durch

$$\lim_{n\to\infty} \sqrt[n]{|a_n x^n|} = \lim_{n\to\infty} \sqrt[n]{|a_n|}\sqrt[n]{x^n} = \lim_{n\to\infty} \sqrt[n]{|a_n|}\,|x| < 1 \Rightarrow |x| < \frac{1}{\lim\limits_{n\to\infty} \sqrt[n]{|a_n|}} = r$$

Bemerkung 18.6

(1) $\mid x \mid < r$ *Konvergenz*

(2) $\mid x \mid > r$ *Divergenz*

(3) $\mid x \mid = r$ *Keine Aussage*

Beispiel 18.0.7

$$s_n(x) = \sum_{k=1}^{\infty} kx^k$$

Für den Konvergenzradius ergibt sich

$$r = \lim_{k \to \infty} \left| \frac{k}{k+1} \right| = \lim_{k \to \infty} \frac{k}{k+1} = 1$$

Die Reihe konvergiert für $\mid x \mid < 1$

Beispiel 18.0.8

$$s_n(x) = \sum_{k=0}^{\infty} \frac{x^k}{k!}$$

Für den Konvergenzradius ergibt sich

$$r = \lim_{k\to\infty} \left| \frac{1}{k!} : \frac{1}{(k+1)!} \right| = \lim_{k\to\infty} \frac{(k+1)!}{k!} = \lim_{k\to\infty} (k+1) = \infty$$

Die Reihe konvergiert für alle Werte von x, d.h. $\mid x \mid < \infty$

Beispiel 18.0.9

$$s_n(x) = \sum_{k=1}^{\infty} \frac{x^k}{k3^k}$$

Für den Konvergenzradius ergibt sich

$$r = \lim_{k\to\infty} \left| \frac{1}{k3^k} : \frac{1}{(k+1)3^{k+1}} \right| = \lim_{k\to\infty} \left| \frac{(k+1)3^{k+1}}{k3^k} \right| = \lim_{k\to\infty} \frac{(k+1)3}{k} = 3 \lim_{k\to\infty} \left(1 + \frac{1}{k}\right) = 3$$

Für den Konvergenzradius ergibt sich $\mid x \mid < 3$

Beispiel 18.0.10

$$\sum_{k=1}^{\infty} \frac{x^k}{k(k+1)}$$

Der Quotient

$$\frac{a_{k+1}}{a_k}$$

ergibt sich mit

$$a_k = \frac{x^k}{k(k+1)} \qquad a_{k+1} = \frac{x^{k+1}}{(k+1)(k+2)}$$

sofort zu

$$\frac{a_{k+1}}{a_k} = \frac{x^{k+1}}{(k+1)(k+2)} \cdot \frac{k(k+1)}{x^k} = x \cdot \frac{k}{k+2} \leq q < 1$$

Für den Grenzwert ergibt sich damit

$$\lim_{k\to\infty} \frac{\mid a_{k+1} \mid}{\mid a_k \mid} = \mid x \mid \lim_{k\to\infty} \frac{k}{k+2} = \mid x \mid = g$$

Dies bedeutet, daß für $\mid x \mid < 1$ die Reihe (absolut) konvergent ist. Für $\mid x \mid > 1$ ist die Reihe sicher divergent. Der Konvergenzradius ergibt sich zu $r = 1$ und $(-1, 1)$ ist das zugehörige Konvergenzintervall.

Satz 18.6 *(Identitätssatz)*
Sind die beiden Potenzreihen

$$\sum_{k=0}^{\infty} a_k x^k \quad \textit{und} \quad \sum_{k=0}^{\infty} b_k x^k$$

in einem gemeinsamen Intervall konvergent, so gilt

$$a_k = b_k \quad \textit{für} \quad k \geq 0$$

Satz 18.7 *Es sei f eine im Intervall J durch eine Potenzreihe dargestellte Funktion. Dann ist f in jedem Punkt des Konvergenzintervalls stetig.*

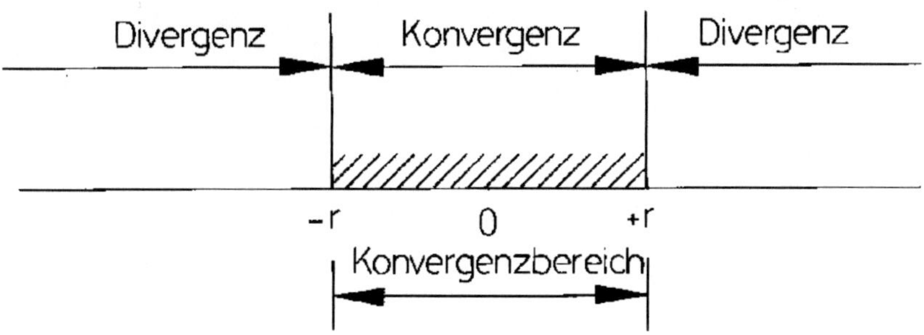

Abbildung 18.1: Konvergenzbereich

Kapitel 19

Der Taylorsche Satz

19.1 Taylorformel und Restglied

Durch den anschließenden Satz von Taylor[1] sollen Funktionen durch Potenzreihen um einen beliebigen Entwicklungspunkt x_0 ausgedrückt werden.

Satz 19.1 *(Satz von Taylor)*
Ist eine Funktion f wenigstens (n+1)-mal stetig differenzierbar in $x_0 \leq x \leq x_1$*, so gilt:*

$$f(x) = f(x_0) + \frac{(x - x_0)}{1!} f'(x_0) + \frac{(x - x_0)^2}{2!} f''(x_0) + ... + \frac{(x - x_0)^n}{n!} f^{(n)}(x_0) + R_n(x)$$

$$f(x) = \sum_{r=0}^{n} \frac{f^{(r)}(x_0)}{r!} (x - x_0)^r + R_n(x)$$

mit dem Rest

$$R_n(x) = \frac{(x - x_0)^{n+1}}{(n+1)!} f^{(n+1)}(\xi)$$

und

$$x_0 < \xi < x$$

Bemerkung 19.1 *Der Rest* $R_n(x)$ *kennzeichnet den Fehler, der bei der Approximation von* $f(x)$ *durch das Polynom*

$$f(x_0) + \frac{(x - x_0)}{1!} f'(x_0) + \frac{(x - x_0)^2}{2!} f''(x_0) + ... + \frac{(x - x_0)^n}{n!} f^{(n)}(x_0)$$

auftritt.

In einer Umformung wird x durch $x_0 + x$ ersetzt, also

$$f(x_0 + x) = f(x_0) + \frac{x}{1!} f'(x_0) + \frac{x^2}{2!} f''(x_0) + ... + \frac{x^n}{n!} f^{(n)}(x_0) + R_n(x)$$

und für den Rest

$$R_n(x) = \frac{(x - x_0)^{n+1}}{(n+1)!} f^{(n+1)}(\xi) = \frac{x^{n+1}}{(n+1)!} f^{(n+1)}(x_0 + \Theta x)$$

mit $0 < \Theta < 1$

[1] Brook Taylor (18.08.1685 - 29.12.1731)

Bemerkung 19.2

(1) *Restgliedformel von Lagrange:*

$$R_n(x) = \frac{1}{(n+1)!} f^{(n+1)}(\alpha)(x - x_0)^{n+1}$$

$$\alpha \in [x_0, x_1]$$

(2) *Restgliedformel von Cauchy:*

$$R_n(x) = \frac{1}{n!} f^{(n+1)}(\alpha)(x - \alpha)^n (x - x_0)$$

(3) *Allgemein:*

$$R_n(x) = \frac{1}{n!} \int_{x_0}^{x} f^{(n+1)}(t)(x - t)^n dt$$

Die Abschätzung dieser Integraldarstellung liefert die obige Formel.

19.2 Taylor-Reihen

Falls

$$\lim_{n\to\infty} R_n(x) = 0$$

so erhält man eine Potenzreihe

Satz 19.2 *(Taylor-Reihe)*

Ist eine Funktion f beliebig oft stetig differenzierbar in $x_0 \leq x \leq x_1$, so gilt:

$$f(x) = f(x_0) + \frac{(x-x_0)}{1!}f'(x_0) + \frac{(x-x_0)^2}{2!}f''(x) + ... = \sum_{r=0}^{\infty} \frac{(x-x_0)^r}{r!} f^{(r)}(x_0)$$

$$\lim_{n\to\infty} R_n(x) = 0$$

Das Ersetzen von x durch $x_0 + x$ liefert:

$$f(x_0 + x) = \sum_{r=0}^{\infty} \frac{x^r}{r!} f^{(r)}(x_0) = f(x_0) + \frac{x}{1!}f'(x_0) + \frac{x^2}{2!}f''(x_0) + ...$$

Beweis: Für den Nachweis der Taylor-Reihe geht man von der Darstellung

$$f(x) = A_0 + A_1(x-x_0)A_2(x-x_0)^2 + A_3(x-x_0)^3 + A_4(x_{x0})^4 + A_5(x-x_0)^5 + A_6(x-x_0)^6 + ...$$

mit den Konstanten $A_0, A_1, A_2, ...$ aus. Die gliedweise Differentiation liefert

$$\begin{aligned} f'(x) &= A_1 + 2A_2(x-x_0) + 3A_3(x-x_0)^2 + 4A_4(x-x_0)^3 + 5A_5(x-x_0)^4 + 6A_6(x-x_0)^5 + \\ &\quad +7A_7(x-x_0)^6 + ... \\ &= 1!A_1 + 2!A_2(x-x_0) + R_1(x) \end{aligned}$$

$$\begin{aligned} f''(x) &= 2A_2 + 3\cdot 2A_3(x-x_0) + 4\cdot 3A_4(x-x_0)^2 + 5\cdot 4A_5(x-x_0)^3 + 6\cdot 5A_6(x-x_0)^4 + \\ &\quad +7\cdot 6A_7(x-x_0)^5 + ... \\ &= 2!A_2 + 3!A_3(x-x_0) + R_2(x) \end{aligned}$$

$$\begin{aligned} f'''(x) &= 6A_3 + 4\cdot 3\cdot 2A_4(x-x_0) + 5\cdot 4\cdot 3A_5(x-x_0)^2 + 6\cdot 5\cdot 4A_6(x-x_0)^3 + \\ &\quad +7\cdot 6\cdot 5A_7(x-x_0)^4 + ... \\ &= 3!A_3 + 4!A_4(x-x_0) + R_3(x) \end{aligned}$$

$$\begin{aligned} f^{(4)}(x) &= 24A_4 + 5\cdot 4\cdot 3\cdot 2A_5(x-x_0) + 6\cdot 5\cdot 4\cdot 3A_6(x-x_0)^2 + 6\cdot 4\cdot 3A_6(x-x_0)^2 + \\ &\quad +7\cdot 6\cdot 5\cdot 4A_7(x-x_0)^3 + ... \\ &= 4!A_4 + 5!A_2(x-x_0) + R_4(x) \end{aligned}$$

$$\begin{aligned} f^{(5)}(x) &= 120A_5 + 6\cdot 5\cdot 4\cdot 3\cdot 2A_6(x-x_0) + 6\cdot 4\cdot 3A_6(x-x_0)^2 + 7\cdot 6\cdot 5\cdot 4\cdot 3A_7(x-x_0)^2 + ... \\ &= 5!A_5 + 6!A_6(x-x_0) + R_5(x) \end{aligned}$$

$$\begin{aligned} f^{(6)}(x) &= 720A_6 + 7\cdot 6\cdot 5\cdot 4\cdot 3\cdot 2A_7(x-x_0) + ... \\ &= 6!A_6 + 7!(x-x_0) + R_6(x) \end{aligned}$$

$$\begin{aligned} f^{(7)}(x) &= 5040A_7 + ... \\ &= 7!A_7 + 8!A_8(x-x_0) + R_7(x) \end{aligned}$$

$$\vdots$$

$$f^{(n)}(x) = n!A_n + (n+1)!A_{n+1}(x-x_0) + R_n(x)$$

Mit $x = x_0$ ergibt sich sofort

$$f(x_0) = A_0, f'(x_0) = A_1, f''(x_0) = 2!A_2, f'''(x_0) = 3!A_3, f^{(4)}(x_0) = 4!A_4, ..., f^{(n)}(x_0) = n!A_n$$

Kapitel 20

Anwendungen

20.1 Mac-Laurin-Reihe

Der Spezialfall $x_0 = 0$ und $\lim_{n\to\infty} R_n(x) = 0$ ergibt die Mac-Laurin-Reihe[1], welche für die angesprochene Bestimmung von Funktionswerten trigonometrischer Funktionen betrachtet wird.

Satz 20.1 *(Mac-Laurin-Reihe)*
Die folgende Reihe

$$f(x) = f(0) + xf'(0) + \frac{x^2}{2!}f''(0) + ... = \sum_{r=0}^{\infty} \frac{x^r}{r!} f^{(r)}(0)$$

heißt Mac-Laurin-Reihe.

Bemerkung 20.1 *Die Mac-Laurin-Reihe und die Taylor-Reihe stellen die Funktion in ihrem Konvergenzintervall dar.*

Beispiel 20.1.1

Die Funktion $f(x) = e^{3x}$ werde in eine Mac-Laurin-Reihe entwickelt, wobei zunächst die Ableitungen bestimmt werden

$$f'(x) = 3e^{3x} \qquad f'(0) = 3$$

$$f''(x) = 9e^{3x} \qquad f''(0) = 9$$

$$f^{(n)}(x) = 3^n e^{3x} \qquad f^{(n)}(0) = 3^n$$

Damit ergibt sich für die Mac-Laurin-Reihe

$$f(x) = e^{3x} = 1 + 3x + \frac{(3x)^2}{2!} + \frac{(3x)^3}{3!} + ... + \frac{(3x)^n}{n!} + R_n(x)$$

mit dem Restglied

$$R_n(x) = \frac{(3x)^{n+1}}{(n+1)!} e^{3\Theta x} \quad (0 < \Theta < 1)$$

[1]Colin MacLaurin (02.1698 - 14.06.1746)

Und weiter für den Rest nach dem Grenzübergang

$$\lim_{n\to\infty} R_n(x) = \lim_{n\to\infty} \frac{(3x)^{n+1}}{(n+1)!} e^{3\Theta x} = 0$$

Die Entwicklung der Funktion $f(x) = e^{3x}$ liefert die Mac-Laurin-Reihe

$$e^{3x} = \sum_{r=0}^{\infty} \frac{(3x)^r}{r!}$$

Für die Konvergenzbereiche der Mac-Laurin-Reihe und der Taylor-Reihe zeigt die folgende Graphik den Zusammenhang.

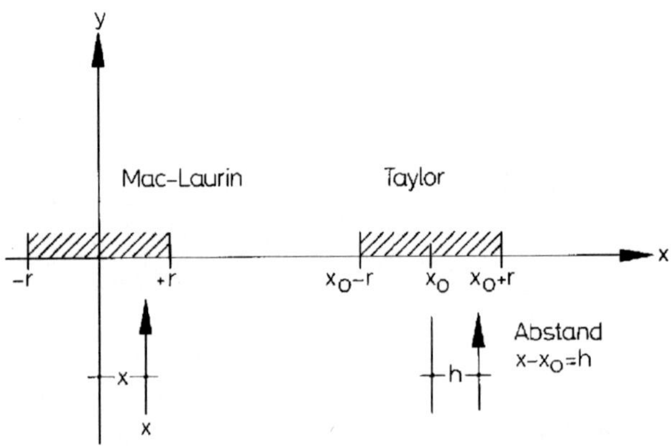

Abbildung 20.1: Taylor- und Mac-Laurin-Reihe

Kapitel 21

Reihenentwicklungen

Bei den anschließenden Reihenentwicklungen sollen exemplarisch die folgenden bereits aus anderem Zusammenhang bekannten Funktionen betrachtet werden

$$f : x \mapsto f(x) = sin(x)$$

$$f : x \mapsto f(x) = cos(x)$$

$$f : x \mapsto f(x) = e^x$$

$$f : x \mapsto f(x) = cosh(x)$$

Andere, hier nicht angesprochene, Funktionen lassen sich nach demselben Prinzip entwickeln, was den Übungsaufgaben überlassen werden soll.

21.1 Funktion sin(x)

Die Funktion $f : x \mapsto f(x) = sin(x)$ liefert über die folgende Vorgehensweise

$$\begin{array}{ll} f(x) = sin(x) & f(0) = 0 \\ f'(x) = cos(x) & f'(0) = 1 \\ f''(x) = -sin(x) & f''(0) = 0 \\ f'''(x) = -cos(x) & f'''(0) = -1 \\ f^{(4)}(x) = sin(x) & f^{(4)}(0) = 0 \\ f^{(5)}(x) = cos(x) & f^{(5)}(0) = 1 \\ \vdots & \vdots \end{array}$$

Die Mac-Laurin-Reihe liefert

$$\begin{aligned} f(x) = sin(x) &= f(0) + \frac{f'(0)}{1!}x + \frac{f''(0)}{2!}x^2 + \frac{f'''(0)}{3!}x^3 + ... = \\ &= x - \frac{x^3}{3!} + \frac{x^5}{5!} - \frac{x^7}{7!} + ... + (-1)^{n-1}\frac{x^{2n-1}}{(2n-1)!} + ... = \\ &= \sum_{r=1}^{\infty}(-1)^{r-1}\frac{x^{2r-1}}{(2r-1)!} \end{aligned}$$

welche für alle x konvergent ist. Für den Konvergenzradius ergibt sich über

$$a_n = (-1)^{n-1}\frac{x^{2n-1}}{(2n-1)!} \qquad a_{n+1} = (-1)^n\frac{x^{2n+1}}{(2n+1)!}$$

die Konvergenzbetrachtung

$$\begin{aligned}
\lim_{n\to\infty}\left|\frac{a_{n+1}}{a_n}\right| &= \lim_{n\to\infty}\left|\frac{(-1)^n x^{2n+1}(2n-1)!}{(2n+1)!x^{2n-1}(-1)^{n-1}}\right| = \lim_{n\to\infty}\left|x^2\frac{(2n-1)!}{(2n+1)!}\right| \\
&= x^2\lim_{n\to\infty}\frac{(2n-1)!}{(2n+1)!} = x^2\lim_{n\to\infty}\frac{(2n-1)(2n-2)(2n-3)...}{(2n+1)(2n)(2n-1)(2n-2)...} \\
&= x^2\lim_{n\to\infty}\frac{1}{2n(2n+1)} = 0
\end{aligned}$$

Für den Konvergenzradius ergibt sich

$$r = \lim_{n\to\infty}\left|\frac{a_n}{a_{n+1}}\right| = \lim_{n\to\infty} 2n(2n+1) = \infty$$

d.h. die Reihe konvergiert für alle x.

21.2 Funktion cos(x)

Die Funktion $f : x \mapsto f(x) = cos(x)$ liefert über die folgende Vorgehensweise

$$\begin{array}{ll} f(x) = cos(x) & f(0) = 1 \\ f'(x) = -sin(x) & f'(0) = 0 \\ f''(x) = -cos(x) & f''(0) = -1 \\ f'''(x) = sin(x) & f'''(0) = 0 \\ \vdots & \vdots \end{array}$$

die Mac-Laurin-Reihe

$$\begin{aligned} f(x) &= cos(x) = f(0) + \frac{f'(0)}{1!}x + \frac{f''(0)}{2!}x^2 + \frac{f'''(0)}{3!}x^3 + ... = \\ &= 1 - \frac{x^2}{2!} + \frac{x^4}{4!} - \frac{x^6}{6!} + ... + (-1)^n \frac{x^{2n}}{(2n)!} + ... = \sum_{r=0}^{\infty} (-1)^r \frac{x^{2r}}{(2r)!} \end{aligned}$$

welche für alle x konvergent ist. Für den Konvergenzradius ergibt sich mittels der Überlegungen

$$\begin{aligned} r &= \lim_{n\to\infty} \left| \frac{a_n}{a_{n+1}} \right| = \lim_{n\to\infty} \left| \frac{(2n+2)!}{(2n)!} \right| = \lim_{n\to\infty} \frac{(2n+2)!}{(2n)!} = \lim_{n\to\infty} \frac{(2n+2)(2n+1)(2n-1)...}{2n(2n-1)(2n-2)...} = \\ &= \lim_{n\to\infty} (2n+2)(2n+1) = \infty \end{aligned}$$

Die Reihe konvergiert für alle x.

21.3 e-Funktion

Alle Ableitung sind gleich der Funktion, womit sich nach

$$f(x) = f'(x) = f''(x) = f'''(x) = ... = f^{(k)}(x)$$

sofort

$$f(0) = f'(0) = ... = f^{(k)}(0) = 1$$

ergibt. Damit läßt sich die Mac-Laurin-Reihe besonders leicht entwickeln

$$f(x) = e^x = 1 + x + \frac{x^2}{2!} + \frac{x^3}{3!} + \frac{x^4}{4!} + \frac{x^5}{5!} + ... + \frac{x^n}{n!} + ... = \sum_{r=0}^{\infty} \frac{x^r}{r!}$$

Der Konvergenzradius ergibt sich über die Betrachtung

$$r = \lim_{n\to\infty} \left| \frac{a_n}{a_{n+1}} \right| = \lim_{n\to\infty} \frac{(n+1)!}{n!} = \lim_{n\to\infty} \frac{(n+1)(n)(n-1)...}{n(n-1)...} = \lim_{n\to\infty} (n+1) = \infty$$

d.h. die Reihe ist für alle x konvergent.

Mit x=1 in die obige Reihe ergibt sich der Sonderfall:

$$e = 1 + 1 + \frac{1}{2} + \frac{1}{6} + \frac{1}{24} + \frac{1}{120} + ... = \sum_{r=0}^{\infty} \frac{1}{r!} = 2,71828...$$

Die Zahl e heißt Euler'sche Zahl.

Die Entwicklung der Funktion $f : x \mapsto f(x) = a^x$ ergibt mit obiger Reihe

$$a^x = 1 + \frac{x ln(a)}{1!} + \frac{(x ln(a))^2}{2!} + \frac{(x ln(a))^3}{3!} + ...$$

Beispiel 21.3.1

Betrachtet werde die Funktion

$$f(x) = e^{-2x}$$

welche um den Punkt 0 in eine Mac-Laurin-Reihe zu entwickeln ist. Zunächst werden die Ableitungen und die Ableitungen an der Stelle 0 betrachtet.

$$\begin{array}{ll} f(x) = e^{-2x} & f(0) = 1 \\ f'(x) = -2e^{-2x} & f'(0) = -2 \\ f''(x) = 2^2 e^{-2x} & f''(0) = 2^2 \\ f'''(x) = -2^3 e^{-2x} & f'''(0) = -2^3 \end{array}$$

Hieraus kann sofort die Mac-Laurin-Reihe gewonnen werden.

$$e^{-2x} = 1 - 2x + \frac{2^2}{2!}x^2 - \frac{2^3}{3!}x^3 + \frac{2^4}{4!}x^4 - ... + (-1)^n \frac{2^n}{n!}x^n + ... = \sum_{r=0}^{\infty} (-1)^r \frac{2^r}{r!} x^r$$

Die Konvergenz wird über den Konvergenzradius bestimmt

$$r = \lim_{n\to\infty} \left| \frac{a_n}{a_{n+1}} \right| = \lim_{n\to\infty} \left| \frac{2^n(-1)^n(n+1)!}{2^{n+1}(-1)^{n+1}} \right| = \lim_{n\to\infty} \frac{(n+1)!}{n! \cdot 2} = \lim_{n\to\infty} \frac{(n+1)(n)(n-1)...}{2n(n-1)} =$$

$$= \lim_{n\to\infty} \frac{n+1}{2} = \infty$$

Hieraus ergibt sich die Konvergenz für alle x.

21.4 Funktion cosh(x)

Die Funktion $f : x \mapsto f(x) = cosh(x)$ liefert über

$$\begin{array}{ll} f(x) = cosh(x) & f(0) = 1 \\ f'(x) = sinh(x) & f'(0) = 0 \\ f''(x) = cosh(x) & f''(0) = 1 \\ f''(x) = sinh(x) & f'''(0) = 0 \\ \vdots & \vdots \end{array}$$

die Mac-Laurin-Reihe

$$f(x) = cosh(x) = 1 + \frac{x^2}{2!} + \frac{x^4}{4!} + ... + \frac{x^{2n}}{(2n)!} + ... = \sum_{r=0}^{\infty} \frac{x^{2r}}{(2r)!}$$

Über die Konvergenzbetrachtung

$$\begin{aligned} r &= \lim_{n\to\infty} \left| \frac{a_n}{a_{n+1}} \right| = \lim_{n\to\infty} \frac{(2n+2)!}{(2n)!} = \lim_{n\to\infty} \frac{(2n+2)(2n+1)(2n)(2n-1)...}{2n(2n-1)...)} = \\ &= \lim_{n\to\infty} (2n+2)(2n+1) = \infty \end{aligned}$$

ergibt sich, daß die Reihe für alle x konvergent ist. Von Interesse ist noch der folgende Zusammenhang: Es sei $x := ix$ in die cosh-Reihe eingesetzt, womit sich nach

$$cosh(ix) = 1 + \frac{(ix)^2}{2!} + \frac{(ix)^4}{4!} + ... + \frac{(ix)^{2n}}{(2n)!} + ... = 1 - \frac{x^2}{2!} + \frac{x^4}{4!} - +... = cos(x)$$

der folgende Zusammenhang

$$cosh(ix) = cos(x)$$

ergibt.

21.5 Gleichung von Euler

Die Entwicklung von e^x in eine Potenzreihe werde betrachtet,d.h.

$$e^x = 1 + x + \frac{x^2}{2!} + \frac{x^3}{3!} + \frac{x^4}{4!} + \frac{x^5}{5!} + ...$$

Die Variable x werde durch $x := ix$ ersetzt, d.h.

$$\begin{aligned} e^{ix} &= 1 + ix + \frac{(ix)^2}{2!} + \frac{(ix)^3}{3!} + \frac{(ix)^4}{4!} + \frac{(ix)^5}{5!} + ... = \\ &= 1 + ix - \frac{x^2}{2!} - i\frac{x^3}{3!} + \frac{x^4}{4!} + i\frac{x^5}{5!} + ... = \\ &= cos(x) + isin(x) \end{aligned}$$

Dies ergibt die Gleichung von Euler[1]:

$$e^{ix} = cos(x) + isin(x)$$

Zur Anwendung werden die beiden Gleichungen

$$e^{ix} = cos(x) + sin(x)$$

$$e^{-ix} = cos(x) - isin(x)$$

betrachtet. Die Addition liefert:

$$e^{ix} + e^{-ix} = 2cos(x) \Rightarrow cos(x) = \frac{1}{2}\left(e^{ix} + e^{-ix}\right) = cosh(ix)$$

Die Subtraktion liefert:

$$e^{ix} + e^{-ix} = 2isin(x) \Rightarrow sin(x) = \frac{1}{2i}\left(e^{ix} - e^{-ix}\right) = -isinh(ix)$$

Die gewonnenen Ergebnisse werden aus Gründen der Übersichtlichkeit zusammengestellt

$$cos(x) = \frac{1}{2}\left(e^{ix} + e^{-ix}\right) = cosh(ix)$$

$$sin(x) = \frac{1}{2i}\left(e^{ix} - e^{-ix}\right) = -isinh(ix)$$

[1] Leonhard Euler (04.04.1707 - 18.09.1783)

21.6 Die Binomialreihe

Betrachtet werde die Funktion

$$f : x \mapsto f(x) = (a+x)^n$$

und damit ergibt sich für die Ableitungen

$$\begin{array}{ll}
f(x) = (a+x)^n & f(0) = a^n \\
f'(x) = n(a+x)^{n-1} & f'(0) = na^{n-1} \\
f''(x) = n(n-1)(a+x)^{n-2} & f''(0) = n(n-1)a^{n-2} \\
f'''(x) = n(n-1)(n-2)(a+x)^{n-3} & f'''(0) = n(n-1)(n-2)a^{n-3} \\
\vdots & \vdots \\
f^{(k)}(x) = n(n-1)(n-2)...(n-k+1)(a+x)^{n-k} & f^{(k)}(0) = n(n-1)8n-2)...(n-k+1)a^{n-k}
\end{array}$$

Die Mac-Laurin-Reihe ergibt sich zu

$$\begin{aligned}
f(x) = (a+x)^n = \\
&= a^n + \frac{n}{1!}a^{n-1}x + \frac{n(n-1)}{2!}a^{n2}x^2 + \frac{n(n-1(n-2)}{3!}a^{n-3}x^3 + ... \\
&+ \frac{n(n-1)(n-2)...(n-k+1)}{k!}a^{n-k}x^k + ... = \\
&= \sum_{r=0}^{\infty} \binom{n}{r} a^{n-r}x^r
\end{aligned}$$

Mit

$$\frac{n!}{k!(n-k)!} = \frac{n(n-1)(n-2)...(n-k+1)}{k!} = \binom{n}{k}$$

sowie den Eulerschen Symbolen

$$\binom{n}{0} = 1 \qquad \binom{n}{n} = 1$$

ergibt sich die Vereinfachung

$$f(x) = (a+x)^n = a^n + \binom{n}{1}a^{n-1}x + \binom{n}{2}a^{n-2}x^2 + \binom{n}{3}a^{n-3}x^3 + ... + \binom{n}{k}a^{n-k}x^k + ...$$

Die Binomialreihe ergibt sich zu

$$(1+x)^n = 1 + nx + \binom{n}{2}x^2 + \binom{n}{3}x^3 + ... + \binom{n}{k}x^k + ...$$

Mittels der folgenden Konvergenzbetrachtung

$$\begin{aligned}
r &= \lim_{k\to\infty} \left| \frac{a_k}{a_{k+1}} \right| = \\
&= \lim_{k\to\infty} \left| \frac{n(n-1)(n-2)...(n-k+1)}{k!} a^{n-k} \cdot \frac{(k+1)!}{n(n-1)...(n-k+1)(n-k)} \frac{1}{a^{n-k-1}} \right| = \\
&= \lim_{k\to\infty} \left| \frac{(k+1)!\,a}{k!(n-k)} \right| = \lim_{k\to\infty} \left| \frac{(k+1)\,a}{(n-k)} \right| = \lim_{k\to\infty} \left| \frac{1+\frac{1}{k}}{\frac{n}{k}-1} \cdot a \right| = a
\end{aligned}$$

ergibt sich der Konvergenzradius zu r=a und es ist $\mid x \mid < a$, d.h. die Binomialreihe ist für $\mid x \mid < 1$ konvergent.

Beispiel 21.6.1

Die Funktion

$$f : x \mapsto f(x) = ln(1+x)$$

ist nach Potenzen von x zu entwickelt. Über die Ableitungen

$$\begin{array}{ll} f(x) = ln(1+x) & f(0) = 0 \\ f'(x) = \frac{1}{1+x} & f'(0) = 1 \\ f''(x) = -\frac{1}{(1+x)^2} & f''(0) = -1 \\ f'''(x) = \frac{1\cdot 2}{(1+x)^3} & f'''(0) = 2! \\ f^{(4)}(x) = -\frac{1\cdot 2\cdot 3}{(1+x^4)} & f^{(4)}(0) = -3! \end{array}$$

liefert die Mac-Laurin-Reihe

$$\begin{aligned} ln(1+x) &= x - \frac{x^2}{2!} + 2!\frac{x^3}{3!} - 3!\frac{x^4}{4!} + ... + (-1)^{n-1}(n-1)!\frac{x^n}{n!} + ... = \\ &= x - \frac{1}{2}x^2 + \frac{1}{3}x^3 - \frac{1}{4}x^4 + ... + (-1)^{n-1}\frac{1}{n}x^n + ... = \\ &= \sum_{r=1}^{\infty}(-1)^{r-1}\frac{x^r}{r} \end{aligned}$$

Für den Konvergenzbereich ergibt sich zunächst

$$r = \lim_{n\to\infty}\left|\frac{a_n}{a_{n+1}}\right| = \lim_{n\to\infty}\left|\frac{(-1)^{n-1}}{n}\cdot\frac{n+1}{(-1)^n}\right| = \lim_{n\to\infty} 1 + \frac{1}{n} = 1$$

und daraus $\mid x \mid < 1$ und damit ist die Reihe für $-1 < x < +1$ konvergent.

Speziell ergibt sich für binomische Reihen mit negativen Exponenten

$$(1 \pm x)^{-m} = 1 + \frac{m(m+1)}{2!}x^2 + ... + (\pm 1)^n\frac{m(m+1)...(m+n-1)}{n!}x^n \quad \text{für} \quad \mid x \mid < 1$$

21.7 Reihenentwicklung und Integration

Über eine Reihenentwicklung läßt sich das Integral

$$I = \int_0^{\frac{1}{2}} e^{-x^2}\, dx$$

mit einer Genauigkeit von 0.0001 bestimmen. Nach dem Satz von Abel[2] konvergiert eine Reihe gleichmäßig in jedem beliebigem endlichen Intervall.

Zunächst werde die Reihenentwicklung der Integrandenfunktion betrachtet

$$e^{-x^2} = 1 - \frac{x^2}{1!} + \frac{x^4}{2!} - \frac{x^6}{3!} + \frac{x^8}{4!} - ...$$

Damit ergibt sich

$$\begin{aligned} \int e^{-x^2} dx &= \int\left(1 - \frac{x^2}{1!} + \frac{x^4}{2!} - \frac{x^6}{3!} + \frac{x^8}{4!} - ...\right) dx = \\ &= x\left[1 - \frac{x^2}{1! \cdot 3} + \frac{x^4}{2! \cdot 5} - \frac{x^6}{3! \cdot 7} + \frac{x^8}{4! \cdot 9} - ...\right] \end{aligned}$$

Damit ergibt sich für das bestimmte Integral

$$\begin{aligned} I = \int_0^{\frac{1}{2}} e^{-x^2} dx &= \frac{1}{2}\left[1 - \frac{1}{2^2 \cdot 1! \cdot 3} + \frac{1}{2^4 \cdot 2! \cdot 5} - \frac{1}{2^6 \cdot 3! \cdot 7} + \frac{1}{2^8 \cdot 4! \cdot 9} - ...\right] = \\ &= \frac{1}{2}\left[1 - \frac{1}{12} + \frac{1}{160} - \frac{1}{2688} + \frac{1}{55296} - ...\right] \end{aligned}$$

Mit der Berechnung der ersten 4 Glieder ergibt sich

$$\begin{aligned} I = \int_0^{\frac{1}{2}} dx &= \frac{1}{2}(1 - 0,08333 + 0,00625 - 0,00037) = \\ &= \frac{1}{2}\, 0,92255 = 0,46127 = 0,4613 \end{aligned}$$

[2]Niels Henrik Abel (05.08.1802 - 06.04.1829)

21.8 Reihen

Anhand von Beispielen wird eine Methode zur Grenzwertbestimmung einer Reihe angegeben, wobei die einzelnen Schritte detailiert ausgeführt werden. Herangezogen wird die Partialbruchzerlegung.

Die Reihe

$$\sum_{n=1}^{\infty} \frac{1}{n(n+1)}$$

ist konvergent und hat den Grenzwert 1 zu dessen Bestimmung von der Partialbruchzerlegung

$$\frac{1}{n(n+1)} = \frac{1}{n} - \frac{1}{n+1}$$

ausgegangen, womit sich dann ergibt

$$\begin{aligned}
s_n &= \sum_{k=1}^{n} \left(\frac{1}{k} - \frac{1}{k+1}\right) = \\
&= \sum_{k=1}^{n} \frac{1}{k} - \sum_{k=1}^{n} \frac{1}{k+1} = \\
&= \sum_{k=1}^{n} \frac{1}{k} - \left[\underbrace{\frac{1}{2} + \frac{1}{3} + \ldots + \frac{1}{n}}_{\sum_{k=2}^{n} \frac{1}{k}} + \frac{1}{n+1}\right] = \\
&= \sum_{k=1}^{n} \frac{1}{k} - \sum_{k=2}^{n} \frac{1}{k} - \frac{1}{n+1} = \\
&= 1 + \frac{1}{2} + \frac{1}{3} + \ldots + \frac{1}{n} - \frac{1}{2} - \frac{1}{3} - \ldots - \frac{1}{n} - \frac{1}{n+1} = \\
&= 1 - \frac{1}{n+1}
\end{aligned}$$

Damit ergibt sich

$$\lim_{n\to\infty} s_n = \lim_{n\to\infty} \left(1 - \frac{1}{n+1}\right) = 1$$

Die Reihe ist konvergent und für den Grenzwert ergibt sich dann

$$\sum_{n=1}^{\infty} \frac{1}{n(n+1)} = 1$$

Der Grenzwert der Reihe

$$s_n = \sum_{n=1}^{n} \frac{1}{3k-2)(3k+1)}$$

wird über eine Partialbruchzerlegung bestimmt, wozu zunächst der Ansatz betrachtet wird.

$$\frac{1}{(3k-2)(3k+1)} = \frac{A}{3k-2} + \frac{B}{3k+1}$$
$$1 = A(3k+1) + B(3k-2) = 3Ak + A + 3Bk - 2B = k(3A+3B) + A - 2B$$

Aus dem Koeffizientenvergleich ergibt sich

$$\begin{aligned} A - 2B &= 1 \\ A + B &= 0 \Rightarrow A = -B \end{aligned}$$

Damit können die Koeffizienten konkret gewonnen werden

$$-B - 2B = 1 \Rightarrow -3B = 1 \Rightarrow B = -\frac{1}{3},\ A = \frac{1}{3}$$

Die Partialbruchzerlegung gewinnt damit die Form

$$\frac{1}{(3k-2)(3k+1)} = \frac{1}{3}\frac{1}{3k-2} - \frac{1}{3}\frac{1}{3k+1}$$

Die Reihe kann unter Einbezug der Partialbruchzerlegung umgeformt werden

$$\begin{aligned} \sum_{k=1}^{n} \frac{1}{(3k-2)(3k+1)} &= \frac{1}{3}\sum_{k=1}^{n}\left(\frac{1}{3k-2} - \frac{1}{3k+1}\right) = \\ &= \frac{1}{3}\sum_{k=1}^{n}\frac{1}{3k-2} - \frac{1}{3}\sum_{k=1}^{n}\frac{1}{3k+1} = \end{aligned}$$

$$= \frac{1}{3}\left[1 + \frac{1}{4} + \frac{1}{7} + ... + \frac{1}{3n-2}\right] - \frac{1}{3}\left[\frac{1}{4} + \frac{1}{7} + ... + \frac{1}{3n+1}\right] =$$
$$= \frac{1}{3}\left\{1 + \frac{1}{4} + \frac{1}{7} + ... + \frac{1}{3n-5} + \frac{1}{3n-2} - \frac{1}{4} - \frac{1}{7} - ... - \frac{1}{3n-2} - \frac{1}{3n+1}\right\} =$$
$$= \frac{1}{3}\left[1 - \frac{1}{3n+1}\right]$$

Damit gilt

$$\lim_{n\to\infty} \frac{1}{3}\left(1 - \frac{1}{3n+1}\right) = \frac{1}{3}$$
$$\sum_{k=1}^{\infty} \frac{1}{(3k-2)(3k+1)} = \frac{1}{3}$$

Abbildungsverzeichnis

Index

Literaturverzeichnis

[1] BÖHME, G.: *Anwendungsorientierte Mathematik.* Vorlesungen und Übungen für Studierende der Ingenieur- und Wirtschaftswissenschaften.

[2] BRAUCH, W. / DREYER, H.-J., HAACKE, W.: *Mathematik für Ingenieure des Maschinenbaus und der Elektrotechnik.*

[3] BRENNER, J. / LESKY, P.: *Mathematik für Ingenieure und Naturwissenschaftler I-IV*

[4] BURG, K. / HAF, H. / WILLE,F.: *Höhere Mathematik für Ingenieure.* Band I-IV

[5] DIETRICH, G. / STAHL, H.: *Matrizen und Determinanten und ihre Anwendung in Technik und Ökonomie.*

[6] DÖRFLER, D. / PESCHEK, W.: *Einführung in die Mathematik für Informatiker.*

[7] FETZER, A. / FRÄNKEL, H.: *Mathematik.* Lehrbuch für Fachhochschulen. Band 1-3

[8] HAINZEL, J.: *Mathematik für Naturwissenschaftler.*

[9] LAUGWITZ, D. / SCHMIEDEN, C.: *Aufgaben zur Ingenieurmathematik*

[10] NEUMAYER, B. /KAUP, S.: *Mathematik für Ingenieure I, Shaker Verlag 2003*

[11] NICKEL, H. (HRSG.): *Algebra und Geometrie für Ingenieure.*

[12] PAPULA, L.: *Mathematik für Ingenieure 1/2.* Ein Lehr- und Arbeitsbuch für das Grundstudium

[13] STEPHENSON, G.: *Mathematical Methods for Science Students.*

[14] STINGL, P.: *Mathematik für Fachhochschulen.* Technik und Informatik.

[15] TINHOFER, G.: *Mathematik für Studienanfänger.*

[16] WÖRLE, H. / STUMPF, H.-J.: *Ingenieurmathematik in Beispielen.* Band I-III